普通高等院校计算机基础教育"十四五"规划教材

上 海 理 工 大 学 一 流 本 科 系 列 教 材

Python 程序设计及应用

臧劲松　陈优广◎主编

朱晴婷　黄春梅　柳　强　黄小瑜◎参编

夏　耘◎主审

中国铁道出版社有限公司

CHINA RAILWAY PUBLISHING HOUSE CO., LTD.

内 容 简 介

本书是根据教育部高等学校大学计算机课程教学指导委员会编制的《大学计算机基础课程教学基本要求》中有关"程序设计基础"课程教学基本要求编写的。

本书充分体现案例驱动，更能激发学生编程兴趣；淡化语法，以解决问题的思路和方法为教学目标；从教师易教、学生易学、便于与 Python 的实际应用技术无缝对接的角度构建知识体系。本书以培养学生利用计算机解题的思维方式和程序设计的基本技能为目标，共分为 8 章，主要内容包括程序和程序设计语言、程序设计初步、控制结构与程序调试、组合数据类型、函数和模块化编程、文件、面向对象概述、扩展综合应用，每章都安排了丰富的例题。

本书适合作为高等院校"Python 程序设计"课程的教材，也可以作为全国计算机等级考试二级 Python 语言程序设计，上海市信息技术水平考试二、三级 Python 程序设计科目的参考书，还可作为广大程序设计爱好者的自学参考书。

图书在版编目（CIP）数据

Python 程序设计及应用 / 臧劲松，陈优广主编 . —北京：中国铁道出版社有限公司，2022.2（2024.8重印）
普通高等院校计算机基础教育"十四五"规划教材
ISBN 978-7-113-28714-6

Ⅰ.① P… Ⅱ.①臧… ②陈… Ⅲ.①软件工具 – 程序设计 –
高等学校 – 教材 Ⅳ.① TP311.561

中国版本图书馆 CIP 数据核字（2021）第 263973 号

书　　名：Python 程序设计及应用
作　　者：臧劲松　陈优广

策　　划：曹莉群　　　　　　　　　　编辑部电话：(010) 63549501
责任编辑：贾 星　包 宁
封面设计：郑春鹏
责任校对：焦桂荣
责任印制：樊启鹏

出版发行：中国铁道出版社有限公司（100054，北京市西城区右安门西街 8 号）
网　　址：https://www.tdpress.com/51eds/
印　　刷：河北宝昌佳彩印刷有限公司
版　　次：2022 年 2 月第 1 版　2024 年 8 月第 5 次印刷
开　　本：787 mm×1 092 mm 1/16　印张：16　字数：420 千
书　　号：ISBN 978-7-113-28714-6
定　　价：45.00 元

版权所有　侵权必究

凡购买铁道版图书，如有印制质量问题，请与本社教材图书营销部联系调换。电话：(010) 63550836
打击盗版举报电话：(010) 63549461

前 言

数字化是国家战略，更是上海市国民经济和社会发展"十四五"规划确定的重大战略。让大家切身感受到城市数字化转型带来的实际成效，是高等学校计算机基础教育中程序设计课程的重要任务。程序设计的关键是设计，即为解决问题而通过计算机使用某种程序设计语言编写程序代码的过程。

党的二十大报告指出，"推动战略性新兴产业融合集群发展，构建新一代信息技术、人工智能、生物技术、新能源、新材料、高端装备、绿色环保等一批新的增长引擎。"当今社会，大数据、人工智能、云计算、物联网等新一代信息技术融合到各个领域，这些新技术和应用的核心就是程序。选择一门高级程序设计语言作为教学内容，介绍程序设计的基本思想和方法，能够培养学生分析问题、利用计算机求解问题的思维方式和初步应用能力，满足信息社会各领域对人才的需求。Python语言以"简单易学、免费开源、功能强大"等特点成为学习编程的入门语言，丰富的第三方库形成了Python的"计算生态"，进一步推动了Python的普及和发展，使其成为当前热门的程序设计语言之一。

本书以培养学生利用计算机解题的思维方式和程序设计的基本技能为目标，共分为8章，主要内容包括程序和程序设计语言、程序设计初步、控制结构与程序调试、组合数据类型、函数和模块化编程、文件、面向对象概述、扩展综合应用等。本书强化了数据可视化及应用、递归及应用、机器学习工具包的使用，很好地体现了计算思维的本质——抽象和自动化，利用Python第三方库的功能结合实际应用展示了Python的"计算生态"。本书着眼于培养学生利用计算机解题的思维方式和程序设计的基本功能，以及使用现代编程环境解决实际问题的能力，为实施课堂精讲多练的教学方法提供帮助，提高教学效果，培养学生自学能力。

本书提供了配套的电子教案和实例代码，需要资源的任课教师可与编者联系。本书由臧劲松、陈优广任主编并承担统稿工作，朱晴婷、黄春梅、柳强、黄小瑜参与编写，夏耘主审。具体编写分工如下：第1章由华东师范大学朱晴婷编写，第2章由上海理工大学黄春梅编写，第3章由上海理工大学柳强编写，第4、7章由上海理工大学黄小瑜编写，第5、6章由上海理工大学臧劲松编写，第8章由华东师范大学陈优广编写。上海市计算机基础教育协会常务理事、上海理工大学夏耘副教授在百忙之中审阅了书稿，并提出许多宝贵建议。在此对他的辛勤付出表示感谢。最后，我们要再次感谢各高校专家、教师长期以来对我们工作的支持和关心。

由于水平有限，加之时间紧迫，不妥之处在所难免，希望读者批评指正！

编　者

2023年7月

目录

第 1 章

程序和程序设计语言

本章概要

本章主要介绍了计算机程序设计语言的基本内容，包括程序语言的种类；高级语言基本语法要素；程序设计的一般过程，即分析问题、设计算法、编写程序、测试程序；最后讲解了程序设计的三种基本结构。

学习目标

◎ 了解计算机和程序运行的基本方式。

◎ 掌握Python语言基本语法要素。

◎ 掌握Python语言基本控制结构。

◎ 了解程序的基本编写方法，学习简单Python程序的编写。

◎ 了解Python的应用领域。

程序是一个来源于管理界的术语，管理中强调细节决定成败，而程序就是处理细节的最佳工具，程序是管理方式的一种，它能够发挥出协调高效的作用，本书涉及的程序则是指：利用计算机程序的语言（语言的基础是一组记号和一组规则，根据规则由记号构成的记号串的总体就是语言）书写记号串。为实现某一功能或完成某一计算任务编写记号串就是程序设计。

1.1 计算机和程序

提到计算机，人们想到的是显示器、主机、键盘等构成的机器，而如今大量的智能终端（手机、手表、平板等）的涌现，使得计算机的界限越来越模糊，并广泛地应用到生产、生活、学习的方方面面，无所不在，无所不能。

计算机无论以何种外观呈现，实现何种功能，都遵循"存储程序、程序执行"的基本工作方式。让我们从现代计算机的主要功能部件来了解计算机解决问题的过程。计算机的主要功能部件如图1-1所示。

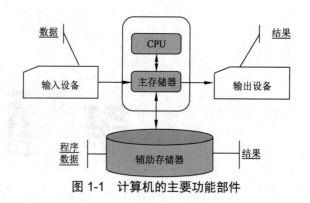

图 1-1　计算机的主要功能部件

1.1.1　程序与指令

中央处理器（Central Processing Unit，CPU）是计算机的核心计算部件，能够解释并执行机器指令，处理数据。每一条机器指令（简称指令，instruction），由一串二进制数码组成，执行特定的操作。指令包括数据传送指令、算术运算指令、位运算指令、程序流程控制指令、串操作指令、处理器控制指令等。不同厂家生产的CPU，有各自特定的一套CPU指令集，例如Intel公司所生产的CPU使用80X86指令集，一个指令集包含了上百条指令。

一条指令是计算机的基本操作命令，只能执行一些很简单的操作，例如将一个数累加到寄存器、取一条指令、将数据放入指定的存储单元等。为了解决某一特定问题，计算机需要执行一系列指令，这一系列指令序列就是程序（program）。程序是计算机能够接收的、指示计算机完成特定功能的一组指令的有序集合。

程序开始执行时，都是存储在主存储器中的，CPU从主存储器取得待执行的指令，在指令的控制下，从输入设备输入数据，存储在主存储器中，再由CPU从主存储器中读取待处理的数据，又将处理好的数据送回到主存储器存储。主存储器中存储的结果也在指令的控制下输出到输出设备上。主存储器的存取速度保证了CPU与它的直接访问，但是它短暂性存储（断电后存储内容消失）的特性，要求需要长期存储的程序和数据需要以文件的形式保存在辅助存储器中。

设计一组控制计算机的指令集的过程，称为编程（programming）。程序在计算机中以0、1组成的指令码来表示，这个序列能够被计算机所识别。如果编程直接用0、1序列来实现，那将是一件令人难以接受的事。所以，人们设计了程序设计语言（programming language），用这种语言来描述程序，同时应用一种软件将程序设计语言描述的程序转换成计算机能直接执行的指令序列。

1.1.2　程序设计语言

用于描述程序中操作过程的命令、规则的符号集合，称为程序设计语言。它是实现人与计算机交流的工具。为了让计算机按照人们的意愿处理数据，必须用程序设计语言表达要处理的数据和数据处理的流程。

程序设计语言分为机器语言、汇编语言和高级语言三种。

1. 机器语言

机器语言是用二进制代码表示的计算机能直接识别和执行的一种机器指令集。这种指令集称为机器码，是计算机可以直接解读的数据。

计算机主要由电子元器件组成的电路构成。电子元器件的特性使得计算机只能识别二进制的机器代码。早期的程序设计语言就是由二进制代码指令组表示的，称为机器语言（machine language）。通常，不同的计算机，其指令系统会有所不同。每一条机器指令一般包含两个主要部分：操作码（规定了指令的功能）和操作数（规定了被操作的对象）。有的指令没有操作数，如停止指令。在这些指令的控制下，计算机可以实现最基本的算术运算和逻辑运算。

以 5+12 运算为例，若某型号计算机指令采用 16 位二进制表示，用机器语言编写一个完成5+12 运算的程序代码如下：

```
1011 0000 0000 0101
0000 0100 0000 1100
1111 0100
```

第一条指令把加数 5 送到 0 号寄存器中。第二条指令把 0 号寄存器中的内容与另一数相加，结果存在 0 号寄存器中（即完成5+12 的运算）。第三条指令停止操作。

用机器语言编写程序，有着诸多的不便。例如：必须了解机器硬件的组织构成，如上述程序中要关心使用哪个寄存器；二进制数表示的语句冗长费解，不易使用推广；不相兼容的计算机其机器语言不同，用机器语言编写的程序在不同型号的计算机上不能通用。当然，由于指令是计算机的基本操作，因此用机器语言编写的程序不需要其他辅助程序支撑，机器可以直接执行，所以需要的存储单元少，执行速度快。

2. 汇编语言

由于机器语言编写程序十分烦琐，二进制代码编写的程序不易于阅读和修改，20 世纪50年代中期，相关人员开始采用一种类似英语缩略词并带有助记符号的语言，以此替代复杂的二进制代码指令和操作数来编写程序，这就是汇编语言（assembly language）。

汇编语言仍是一种低级语言，用助记符代替机器指令的操作码，用地址符号或标号代替指令或操作数的地址。在不同的设备中，汇编语言对应着不同的机器语言指令集，通过汇编过程转换成机器指令。

仍以上述完成 5+12 运算的程序为例，改用汇编语言编写，程序代码如下：

```
MOV AL,5
ADD AL,12
HLT
```

第一条指令把加数 5 送到累加器 AL 中。第二条指令把累加器 AL 中的内容与另一数相加，结果存在累加器 AL 中（即完成 5+12 的运算）。第三条指令停止操作。累加器是运算器中的一种寄存器，用于存放计算结果。

用汇编语言编写程序比机器语言显然要容易。但由于汇编语言与机器语言之间大多存在一一对应关系，因此除了用符号替换二进制数外，汇编语言保留了机器语言的许多特点。

用汇编语言编写的程序，需用翻译程序将程序中的每条语句翻译成机器语言，计算机才能执行。这种翻译程序称为汇编程序，又称汇编器。

3. 高级语言

用汇编语言编写程序需要了解计算机中运算器的内部组织结构和内存储器的存储结构，不符合人们的日常思维习惯，需要进一步改进。因此，20 世纪 60 年代中期，接近于人类自然语言的高级语言（high-level language）问世。

高级语言是相对于低级语言而言的，它是以人类的日常语言为基础的一种编程语言，使用一般人易于接受的文字来表示，从而使程序员编写更容易，亦有较高的可读性。高级语言并不是特指的某一种具体的语言，而是包括很多编程语言，如流行的Java、C、C++、C#、Python、Visual Basic、PHP、JavaScript等。

用高级语言编写的程序简洁易懂。仍以上述程序为例，用 Python 语言编写的程序代码如下：

```
5+12
```

和汇编语言一样，用高级语言编写的程序也不能直接被计算机理解，必须经过转换才能被执行。高级语言按转换方式可分为解释类和编译类两类。

（1）解释类语言

解释是将源代码逐条转换成目标代码（机器语言）的同时逐条运行目标代码的过程。执行翻译的计算机程序称为解释器。

解释器的执行方式类似于日常生活中的"同声翻译"，应用程序源代码一边由相应语言的解释器"翻译"成目标代码，一边执行，因此效率比较低，而且不能生成可独立执行的文件，应用程序不能脱离其解释器，但这种方式比较灵活，可以动态地调整、修改应用程序并实现交互实时操作。

解释类的程序语言有 Python、BASIC 等。Python 的解释器就是 Python Shell，可以逐条计算表达式的值并执行命令。

（2）编译类语言

编译是指在源程序执行之前，就将程序源代码通过编译器一次"翻译"成目标代码（机器语言）文件，因此其目标程序可以脱离其语言环境独立执行，使用比较方便、效率较高。但应用程序一旦需要修改，必须先修改源代码，再重新编译生成新的目标文件才能执行，只有目标文件而没有源代码，修改很不方便。现在大多数的程序设计语言都是编译型的，如 C、Java、PHP 等。执行编译的计算机程序称为编译器。

高级语言与机器语言之间是一对多的关系，即一条高级语言语句对应多条机器语言语句。高级语言独立于机器，用其编写程序无须顾及与机器相关的实现细节，具体工作由与不同机器相匹配的解释器和编译器完成。

高级语言的诞生是计算机技术发展的一个重要里程碑。它的出现为计算机的应用开辟了广阔的前景。

1.1.3 Python语言概述

Python是一种结合了解释性、编译性和交互式的面向对象计算机编程语言。Python 优雅的语法和动态类型，使其在大多数平台的许多领域成为编写脚本或开发应用程序的理想语言。Python语言的可读性强，又提供了丰富的内置标准库和第三方库，不需要复杂的算法处理就能实现丰富的功能，以及其简单易学、上手快的特性，使得Python语言非常适合程序设计初学者和非计算机专业人士作为第一门编程语言来学习。

1. Python语言的发展历史

Python是由荷兰人Guido van Rossum于1989年发明的，第一个公开发行版发行于1991年。Python语言是开源项目，其解释器的全部代码可以在Python的官方网站（http://www.python.org）

自由下载。Python软件基金会是一个致力于Python编程语言的非营利组织，成立于2001年3月6日。基金会拥有Python 2.1版本以后的所有版本的版权。该组织的任务在于促进Python社区的发展，并负责Python社群中的各项工作，包括开发Python核心版本等。

Python语言自发明以来，一直在Python社区的推动下向前发展。Python 2.0于2000年10月正式发布，解决了其解释器和运行环境中的诸多问题，使得Python得到了广泛应用。Python 3.0于2008年12月正式发布，这个版本在语法和解释器内部做了很多改进，解释器内部采用了完全面向对象的方式，相对于Python的早期版本，这是一个较大的升级。为了不带入过多的累赘，Python 3.0在设计的时候没有考虑向下兼容。因此，所有基于2.0系列编写的代码都要经过修改后才能被3.0系列的解释器运行。Python 官方已于2020 年元旦停止对 Python 2.0 的支持。

Python社区一直致力于第三方库的开发，形成了一个良好运转的计算生态圈，从游戏制作，到数据处理，再到数据可视化分析、人工智能等。这些计算生态，为Python使用者提供了更加便捷的操作，以及更加灵活的编程方式。所有库在官网的PyPI里面都可以查询到。

2. Python语言的特点

Python语言是一种被广泛使用的高级通用脚本语言，有很多区别于其他语言的特点，列举一些重要特点如下：

（1）面向对象

Python既支持面向过程的编程，也支持面向对象的编程。Python支持继承、重载，有益于源代码的复用性。

（2）数据类型丰富

在C和C++中，数据的处理往往采用数组或链表的方式，但数组只能存储同一类型的变量；链表虽然存储的内容可变，但结构死板，插入、删除等操作都需遍历列表，可以说极其不方便。针对这点，Python提供了丰富的数据结构，包括列表、元组、字典，以及numpy拓展包提供的数组、pandas拓展包提供的DataFrame等。这些数据类型各有特点，可以极大地减少程序的篇幅，使逻辑更加清晰，提高可读性。

（3）功能强大的模块库

由于Python是一款免费、开源的编程语言，也是FLOSS（自由/开放源代码软件）之一，许多优秀的开发者为Python开发了无数功能强大的拓展包，使所有有需要的人都能免费使用，极大地节省了开发者的时间。

Python提供功能丰富的标准库，包括正则表达式、文档生成、单元测试、数据库、GUI等，还有许多其他高质量的库，如Python图像库等。

（4）可拓展性（可嵌入性）

Python语言的底层是由C和C++写的，但Python的强大之处在于对于程序中某些关键且运算量巨大的模块，设计者可以运用C和C++编写，并在Python中直接调用。这样可以极大地提高运行速度，同时还不影响程序的完整性。所以Python语言又称"胶水"语言。

（5）易读、易维护性

由于上述的这些优点，使得Python语言编写的程序相较其他语言编写的程序来说更加简洁和美观，思路也更加清晰。这就使得程序的易读性大大提高，维护成本也大大降低。

（6）可移植性

基于开源本质，如果Python程序没有依赖于系统特性，无须修改就可以在任何支持Python的平台上运行。

3. Python的集成开发环境

集成开发环境（Integrated Development Environment，IDE）是用于提供程序开发环境的应用程序，一般包括代码编辑器、编译器、调试器和图形用户界面等工具，集成了代码编写功能、分析功能、编译功能、调试功能等一体化的开发软件服务套（组）。所有具备这一特性的软件或者软件套（组）都可以称为集成开发环境，如微软的Visual Studio系列。该程序可以独立运行，也可以和其他程序并用。

Python语言常见的IDE包括Python官方发布的内置IDLE（Integrated Development and Learning Environment）、Anaconda、PyCharm、Pyscript等。此外微软发布的VS Code也可以搭建Python开发环境，供熟悉Visual Studio风格的程序员使用，其集成开发环境如图1-2所示。

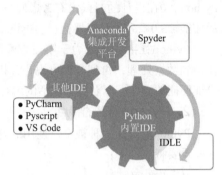

图 1-2　Python的集成开发环境

（1）Python自带集成开发环境IDLE

Python IDLE 是开发Python程序的基本集成开发环境，具备基本的IDE功能，是非商业Python开发的首选。可以在Python官网https://www.python.org/免费获得它的最新版本。当安装好Python以后，IDLE就自动安装好了，包括一个交互式Shell窗口和程序文件编辑窗口，如图1-3和图1-4所示。

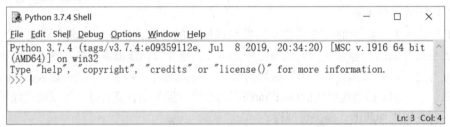

图 1-3　Python IDLE的交互式Shell窗口

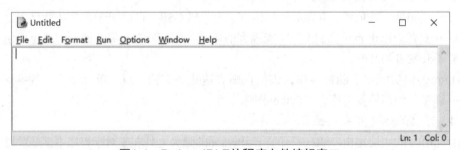

图1-4　Python IDLE的程序文件编辑窗口

（2）科学计算集成环境 Anaconda

Anaconda是一个跨平台的版本，支持Windows、Linux、Mac OS等平台，包括近200个工具包，常见的numpy、SciPy、pandas、matplotlib、scikit-learn等库都已经包含在其中，满足了数据分析的基本需求。Anaconda包含了多个开发工具，其工具包如图1-5所示，其中，Spyder是一个使用Python 语言、跨平台的、科学运算集成开发环境。Jupyter notebook 是一个基于Web的交互式计算环境，可以编辑易于人们阅读的文档，用于展示数据分析的过程。

图1-5　Anaconda的工具包

（3）Python 集成开发环境PyCharm

PyCharm 也是一款流行的Python IDE，由JetBrains 开发。PyCharm用于一般IDE，具备的功能有调试、语法高亮、Project管理、代码跳转、智能提示、自动完成、单元测试、版本控制等，另外，PyCharm还提供了一些很好的功能用于Django开发，同时支持Google App Engine。Django是一个开放源代码的Web应用框架，由Python写成。采用了MTV的框架模式，即模型M、模板T和视图V。它最初是被开发来用于管理劳伦斯出版集团旗下的一些以新闻内容为主的网站的，即是CMS（内容管理系统）软件。这套框架是以比利时的吉普赛爵士吉他手Django Reinhardt来命名的。许多成功的网站和App都基于Django。因为PyCharm（Python IDE）是用Java编写的，所以必须安装JDK才可以运行。PyCharm界面如图1-6所示。

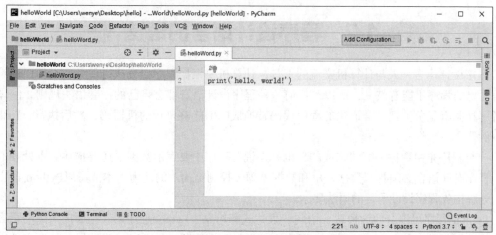

图1-6　PyCharm界面

由于Python版本几乎按月更新，考虑实验室环境的稳定，本书的讲解和示例将基于Python自带集成开发环境IDL E3.7.x版本。

4. Python的应用

Python具有丰富和强大的库，因此其昵称为"胶水"语言，其含义是它能够把用其他语言制作的各种模块（尤其是C/C++）高效连接在一起。在解决实际问题时常用的方法为：使用Python快速生成程序的原型（有时甚至是程序的最终界面），再对其中有特殊需要的部分用更合适的语言改写，例如，3D游戏中的图形渲染模块，性能要求特别高，需要用C/C++重写，再封装为Python可以调用的扩展类库。在使用扩展类库时需要考虑平台问题，有些跨平台时存在一些问题需要进行相应的处理。

Python的丰富资源可以应用在以下领域：

① 系统编程：Python提供的API（Application Programming Interface，应用程序编程接口）能方便地进行系统维护和管理，因此可作为系统管理员首选的编程工具。

② 图形处理：Python提供了PIL、Tkinter等图形库支持，能方便地进行图形处理，因此可作为图形处理的编程工具。

③ 数学处理：Python的numpy扩展库提供了大量与许多标准数学库的接口，从而便捷地实现数学处理，因此可作为数学运算的编程工具。

④ 文本处理：Python提供的re模块能支持正则表达式，同时提供了SGML、XML分析模块，因此可作为XML程序的开发工具。

⑤ 数据库编程：Python可通过遵循Python DB-API（数据库应用程序编程接口）规范的模块与Microsoft SQL Server、Oracle、Sybase、DB2、MySQL、SQLite等数据库通信。Python自带的Gadfly模块，提供了一个完整的SQL环境，能够提升数据库编程效率。

⑥ 网络编程：Python具备丰富的模块支持Sockets编程，能方便快速地开发分布式应用程序。

⑦ Web编程：Python作为应用的开发语言，支持最新的XML技术，由此成为Web编程工具。

⑥ 多媒体应用：Python的PyOpenGL模块封装了"OpenGL应用程序编程接口"，能进行二维和三维图像处理。由此成为编写游戏的软件工具。

1.2 程序设计语言的语法

程序设计语言是人与计算机交流的工具，计算机要根据程序指令执行任务，必须保证编程语言写出的程序不能有歧义，所以，任何一种程序设计语言都有自己的一套语法规则，编译器或者解释器就是负责把符合语法的程序代码转换成CPU能够执行的机器码，然后执行，Python也不例外。

一个程序是由数据和算法构成的，也就是说在程序中要表示数据，还要描述数据处理的过程，程序设计语言必须具有数据表示和数据处理（控制结构）的能力。本节将以Python语言为例，详解构成程序设计语言的语法要素。

Python程序可以分解为模块、语句、表达式和对象。Python程序语言是面向对象的语言，所有的数据都是对象；Python程序由模块构成，一个模块即为一个以py为扩展名的源文件，一个Python程序可以由一个或多个模块构成。模块是由语句构成的，执行程序时，会由上而下顺序地执行模块中的语句。语句是用来处理数据、实现算法的基本单位。语句包含表达式，表达式用于创建和处理对象。

打开Python IDLE Shell，在命令提示符>>>下输入一条命令，查看运行结果。如图1-7所示，在命令提示符后输入一条输出命令print("hello world")，输出结果为：hello world。一个命令提示符后只能执行一条程序语句。

```
Python 3.7.4 Shell                                            —    □    ×
File  Edit  Shell  Debug  Options  Window  Help
Python 3.7.4 (tags/v3.7.4:e09359112e, Jul  8 2019, 20:34:20) [MSC v.1916 64 bit (AMD64)]
on win32
Type "help", "copyright", "credits" or "license()" for more information.
>>> print("hello world")
hello world
>>>
                                                                 Ln: 5  Col: 4
```

图1-7　在Shell中执行一条命令

1.2.1　基本字符、标识符和关键字

1. 基本字符

编写程序就好比使用一种语言来写文章，文章都是由字符构成的。一般把用程序语言编写的未经编译的程序称为"源程序"。源程序实际上是一个字符序列。Python的源程序是以py为扩展名的文本文件，Python语言的基本字符包括：

- 数字字符：0，1，2，3，4，5，6，7，8，9；
- 大小写拉丁字母：a~z，A~Z；
- 中文字符；
- 其他一些可打印字符，如!@#$%&()*?:<>+-=\[]{}；
- 特殊字符，如空格符、换行符、制表符等。

2. 标识符

程序中有很多需要命名的对象，标识符是指在程序书写中一些特定对象的名称，包括变量名、函数名、类名、对象名等。

Python中的标识符命名规则如下：

- 由大小写英文字母、汉字、数字、下划线组成；
- 以英文字母、汉字、下划线为首字符，长度任意，大小写敏感；
- 不能与Python关键字同名。
- 为了增加程序的可读性，通常使用有一定意义的标识符命名变量，如Day_of_year、ID_number等。

3. 关键字

Python的关键字随版本不同有一些差异，可以在Python Shell中按图1-8所示方法查阅，下面查阅的示例是3.7版本的关键字。

4. 标识符示例

① 合法的标识符，例如：Python_、_hello_world、a3、你好、你好Python。

② 数字开头的标识符是不合法的，例如：3c、135792468、233次列车。

③ 用Python的保留字做标识符是不合法的，例如：while、True、except。

```
>>> help()
help> keywords

Here is a list of the Python keywords.Enter any keyword to get more help.

False               class               from                or
None                continue            global              pass
True                def                 if                  raise
and                 del                 import              return
as                  elif                in                  try
assert              else                is                  while
async               except              lambda              with
await               finally             nonlocal            yield
break               for                 not

help> quit
>>>
```

图1-8　利用help命令查阅关键字

④ Python对大小写敏感，也就是说对于标识符，Python区分其大小写。所以，python和Python是两个不同的名字。由此可见，以下这些标识符是可以使用的：While、For、IMPORT。

⑤ 包含除字母、数字、下划线、汉字以外的字符的标识符是不合法的，例如：*py、abc$def、@PikachuP。

1.2.2　对象和数据类型

1. 数据和数据类型

数据是计算机处理的对象，在计算机中存储和处理数据，是区分数据类型的，不同的数据类型的表示方式和运算机制都是不同的。

按接近人的习惯设计并加以不同数据类型的区别，称为数据的文字量，是数据的"书写形式"。例如整数389，浮点数23.56，字符串'hello'，这些数据是不会改变的，又称字面量。

例如，1和1.0在计算机中表示时，一个是整数类型，一个是浮点数类型。浮点数相对于整数有着复杂的存储机制，在执行运算时使用CPU不同的运算逻辑部件。整数运算比浮点数运算要快得多。

又例如，同样是由数字构成，"129"表示字符串，129表示整数。当执行"+"运算时，"+"运算符的解释也是不同的。字符串类型执行的是连接操作，整数类型执行的是加法操作，一个字符串和一个整数执行"+"运算，由于数据类型不同会出错。

【例1-1】　不同数据类型的"+"运算示例。

程序代码：

```
>>> "129"+"1"
'1291'
>>> 129+1
130
>>> "129"+1
```

```
Traceback(most recent call last):
    File "<pyshell#6>",line 1,in <module>
        "129"+1
TypeError:must be str,not int
```

一般说来，当数据具有以下相同的特性时就构成一类数据类型：

• 采用相同的书写形式；

• 在具体实现中采用同样的编码形式（内部的二进制编码）；

• 能做同样的运算操作。

一般说来，学习计算机解决实际问题要从学习数据类型入手，了解某一种编程语言提供了哪些数据类型。学习每一种数据类型时，要学习数据类型能表示怎样的数据，对这些数据能做怎样的操作。

2. Python对象

Python语言是面向对象的程序设计语言，数据存储在内存后被封装为一个对象，每个对象都由对象ID、类型和值来标识。

对象ID用于唯一标识一个对象，对应Python对象的内存地址，使用id函数可以查看对象的ID值。

Python用类（class）定义数据类型，一个数据类型就是一个类，类名用于表示对象的数据类型，通过type函数可以查看对象的类名。使用字面量可以创建对象实例。

【例 1-2】查看Python对象示例。

程序代码：

```
>>> 123
123
>>> id(123)
1711129472
>>> type(123)
<class 'int'>
>>>
```

说明：

字面量 123 创建了一个整型（int）类型的对象，它的值为 123，ID 标识为 1711129472。

类中定义了数据类型能够表示的数据特征以及这些数据能够用哪些方法（Method）处理。在Python的帮助文档中查询int整数类型，图1-9列出了int类的部分内容。

例如，int类中定义了int函数，与类型名同名的函数称为类型构造器，支持整数对象的创建和类型转化。

【例 1-3】int类的int函数示例。

程序代码：

```
>>> x=int()            #创建整数对象0
>>> x
0
>>> y=int(2.5)         #将浮点数对象转化为整数对象
>>> y
```

```
2
>>> z=int("10a",base=16)          #将字符按十六进制转化为整数对象
>>> z
266
```

```
>>> help(int)
Help on class int in module builtins:

class int(object)
|  int([x]) -> integer
|  int(x,base=10) -> integer
|
|  Convert a number or string to an integer,or return 0 if no arguments
|  are given.If x is a number,return x.__int__().For floating point
|  numbers,this truncates towards zero.
|
|  If x is not a number or if base is given,then x must be a string,
|  bytes,or bytearray instance representing an integer literal in the
|  given base.The literal can be preceded by '+' or '-' and be surrounded
|  by whitespace.The base defaults to 10.Valid bases are 0 and 2-36.
|  Base 0 means to interpret the base from the string as an integer literal.
|  >>> int('0b100',base=0)
|  4
|
|  Methods defined here:
|
|  __abs__(self,/)
|      abs(self)
|
|  __add__(self,value,/)
|      Return self+value.
|  ......
```

图1-9 查询int数据类型帮助文档

3. Python的数据类型

Python的内置类型如图1-10所示，主要区分为简单数据类型和组合数据类型，简单数据类型主要是数值型数据，包括整型数据、浮点型数据、布尔类型数据和其他语言不多见的复数数据。组合数据类型可以应用于表示一组数据的场合，包括字符串（str）、元组（tuple）、列表（list）、集合类型（set）、字典类型（dict）。

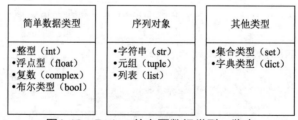

图1-10 Python的主要数据类型一览表

字符串（str）、元组（tuple）和列表（list）称为序列对象，序列对象就是由一系列数据组成，数据的存储是连续有序的，且能够使用下标索引访问的数据类型。除序列之外的组合数

据类型有集合和字典。集合数据的存储不是连续有序的，与序列类型的区别在于不能按下标索引。字典是Python中唯一内置映射数据类型，字典元素由键（key）和值（value）构成，可以通过指定的键从字典访问值。

除了内置数据类型，Python还通过标准库和第三方库提供了很多实用的数据类型，例如标准库的decimal类型可以提供高精度浮点数运算，string类型提供了字符串数据的属性和函数，array类型提供了数组类型的数据，第三方库numpy库提供了ndarray类型用于多维数组的表示和运算。第三方库pandas库提供Series类型和Dataframe类型表示结构化数据。

使用标准库中的数据类型，需要使用import命令载入标准库，例如，要载入string库，命令为import string。

第三方库的数据类型，首先要使用pip命令加载模块到当前的集成开发环境，然后使用import命令加载后使用。pip命令需要结合不同的集成开发环境在命令环境下执行。

程序员还可以根据需要解决的问题中数据的描述特征和运算特征，通过定义类创建、定义新的数据类型。

4. 变量和对象引用

变量描述的是存储空间的概念，Python语言使用"动态类型"技术管理变量的数据类型。将数据存储在内存中，封装产生一个数据对象，用一个名称来访问数据对象，这个名称就是变量名，通过变量访问对象称为对象引用。

Python中的变量不需要声明。在对象引用之前，需要通过赋值语句将对象赋值给变量，即将对象绑定到变量。一个对象的书写形式就决定了对象的数据类型，当一个对象赋值给一个变量时，变量获取了对象的值、类型和对象ID。

变量的实质是对一个数据对象的引用。变量在运行过程中是可以改变的，赋值语句的作用是创建一个变量或者是修改变量的值。

【例1-4】变量的创建和修改示例。

程序代码：

```
>>> x=354
>>> type(x)
<class 'int'>
>>> id(x)
34539888
>>> x="word"
>>> type(x)
<class 'str'>
>>> id(x)
33407296
```

☕ 说明：

当对变量x赋值整数354时，Python在内存中创建整数对象354，并使变量x指向这个数据对象，变量x的类型为整型（int），此时变量x所指向的对象的ID为34539888。如再次对x赋值"word"时，Python在内存中创建字符串对象"word"，并使变量x指向这个字符串数据对象，变量x的类型变为字符串（str），变量x所指向的对象的ID为33407296，如图1-11所示。

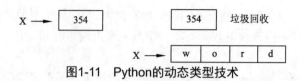

图1-11　Python的动态类型技术

也就是说，并不是x所代表的内存空间的内容发生了改变，而是x去指向了存储在其他内存空间的另一个对象。当x从整数对象354转向字符串对象"word"后，整数对象354没有变量引用它，它就成了某种意义上的"垃圾"，Python会启动"垃圾回收"机制回收垃圾数据的内存单元，供其他数据使用。

 注意：

> 如C、C++、Java等语言，除变量外，还有常量的概念，常量即不变的量或者说很少会被改变的量，如100、"hello"、π等。然而，Python中没有常量，Python程序一般通过约定将变量名全大写的形式表示这是一个常量，如 HOST = '127.0.0.1'。

5．可变对象和不可变对象

在Python中，使用对象模型来存储数据，任何类型的值都是一个对象。所有Python对象都有3个特征：身份、类型和值。

身份：每一个对象都有自己的唯一标识，可以使用内置函数id()得到它。这个值可以被认为是该对象的内存地址。

类型：对象的类型决定了该对象可以保存什么类型的值，可以进行什么操作，以及遵循什么样的规则。type()函数用于查看Python 对象的类型。

值：对象表示的数据项。

不可变对象是指该对象所指向的内存中的值不能被改变。当改变某个变量时，由于其所指的值不能被改变，相当于把原来的值复制一份后再改变，这会开辟一个新的地址，变量再指向这个新的地址。

可变对象是指该对象所指向的内存中的值可以被改变。变量（准确地说是引用）改变后，实际上是其所指的值直接发生改变，并没有发生复制行为，也没有开辟出新的地址，通俗地说就是原地改变。

Python大部分对象都是不可变对象，如int、float、str、tuple等。变量是指向某个对象的引用，多个变量可以指向同一个对象，给变量重新赋值，并不改变原始对象的值，只是创建一个新对象，该变量指向新的对象。

【例1-5】 不可变对象示例。

程序代码：

```
>>> y=20            #y重新赋值，引用新的整数对象20
>>> x,y             #y的值与x的不相同
(10,20)
>>> id(x),id(y)     #y的对象ID与x的不相同
1702671712,1702672032
>>> x=x+50          #表达式的计算也会产生新的对象
>>> x               #x指向新的数据对象
60
```

```
>>> id(x)
1870183328
>>>
```

对象本身的值可以改变的对象称为可变对象，如list、dict、set等。

【例 1-6】可变对象示例。

程序代码：

```
>>> x=[1,2,3,4]          #创建列表对象[1,2,3,4]，x引用列表对象
>>> y=x                  #y引用同一个列表对象
>>> y
[1,2,3,4]
>>> x[2]=0               #x变量修改第3个列表元素
>>> y                    #使用y访问列表对象，看到修改后的结果
[1,2,0,4]
>>> id(x)==id(y)         #x、y的对象ID相同
True
```

说明：

本例只创建了一个列表对象，有两个变量引用它，每个变量都可以读取、修改列表对象的内容。

1.2.3　表达式和语句

1. 表达式

表达式是数据对象和运算符按照一定的规则写出的式子，描述计算过程。例如算术表达式由计算对象、算术运算符及圆括号构成。最简单的表达式可以是一个常量或一个变量。无论简单的或复杂的表达式，其运算结果必定是一个值。运算结果的数据类型由表达式中的操作符决定。

例如，3+2、year % 4 == 0 and year % 100 != 0 or year % 400 == 0 等称为表达式，根据运算符的不同，表达式可以分为算术表达式、逻辑表达式、关系表达式等，关于运算符和表达式的概念，后面章节会给出讲解。

2. 语句

语句是程序最基本的执行单位，程序的功能就是通过执行一系列语句实现的。

Python语言中的语句分为简单语句和复合语句。

简单语句包括表达式语句、赋值语句、输入/输出语句、函数调用语句、pass空语句、del删除语句、return语句、break语句、continue语句、import语句、global语句等。

复合语句包括if选择语句、while循环语句、for循环语句、with语句、try语句、函数定义、类定义等。

【例 1-7】Python语句示例：输入n，计算并输出n的阶乘。

程序代码：

```
def fact(n):                #函数定义语句
    p=1                     #赋值语句
    for i in range(1,n+1):  #for循环语句
        p=p*i               #表达式赋值语句
```

```
        return p                         #return语句
num=int(input("请输入n: "))              #输入语句
result=fact(num)                         #函数调用语句
print(num,"的阶乘是",result)             #输出语句
```

运行结果：

```
请输入n: 5
5 的阶乘是 120
```

说明：

本例中定义了一个函数 fact，函数的功能是求 n 的阶乘，在主程序中，从键盘输入 n 值，调用 fact 函数求得 n 的阶乘，输出在屏幕上。函数中定义了一个 p 变量初值为 1，使用 for 循环构建了一个迭代循环，使 i 取值从 1 到 n，然后每取值一次，执行 p=p*i，完成阶乘的计算，使用 return 语句返回计算值到调用处。

3. 语句书写规则

Python语句的书写一般要遵循如下规则：

① Python语言通常一行一条语句，使用换行符分隔。

② 从第一列开始顶格书写，前面不能有多余空格。

③ 复合语句的构造体必须缩进。

④ 如果语句太长，可以使用反斜杠（\）实现多行语句。

⑤ 分号可以用于在一行书写多条语句。

【例 1-8】多行语句和多条语句示例。

程序代码：

```
>>> #多行语句示例
>>> print("Python is a programming language that\
lets you work quickly\
 and integrate systems more effectively.")
Python is a programming language that lets you work quickly and integrate
systems more effectively.
>>> #多条语句示例
>>> a=0;b=0;c=0
```

4. 注释

注释是代码中加入的一行或多行信息，对程序的语句、函数、数据结构等进行说明，以此来提升代码的可读性。注释是一种辅助性文字，在编译或解释时会被编译器或解释器忽略，不会被计算机执行。

Python语言中只提供了单行注释的符号。单行注释用"#"开始，Python在执行代码时会默认忽略"#"和该行中"#"后的所有内容。

Python语言并没有专门的多行注释符号，在Python程序中实现多行注释可以使用多行字符串常量表示。多行字符串常量用三个单引号开始，三个单引号结束。或者三个双引号开始，三个双引号结束，不可混用。如果在调试程序时想大段删减代码，可以使用多行注释将这些代码注释掉。想重新加入这段代码运行时，只要将多行注释去掉即可，十分方便。

【例 1-9】 增加注释的例1-7程序代码。

程序代码：

```
'''
函数功能：求n的阶乘
输入参数：整数n
输出结果：返回n的阶乘值
'''
def fact(n):
    p=1                          #设置累乘变量初值
    for i in range(1,n+1):       #求累乘1~n
        p=p*i
    return p                     #返回n的阶乘

num=int(input("请输入n："))      #输入num
result=fact(num)                 #调用fact函数求num的阶乘
print(num,"的阶乘是",result)     #输出结果
```

说明：

　　本例中使用多行注释解释了函数 fact 的功能和输入／输出，使用单行注释解释程序语句的作用。在编辑器中可以看到单行注释和多行注释的文字颜色是不同的，单行注释是真正的注释，多行注释是一个字符串常量，Python 语言允许在程序中将常量作为一条语句。

　　注释语句常用的场合有：

　　① 注释可以标注在程序的开头，来说明程序的作者、版权、日期、实现的功能、输入和输出等。

　　② 注释也可以写在程序的关键代码附近，来解释关键代码的作用，增加程序的可读性。

　　③ 在调试程序时，也可以对某些行或某一段代码使用单行或多行注释，达到临时去掉这些代码的效果，在调试程序时能够快速定位发生问题的可能位置。

1.2.4　赋值语句

　　在Python中，变量只是一个名称。Python的赋值语句通过赋值运算符"="实现，用赋值运算符将右边数据对象与左边的变量名建立了引用关系，其一般使用方法如下：

```
<变量>=<表达式>
```

尖括号的内容表示具体使用时需要替代。

1. 连续赋值

Python支持多个变量连续赋值，连续赋值的实质是多个变量引用同一个数据对象。

【例 1-10】 多个变量连续赋值示例。

程序代码：

```
>>> x=y=10
>>> id(x),id(y)
(1619899744,1619899744)
```

```
>>> x,y
(10,10)
```

 说明:

当变量 x、y 连等于 10，查看两个变量的 ID，ID 都是 1619899744，是相等的，说明两个变量引用了同一个整数数据对象 10。

2. 同步赋值语句

如果要在一条语句中同时赋予N个变量值，可以使用同步赋值语句，其使用方法为：

```
<变量1>,<变量2>,...,<变量N>=<表达式1>,<表达式2>,...,<表达式N>
```

Python语言在处理同步赋值语句时先运算右边的N个表达式，然后一次性把右边所有的表达式的值赋给左边的N个变量。交换两个变量的值可以使用同步赋值语句实现。

【例 1-11】 同步赋值语句的使用示例。

程序代码：

```
>>> x,y=10,20
>>> print("交换前x=",x,"y=",y)
交换前x=10 y=20
>>> x,y=y,x
>>> print("交换后x=",x,"y=",y)
交换后x=20 y=10
```

 说明:

第 1 条命令使用同步赋值语句，同时为 x 和 y 赋值，第 2 条命令输出交换前 x 和 y 的值，第 3 条命令通过同步赋值语句交换 x 和 y 的值，第 4 条命令输出交换后 x 和 y 的值。

交换两个变量的值可以描述为：假如x的值为10，y的值为20，经过一系列操作后，让x的值与y的值交换，即x的值为20，y的值为10。如果之前有过编程基础，可能会想到使用第三个变量temp来做容器，暂存x的值，然后完成交换变量x和变量y的值的操作。

```
temp=x;x=y;y=temp
```

但是在Python语言中，可以通过同步赋值语句，用一个表达式实现：

```
x,y=y,x
```

3. 复合赋值语句

将运算和赋值结合起来的运算符称为复合赋值语句，复合赋值语句可以简化代码，提高计算效率。

以x+=y为例，其等价于x=x+y，即先计算x与y的和，然后再将运算结果赋值给x。

【例 1-12】 复合赋值语句示例。

程序代码：

```
>>> i=9
>>> i+=1
>>> i
10
```

1.2.5　字符串

在Python语言程序设计中，字符串是最常用的数据类型之一。可以把一个或多个字符用一对引号（单引号'或双引号"）括起来，这就是Python语言的合法字符串。

1. 创建字符串

字符串对象可以通过字面量直接创建，字符串字面量的书写形式可以使用单引号、双引号将文字括起来构成。

【例1-13】创建字符串示例。

程序代码：

```
>>> #创建一个字符串变量
>>> s1="你好，Python！"
>>> s1
'你好，Python！'
>>> #获取一个带引号的字符串
>>> print(' "hello" ')
"hello"
>>> print(" 'hello' ")
'hello'
>>> #通过连接操作构建字符串
>>> s2="shang "
>>> s2=s2+"hai"
>>> s2
'shanghai'
```

2. 访问字符串

（1）获取字符

字符串是一个序列对象，每一个字符都有序号，又称下标，而且Python支持正向序号和反向序号两种索引体系，如图1-12所示。

				反	向	序	号				
−12	−11	−10	−9	−8	−7	−6	−5	−4	−3	−2	−1
h	e	l	l	o		p	y	t	h	o	n
0	1	2	3	4	5	6	7	8	9	10	11
				正	向	序	号				

图1-12　字符串的索引

使用下标值来获取字符串中指定的某个字符，称为索引操作，下标是一个整数值，可以是整数常量、整数变量，也可以是一个整数表达式。一般形式是：

```
<字符串>[下标]
```

【例1-14】字符串下标示例。

程序代码：

```
>>> "Student"[5]
'n'
```

```
>>> s="hello Python!"
>>> s[0]
'h'
>>> i=10
>>> s[i+1]
'n'
>>> s[-1]
'!'
```

 注意：

　　Python 中下标位置是从 0 开始计数的，数值表达式可以为负数，则表示从右向左计数。

（2）获取子串

　　子串是一个字符串中连续的部分字符，Python提供了切片操作获取子串。常用的一般形式为：

```
<字符串>[start:end:step]
```

即获取下标从start到end-1的字符串。

　　【例 1-15】获取字符串的子串示例。

　　程序代码：

```
>>> str="Python语言"
>>> str[6]
'语'
>>> str[:6]        #截取str字符串索引号从0到5的子串
'Python'
>>> str[6:]        #截取str字符串索引号从6到最后的子串
'语言'
>>> str[-2:]       #使用逆序索引号-2与6是一致的
'语言'
>>> str[::-1]      #倒置字符串对象
'言语nohtyP'
```

1.2.6　输入与输出

　　计算机程序都是为了执行一个特定的任务，有了输入，用户才能告诉计算机程序所需的信息，有了输出，程序运行后才能告诉用户任务的结果。

1. 输入语句

　　Python提供内置的input()函数，用于在程序运行时接收用户的键盘输入。

　　input()函数的一般形式为：

```
<变量>=input(<提示文本串>)
```

　　【例 1-16】输入语句示例，返回值为字符串类型的数据。

　　程序代码：

```
>>> s=input("请输入：")
请输入：Google
```

```
>>> print("你输入的内容是:",s)
你输入的内容是: Google
```

input()函数只能返回字符串数据类型，当需要返回数值数据时，可以使用数值类型的构造函数（int、float）将字符转换为数值。

【例 1-17】输入语句示例，返回值为数值型数据类型。

程序代码：

```
>>> dig=float(input("请输入: "))
请输入: 1.23
>>> type(dig)
<class 'float'>
>>>
```

2. 输出语句

Python提供内置函数print()用于输出显示数据。print()函数的一般形式为：

```
print(value,...,sep=' ',end='\n')
```

参数说明：

value：表示输出对象，可以是变量、常数、字符串等。value后的...表示可以列出多个输出对象，以逗号间隔。

sep：表示多个输出对象显示时的分隔符号，默认值为空格。

end：表示print语句的结束符号，默认值为换行符，也就是说print默认输出后换行。

【例 1-18】输出一个对象示例。

程序代码：

```
>>> print("Welcome!")        #输出一个字符串常量
Welcome!
>>> x=100                    #输出一个整型变量的值
>>> print(x)
100
>>> print(x+20)              #输出一个算术表达式的值
120
```

【例 1-19】输出多个对象示例。

程序代码：

```
>>> x,y,z=10,20,30
>>> print(x,y,z)             #输出多个对象，默认间隔一个空格
10 20 30
>>> print(x,y,z,sep=",")     #输出多个对象，设置间隔一个逗号
10,20,30
```

1.2.7 模块和系统函数

一般的高级语言程序系统中都提供系统函数丰富语言功能。Python的系统函数由标准库中的很多模块提供。标准库中的模块，又分成内置模块和非内置模块，内置模块__builtin__中的函数和变量可以直接使用，非内置模块要先导入模块，再使用。

1. 内置模块

Python中的内置函数是通过__builtin__模块提供的，该模块无须手动导入，启动Python时系统会自动导入，任何程序都可以直接使用它们。该模块定义了一些软件开发中常用的函数，这些函数实现了数据类型的转换、数据的计算、序列的处理、常用字符串处理等，如字符串转换函数repr、输出函数print、四舍五入函数round、计算集合对象的长度len等。

内置函数的调用方式如下：

```
<函数名>(参数序列)
```

与数学函数类似，函数名加上相应的参数值，多个参数值之间以逗号分隔。

【例1-20】 内置模块函数示例。

程序代码：

```
>>> #repr(obj)将任意值转为字符串，常用于构造输出字符串
>>> x=10*3.25
>>> y=200*200
>>> s='The value of x is '+repr(x)+',and y is '+repr(y)+'...'
>>> print(s)
The value of x is 32.5,and y is 40000...
>>> #使用round(x,n)可按"四舍五入"法对x保留n位小数
>>> round(78.3456,2)
78.35
>>> #使用len(s)计算字符串的长度
>>> len("Good morning")
12
```

说明：

可以在 Python Shell 中通过 dir(__builtins__) 查阅当前版本中提供的内置函数有哪些，再通过 help 函数查阅函数的使用方法。

2. 非内置模块

非内置模块在使用前要先导入模块，Python中使用如下语句导入模块：

```
import<模块名>
```

其中，模块名也可以有多个，多个模块名之间用逗号分隔。该语句通常放在程序的开始部分。模块导入后，可以在程序中使用模块中定义的函数或常量值，其一般形式如下：

```
<模块名>.<函数>(<参数>)
<模块名>.<字面常量>
```

【例1-21】 数学库导入和使用示例。

程序代码：

```
>>> import math                #导入数学库
>>> math.pi                    #查看圆周率π常数
3.141592653589793
>>> math.pow(math.pi,2)        #函数pow(x,y)：求x的y次方
9.869604401089358
>>> #计算边长为8.3和10.58，两边夹角为37度的三角形的面积的表达式为：
```

```
>>> 8.3*10.58*math.sin(37.0/180*math.pi)/2
26.423892221536985
```

还可以通过import命令明确引入模块的函数名，一般形式如下：

```
from <模块名>import<函数名>
```

使用这种方法导入的函数，调用时直接用函数名调用，不需要加模块前缀，一般形式如下：

```
<函数>(<参数>)
```

【例1-22】 数学库中函数引入和使用的另外一种方式。

程序代码：

```
>>> from math import sqrt        #引入数学库中的sqrt函数
>>> sqrt(16)
4.0
>>> from math import*            #引入数学库中所有的函数
>>> sqrt(16)
4.0
```

说明：

引入方式不同，对应函数的使用方式不同，还要注意所引入模块中的函数名等与现有系统中不产生冲突。

1.3 程序的基本编写方法

想使用计算机解决问题，却无从下手，是每个初学者会遇到的问题。本节将告诉初学者，编写程序最基本的处理步骤是什么，计算机解决问题的基本过程是什么。

Python IDLE除了提供Shell交互解释器界面，还提供了一个简单的程序文件的集成开发界面，执行Shell菜单File→NewFile命令，可以打开一个程序文件的编辑界面。执行Run→checkModule命令可以检查程序的语法，执行Run→checkModule命令，可以执行程序，运行结果显示在Shell窗口中。本节将学习编写、运行、测试一个完整的Python程序的一般过程，其编辑和运行界面如图1-13所示。

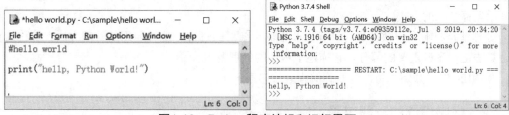

图1-13 Python程序编辑和运行界面

1.3.1 IPO程序编写方法

使用计算机执行一个计算过程，包括三个基本步骤：

第一步：数据输入计算机（input）。

第二步：计算机处理数据（process）。

第三步：计算机输出数据（output）。

例如，图1-14给出了一个计算个人所得税的过程。从输入设备（键盘）输入"月薪"，存储在内存中，CPU逐条取内存中"计算所得税"的指令和"月薪"数据，执行指令后，将计算结果"所得税"数据存放在内存。再输出到输出设备（显示器）上。

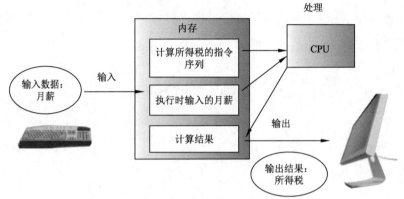

图1-14　所得税的计算过程

所以，在着手设计一个程序时，就可以从这三个基本步骤入手：数据的输入、数据的处理、数据的输出。这就构成了程序的三个基本算法步骤，称为IPO算法步骤。无论面对的问题是简单问题，还是复杂问题，都可以从三步出发，开始程序的设计。这种基本的编程方法称为IPO编程方法。例如一个处理个人所得税程序的设计，可以从这三步开始：

第一步：输入月薪salary。

第二步：计算个人所得税，通过个人所得税税率表计算。

第三步：输出所得税tax。

IPO问题描述的作用是理清问题的功能需求，明确问题的输入、输出，以及从输入到输出要达成的功能需求。

输入往往是一个程序的开始。程序所需的数据有很多种输入方式，如从文件中获得输入、从网络中获得输入、从程序的控制台获得输入、从交互界面获得输入。

程序经过运算之后，将程序的结果输出到控制台（或输出到图形界面，或输出到文件，或通过网络输出，或输出给操作系统的内部变量等），这都是程序的输出方式。所以说输出是程序展示运算结果的方式。

处理就是将输入的数据进行计算，产生输出结果的过程，这种通用的处理方法，统称为算法，算法是程序最重要的部分。它描述了程序的处理逻辑步骤。

使用IPO方法开始思考，迈开你编程之旅的第一步。

1.3.2　程序设计的一般过程

计算机的所有操作都是按照人们预先编制好的程序进行的。因此，若需运用计算机解决问题，必须把具体问题转化为计算机可以执行的程序。而在问题提出之后，从分析问题、设计算法、编写程序，一直到调试运行程序的整个过程称为程序设计。在程序设计过程中，设计算法、编写程序和调试运行是一个不断反复的过程，如图1-15所示。

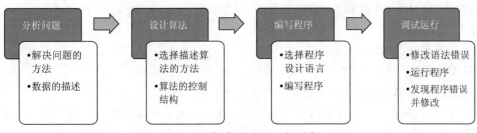

图1-15 程序设计的一般过程

下面通过解决个人所得税的计算问题了解程序设计的过程。前一节已经给出了该问题的IPO描述，下面从分析问题开始，确定问题的输入是什么，要求的输出是什么，如何处理。使用自然语言写出解决问题的算法，然后使用Python语言编写程序。最后测试程序运行是否正确，并修改发现的错误。

1. 分析问题

分析问题的核心任务是明确问题的计算部分，计算机只能解决计算问题，即解决一个问题的计算部分。

对问题不同的理解会产生不同的计算需求。例如，获取一个人的BMI值，可以有不同的形式。简单的方式是已经通过体重身高测试仪器得到身高和体重，编程得到BMI的计算问题。高级的形式是一个人站在一部人工智能计算机面前，立即显示他的BMI值。该问题的计算部分就是计算机通过传感器件获取一个人的体型，智能地获得他的BMI值。

根据具体的问题，分析问题的计算部分。按IPO方法，提炼出的问题是什么，解决问题的基本方法是什么，输入数据是什么，输出数据是什么。

问题：如何计算个人所得税？

解决的方法：

应纳个人所得税税额的计算公式：

应纳个人所得税税额= 应纳税所得额 × 适用税率- 速算扣除数

个人所得税的税率根据2018调整后的个税法，新应纳税所得额分为七级超额累进。个人所得税税率表和各级速算扣除数如表1-1所示，个税起征点5 000元。应纳税所得额是每个月的收入（去除了单位缴纳的养老金、社保个人缴纳金、住房公积金等费用），再减掉5 000元之后的余额。

表 1-1 个人所得税税率表（综合所得适用）

级 数	应纳税所得额（含税）	税率（%）	速算扣除数
1	不超过 3 000 元的部分	3	0
2	超过 3 000 元至 12 000 元的部分	10	210
3	超过 12 000 元至 25 000 元的部分	20	1 410
4	超过 25 000 元至 35 000 元的部分	25	2 660
5	超过 35 000 元至 55 000 元的部分	30	4 410
6	超过 55 000 元至 80 000 元的部分	35	7 160
7	超过 80 000 元的部分	45	15 160

例如，某人月收入为13 500元，需要缴纳的个人所得税：(13 500−5 000)×10%−210=640（元）。

输入：月收入。

输出：应纳个人所得税税额。

2. 设计算法

算法是一组明确的解决问题的步骤，它产生的结果在有限的时间内终止。

一个问题的算法，首先考虑的是三个基本步骤：输入、计算、输出。本例是一个典型的IPO问题，分三步，顺序执行每一个步骤。每一个算法无论简单复杂，都是一个顺序结构的算法，体现了程序从上至下，逐条执行的执行顺序。

第二步计算所得税的算法步骤还需要进一步细分：首先要计算应纳税所得额，再根据应纳税所得额确定税率和速算扣除数，最后计算应纳个人所得税税额。

算法可以用多种方法描述，包括自然语言、伪代码或流程图。下面给出求个人所得税问题的自然语言算法描述。

第一步：输入月收入income。

第二步：计算应纳税所得额tIncome。

第三步：计算个税税率和速算扣除数。

如果tIncome不大于3 000：个税税率tax=3%，速算扣除数为0；

否则如果tIncome不大于12 000：个税税率tax=10%，速算扣除数210；

否则如果tIncome不大于25 000：个税税率tax=20%，速算扣除数为1 410；

否则如果tIncome不大于35 000：个税税率tax=25%，速算扣除数为2 660；

否则如果tIncome不大于55 000：个税税率tax=30%，速算扣除数为4 410；

否则如果tIncome不大于80 000：个税税率tax=35%，速算扣除数为7 160；

否则tIncome大于80 000：个税税率tax=45%，速算扣除数15 160。

第四步：计算应纳个人所得税税额。

第五步：输出应纳个人所得税税额。

3. 编写程序

确定了解决问题的算法后，就可以选择一门程序设计语言，对照算法，逐条编写程序了。使用Python语言编写计算个人所得税的源程序如下，可以对照算法逐条阅读理解。

程序代码：

```
income=float(input("请输入你的月薪（扣金后）:"))
tIncome=income-5000
if tIncome<=3000:
    rate,deduction=0.03,0
elif tIncome<=12000:
    rate,deduction=0.1,210
elif tIncome<=25000:
    rate,deduction=0.2,1410
elif tIncome<=35000:
    rate,deduction=0.25,2660
elif tIncome<=55000:
    rate,deduction=0.3,4410
elif tIncome<=80000:
```

```
    rate,deduction=0.35,7160
else:
    rate,deduction=0.45,15160
tax=tIncome*rate-deduction
print("你的个人所得税是: ",tax)
```

 说明：

input 语句是 Python 输入语句，可以输入一个字符串，float 函数将输入的字符串转化为浮点数。if 语句是一个选择语句，根据所求的应纳税所得额，得到不同的个税税率和速算扣除数。print 语句是输出语句，将结果显示在屏幕上。

使用程序设计语言编写的程序，应符合每一种语言的语法，如果程序的编写中出现语法错误，编译器或解释器将报错并给出错误提示，而不能执行程序。Python IDLE提供了菜单命令"checkModule"用于检查程序的语法错误。

4.测试调试

消除了语法错误的程序，就可以运行。执行Python IDLE菜单中的"RunModule"命令可以运行程序。可以运行的程序还可能存在逻辑错误和运行错误，输入数据后，不能得到正确的输出。

程序测试是用设计好的测试数据去找出可运行的程序中可能存在的错误，一组测试数据是指预先设计好的输入和正确的输出。例如，可以为计算个人所得税问题的程序设计的测试用例如表1-2所示，表中为每一个级别设计了一个测试用例。

表 1-2　个人所得税程序的测试用例表

序　　号	输入：月收入	输出：税额	测试数据类别：应纳税所得额
1	7500	75	不超过 3 000 元
2	13 500	640	超过 3 000 元至 12 000 元
3	18 000	1 190	超过 12 000 元至 25 000 元
4	38 660	5 755	超过 25 000 元至 35 000 元
5	45 000	7 590	超过 35 000 元至 55 000 元
6	67 850	14 837.5	超过 55 000 元至 80 000 元
7	98 500	26 915	超过 80 000 元

按照测试用例，运行程序，运行结果如图1-16所示。

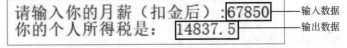

图1-16　个人所得税程序的运行示例图

如果运行程序时，程序的输出与测试用例的预设结果不符合，或程序运行时发生系统错误，就需要启动程序调试。程序调试是发生逻辑错误或运行错误时，定位错误产生的位置。程序调试，可以通过追踪分析程序执行过程中变量的值的变化，发现错误产生的位置，一些程序开发工具还提供了专门的程序调试工具，帮助程序员定位错误位置。

1.4　程序的结构化流程控制

1.4.1　结构化的流程控制概述

一个好的程序不但要能正确地解决问题，还应该是执行效率高、结构清晰、易于理解、易于维护的。机器语言的程序是由指令构成，在机器指令的层面上，有两种流程的控制方式：最基本的流程控制方式是顺序执行，一条指令执行完毕后执行下一条指令，其实现的基础是CPU的指令计数器；另一种控制方式是分支指令，分支指令可以导致控制转移，程序转到某个特定位置继续执行下去。通过这两种流程控制方式的综合可以形成复杂的流程。

早期的高级语言也延续着这两种流程的控制方式，使用goto语句实现控制转移，程序的流程常常形成一团乱麻，难以控制。随着人们对程序设计技术的不断研究，认识到随意的流程控制方式会给程序开发带来麻烦，荷兰计算机科学家W.Dijikstra在1965年提出"goto有害论"，1966年Bohra和Jacopini提出了使用goto语句的程序可以不使用goto语句，而只使用顺序、选择和循环语句实现。这些思想奠定了结构化程序设计的基础。人们逐渐意识到，程序设计是一门科学，建立良好的程序设计方法，可以编写出良好的程序。

结构化流程控制以顺序结构、选择结构和循环结构这三种基本结构作为表示一个良好算法的基本单元，可以实现任何复杂的功能。简单的程序直接使用三种基本结构组合而成，复杂的问题可以通过三种基本结构的嵌套来解决。三种基本控制结构的共同特点如下：

- 只有一个入口；
- 只有一个出口；
- 结构内的每一部分都应有机会被执行到；
- 结构内应避免出现"死循环"（无终止的循环）。

1.4.2　顺序结构

顺序结构是最简单、最直观的控制结构。任何一个程序首先是遵循顺序结构的，程序中的语句按照它们出现的先后顺序一条一条地执行，一条语句执行结束，自动地执行下一条语句。前面提到的IPO算法，是一个典型的顺序结构算法。

【例 1-23】已知一个圆的半径，求其内接正五边形的面积。

程序分析：这是一个典型的数学公式求解问题。已知圆的半径，可以通过公式求内接的五边形的边长；已知正五边形的边长就可以再通过公式求正五边形的面积。

求内接五边形面积问题的IPO描述如下。

输入：圆的半径r。

处理：计算内接正五边形的边长 $a=2r\sin\left(\dfrac{\pi}{5}\right)$。

计算内接正五边形的面积 $s=\dfrac{5a^2}{4\tan\dfrac{\pi}{5}}$。

输出：内接正五边形的面积 s。

程序代码：

```
import math
r=float(input("请输入圆半径："))
s=2*r*math.sin(math.pi/5)
area=(5*s*s)/(4*math.tan(math.pi/5))
print("内接正五边形的面积：{:.2f}".format(area))
```

运行结果：

```
请输入圆半径：5.5
内接正五边形的面积：71.92
```

思考：求圆的内接正 n 边形面积公式为：$area = \dfrac{na^2}{4\tan\dfrac{\pi}{n}}$，其中 a 为边长，n 为边的数目。如何修改例1-23？

简单的顺序结构语句一般包括输入/输出语句、赋值语句、函数调用语句。由于每一基本控制结构都是一个入口和一个出口，顺序结构中的每一步还可以是一组语句或是复杂控制结构的组合或嵌套构成。基于这样的思想，任何一个程序都可以看作一个顺序结构，结构化的程序的执行也正是遵循顺序结构从第一句执行到最后一句。

1.4.3 选择结构

选择结构又称分支结构，是指程序的执行出现了分支，它需要根据某一特定的条件选择其中的一个分支执行。常见的选择结构有单分支、二分支和多分支三种形式。Python使用if语句实现选择结构，分别为if语句、if-else语句、if-elif-else语句。

1. 双分支结构

用Python的if语句实现双分支选择结构，语句格式如下：

```
if <条件表达式>：
    <语句块1>
else：
    <语句块2>
```

计算条件表达式的值，如果条件表达式的值为True，则执行语句块1，否则执行语句块2。语句块1和语句块2向里缩进，表示隶属关系。

空白在Python中是非常重要的。行首的空白称为缩进。缩进是Python迫使程序员写成统一、整齐并且具有可读性程序的主要方式之一，这就意味着必须根据程序的逻辑结构，以垂直对齐的方式来组织程序代码，使程序更具有可读性。逻辑行首空白（空格和制表符）决定了逻辑行的缩进层次，从而用来决定语句的分组。这意味着同一层次的语句必须有相同的缩进。每一组这样的语句称为一个块。错误的缩进会引发错误，这点不同于C/C++、Java，它们使用{ }。那如何缩进呢？不要混合使用制表符和空格来缩进，因为这在跨越不同的平台时，无法正常工作。建议在每个缩进层次使用单个制表符或两个或四个空格 。在Python IDLE中编写程序，按【Enter】键后，会自动确定缩进位置。

【例1-24】 如图1-17所示，判断一个点在圆内还是圆外。

问题分析：在平面坐标系中，求一个点到圆心的距离，如果点到圆心的距离小于圆的半径则在圆内，否则在圆外。

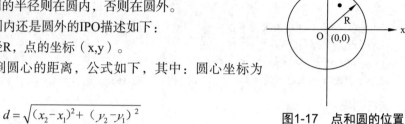

图1-17　点和圆的位置

判断一个点在圆内还是圆外的IPO描述如下：

输入：圆的半径R，点的坐标（x,y）。

处理：计算点到圆心的距离，公式如下，其中：圆心坐标为（0，0）。

$$d = \sqrt{(x_2 - x_1)^2 + (y_2 - y_1)^2}$$

输出：将点到圆心的距离与半径作比较，输出结论。

程序代码：

```python
#判断一个点在圆内还是圆外
from math import sqrt
r=float(input("请输入圆半径："))
print("请输入点的坐标:")
x=float(input("x: "))
y=float(input("y: "))
d=sqrt(x*x+y*y)
if d<=r:
    print("点在圆内")
else:
    print("点在圆外")
```

运行结果：

示例1：

```
>>>
请输入圆半径：10
请输入点的坐标：
x: 5.2
y: 3.4
点在圆内
>>>
```

示例2：

```
>>>
请输入圆半径：10
请输入点的坐标：
x: 9
y: 9
点在圆外
```

 说明：

根据计算得到点到圆心的距离，与圆的半径比较有两个结果：点到圆心的距离小于或等于圆的半径，点在圆内；点到圆心的距离大于圆的半径，点在圆外。不同的分支输出的结果不一样，使用选择结构进行处理。选择结构需要一个条件表达式，根据条件表达式的计算结果为真或为假,再决定选择哪一条分支继续执行。

思考:如果点正好在圆的边线上(d==r),显示"点在圆上",如何修改例1-24?

此外Python还提供了条件表达式实现简单的if双分支结构。格式如下:

```
<表达式1> if<条件> else <表达式2>
```

执行流程为:如果条件为真,条件表达式取表达式1的值;如果条件为假,条件表达式取表达式2的值。

例如x大于或等于0,y的值为1,否则y的值为-1,可以表示为:

```
y=1 if x>=0 else -1
```

【例 1-25】 使用条件表达式实现判断一个点在圆内还是圆外。

程序代码:

```
from math import sqrt
r=float(input("请输入圆半径: "))
print("请输入点的坐标:")
x=float(input("x: "))
y=float(input("y: "))
d=sqrt(x*x+y*y)
print("点在圆内" if d<=r else "点在圆外")
```

2. 单分支结构

单分支结构的语句格式如下:

```
if <条件表达式>:
    语句块
```

当条件表达式的值为True时,执行语句块;当条件表达式的值为False时,执行下一条语句。

【例 1-26】 求一个整数的绝对值,当这个整数小于零时需要处理,取它的相反值。其他情况都不需要作处理。

程序代码:

```
x=int(input("x="))
if x<0:
    x=-x
print("x的绝对值是",x)
```

运行结果:

```
x=-89
x的绝对值是 89
```

3. 多分支结构

多分支结构的语句格式如下:

```
if <条件表达式1>:
    <语句块1>
elif<条件表达式2>:
    <语句块2>
elif<条件表达式3>:
```

```
        <语句块3>
        ......
    else:
        <语句块n+1>
```

与双分支结构不同的是，多分支结构增加了若干个elif语句，是elseif的缩写形式。当前一个条件表达式为False时，进入elif语句，继续计算elif的条件表达式，如果为True，执行elif的语句块。最后一条是else语句，当前面所有条件表达式都不成立时，执行else的语句块。注意：else语句是没有条件表达式的。

【例 1-27】 用多分支结构实现下面的符号函数，根据任意一个实数x的取值，决定y的值为-1、0和1。

$$y = \begin{cases} -1, & x<0 \\ 0, & x=0 \\ 1, & x>0 \end{cases}$$

程序代码：

```
x=float(input("x="))
if x<0:
    y=-1
elif x==0:
    y=0
else:
    y=1
print("y=",y)
```

运行结果：

示例1：

```
>>>
x=-98
y=-1
>>>
```

示例2：

```
>>>
x=0
y=0
>>>
```

示例3：

```
>>>
x=180.26
y=1
```

1.4.4 循环结构

循环结构是指程序中满足某一条件时要重复执行某些语句，直到条件为假时才可终止循环。循环结构的关键是：满足什么条件时执行循环？重复执行哪些步骤？

Python语言提供了两种循环：while循环和for循环。while表示在进入循环前先判断循环条件是否成立，如果成立执行循环体，如果不成立，结束循环。while循环时"当条件为真时执行循环"，所以称为当循环。for语句是针对可迭代对象设计的循环控制语句，for循环主要是遍历可迭代对象中的每一个元素。

1. while语句

while循环语句的语法格式为：

```
while<条件表达式>:
    <语句块>
```

条件表达式为真时，执行缩进语句块内的语句，再次判定条件，为真，继续循环，否则退出循环。

【例 1-28】 求解区间[1,100]的整数和。

问题分析：求在一定范围内满足一定条件的若干整数的和，是一个求累加和的问题。设置一个累加和变量（如total），初值为0。设置一个变量表示需要累加到total的数（如i），i在指定范围[1,100]内每次自增1。将i一个一个累加到total中。所以，一次累加过程为total=total+i。

该累加过程要反复做，就要用循环结构来实现。在循环过程中，需要对循环次数进行控制。可以通过i值的变化进行控制，即i的初值为1，当i<=100时，每循环一次加1，一直加到100为止。

程序代码：

```
total=0
i=0
while i<=100:
    total=total+i
    i=i+1
    print("1~100的累加和为:{}".format(total))
```

运行结果：

```
>>>
1~100的累加和为:5050
```

2. for语句

for循环语句的语法如下：

```
for <变量>in <可迭代序列>:
<语句块>
```

迭代是访问集合元素的一种方式。迭代器是一个可以记住遍历的位置的对象。迭代器对象从集合的第一个元素开始访问，直到所有元素被访问完结束，产生一个序列。支持迭代的对象统称为可迭代对象——Iterable，Python的组合数据类型都是可迭代对象，如list、tuple、dict、set、str等。for 循环可以遍历可迭代对象中的所有元素，遍历就是把这个迭代对象中的第一个元素到最后一个元素依次访问一遍。循环变量遍历可迭代序列中的每一个值，循环的语句体为每一个值执行一次 。

【例 1-29】 将字符串s一列输出。

程序代码：

```
s="Python"
```

```
for c in s:
    print(c)
```

运行结果：

```
>>>
P
y
t
h
o
n
```

（咖啡图标）**说明：**

　　本例中，每循环一次，变量 c 依次取 s 中的一个字符，执行一次 print(c) 语句，print 语句输出换行，获得一列字符输出。

　　使用Python中内建的函数range()可以创建一个从start到end-1，间隔为step的有序的整数数列。语法如下：

```
range(start,end,step)
```

　　需要注意的是，start和end组成了半开区间，序列里终值取不到end。例如，range(2,12,2)创建序列2，4，6，8，10。步长参数省略时，默认值为1，例如，range(3,6)创建序列3，4，5。一个参数表示end，获得从0开始到end-1，间隔为1的序列，例如，range(5)创建序列0，1，2，3，4。step不可以为0，否则将发生错误。

3. 循环结构中break、continue及else语句

　　在循环过程中，可使用循环控制语句控制循环的执行。分别是break语句和continue语句。当break语句在循环结构中执行时，它会立即跳出其所在的循环结构。

　　与break语句不同，当continue语句在循环结构中执行时，并不会退出循环结构，而是立即结束本次循环，重新开始下一轮循环，也就是说，跳过循环体中在continue语句之后的所有语句，继续下一轮循环。

　　另外，Python语言提供了 for-else 语句和while-else语句，循环体的执行和普通的for语句及while语句没有区别，else 中的语句会在循环正常执行完的情况下执行。也就是说如果循环体中有break语句，循环的执行是通过break语句结束的，则程序开始执行下一条语句，不会进入else分支；循环的执行是通过循环条件判断正常结束的，则进入else分支，执行else的语句块。

　　【例 1-30】输入并计算5个正整数的和。

　　程序代码：

```
s=0
for i in range(5):
    x=int(input("输入一个正整数："))
    if x<0:
        print("{}不是正整数".format(x))
        break
    else:
```

```
        s=s+x
else:
    print("5个正整数的和为:{}".format(s))
```

运行结果：

运行示例1：

```
>>>
输入一个正整数: 10
输入一个正整数: 25
输入一个正整数: -5
-5不是正整数
>>>
```

运行示例2：

```
>>>
输入一个正整数: 7
输入一个正整数: 2
输入一个正整数: 10
输入一个正整数: 21
输入一个正整数: 18
5个正整数的和为:58
>>>
```

说明：

　　当运行时输入负数，执行 break 语句跳出整个 for 语句。else 分支属于 for 语句的一部分，break 跳出循环，不会进入 else 分支。本例中循环语句后没有语句，所以程序结束。当 for 语句循环正常执行结束，进入 else 分支，执行 print 语句输出结果。

　　本例通过for-else结构实现了只有正确地输入了5个正整数，才能输出累加和。如果输入过程中输入了负整数，程序停止执行，不输出累加和。

　　从本例可以看出，在循环正常结束和通过break语句结束后，如果要有不同的处理时，可以使用else语句完成。

习　题

一、单选题

1. 计算机程序设计语言分为机器语言、(　　　)和高级语言。

　　A. 低级语言　　　　B. 函数式语言　　　C. 表达式语言　　　D. 汇编语言

2. 下面关于 Python 语言的说法错误的是 (　　　)。

　　A. Python 源代码区分大小写

　　B. Python 语言是解释性的，可以在 >>> 提示符下交互输入 Python 语句

　　C. Python 语言是编译执行的，不支持逐条语句执行方式

　　D. Python 用 # 引出行注释。

3. 下列不合法的 Python 变量名是（   ）。

    A. Python2   B. N.x   C. sum   D. Hello_World

4. 下列不是 Python 关键字的是（   ）。

    A. for   B. or   C. false   D. in

5. 下列 Python 不支持的数据类型是（   ）。

    A. char   B. int   C. float   D. list

6. 序列数据类型是（   ）。

    A. dict   B. int   C. char   D. list

7. Python 可变对象是（   ）。

    A. (34,56,184,50)   B. [34, 56, 184, 50]   C. "Window"   D. −12.5+7.5j

8. 已有变量 x、y，（   ）操作不能实现交换变量 x 和变量 y 的值。

    A. x=y;y=x   B. x,y=y,x   C. t=y;y=x;x=t   D. x=y+x,y=x-y,x=x-y

9. Python 代码的注释使用（   ）。

    A. //   B. /* ...... */   C. %   D. #

10. 已执行语句 s='python'，s[2:-1] 所表示的是（   ）。

    A. "ytho"   B. "th"   C. "tho"   D. "yt"

11. 可以使用（   ）接收用户的键盘输入。

    A. input 命令   B. input() 函数   C. int() 函数   D. format() 函数

12. area=1963.4375000000002，执行 print("{:.2f}".format(area)) 语句，屏幕显示（   ）。

    A. 19   B. 1963   C. 1963.43   D. 1963.44

13. （   ）是可以计算一个列表中元素个数的内置函数。

    A. sum   B. len   C. length   D. count

14. 在程序中合法使用语句 y = sqrt(123), 需要先执行的命令是（   ）。

    A. importmath   B. import math from sqrt

    C. import sqrt from math   D. frommath import*

15. 执行了 import math 之后，（   ）语句能输出 271。

    A. >>> print(math.trunc(math.e*100))

    B. >>> print("{:.0f}" .format(math.e*100))

    C. >>> print(round(math.e*100))

    D. >>> print(int(math.e*100+0.5))

16. 判断并求一个数的绝对值，应该用（   ）结构。

    A. 多分支结构   B. 双分支结构   C. 单分支结构   D. 循环结构

17. 循环结构可以使用 Python 语言的（   ）语句。

    A. print   B. while   C. loop   D. if

18. （   ）是 Python 中适合实现多路分支的结构。

    A. try   B. if-elif-else   C. if   D. if-else

19. continue 语句用于（   ）。

    A. 退出循环程序   B. 结束本轮循环

    C. 空操作   D. 根据 if 语句的判断进行选择

20. 在循环语句中，(　　　) 语句的作用是结束当前所在的循环。

　　A. while　　　　　　B. for　　　　　　C. break　　　　　　D. continue

二、程序填空题（请在横线上补充完整程序代码，使其实现功能）

1. 运行代码后，其结果为：

```
shanghai
Shanghai
```

【代码】

```
a = "shanghai"
b=_____
print(a)
print(b)
```

2. 运行代码，实现判断变量 n 所对应的值是否以 "S" 结尾，并输出结果。
【代码】

```
n="bookS"
v=_____
print(v)
```

3. 运行代码，实现将变量 n 对应的值变大写字母，并输出结果。
【代码】

```
n="project"
v=_____
print(v)
```

4. 运行代码，实现将变量 n 对应的值变小写字母，并输出结果。
【代码】

```
n="INDEX"
v=_____
print(v)
```

5. 运行代码，实现输出变量 n 对应的值的第 2 个字符，并输出结果。
【代码】

```
n="INDEX"
v=_____
print(v)
```

第 2 章

程序设计初步

本章概要

　　本章主要介绍Python的基本数据类型及常用的几种基本运算符，以及Python的内置函数库等，通过掌握这些基础知识，进而初步掌握基本的Python程序设计方法。

学习目标

　　◎ 掌握语法规范及基本类型数据的概念及应用。

　　◎ 掌握基本运算符的应用。

　　◎ 熟悉Python的内置元素及应用。

　　计算机要处理的是各种各样的数据，如数值、文本、图形、视频、音频、网页等。不同类型的数据表示方式各不相同，而现在，几乎所有计算机都采用二进制数（Binary）编码方式，所以日常所用到的数据如果要在计算机中表示，也需要表示成二进制的方式。不同的数据在计算机中的表示方式不同，处理方式也不同。掌握好不同的数据类型及其可以进行的计算，才能正确地编写程序。

2.1　数据类型及其应用

　　数据是区分数据类型的，不同数据类型的表示方式和运算机制各不相同。

2.1.1　数据和变量

1. 数据

　　Python语言能够直接处理的基本数据类型有数值、字符串、布尔值等，每种数据类型都有相应的类型名称，表2-1中"示例"列中的数据就是相应类型的常量。

表 2-1　Python 的基本内置数据类型

对 象 类 型	类 型 名 称	示　　例
数字	int、float、complex	1234、3.1415、1.3e53+4j
字符串	str	'usst'、"I'm student"、'''Python '''、r'abc'
列表	list	[1, 2, 3]、['a', 'b', ['c', 0]]、[ ]
字典	dict	{1:'food' ,2:'taste', 3:'import'}、{ }
元组	tuple	(1, 2, 3)、('a', 'b', 'c')、（ ）
集合	set	set('abc')、{'a', 'b', 'c'}
布尔值	bool	True False
空类型	NoneType	None

2. 变量

变量是指在程序运行过程中可以改变的量。将数据存储在内存中，用一个名称来访问数据对象，这个名称就是变量名，通过变量访问对象称为对象的引用。

Python 中的变量不需要声明。在对象引用之前，需要通过赋值语句将对象赋值给变量，即将对象绑定到变量，通过赋值号"="给变量赋值。给变量赋值即是定义了一个变量，变量获得值及相应值所对应的数据类型。变量可以反复赋值，还可以赋不同类型的值。重新给变量赋值会改变所赋值变量的id值。

若有程序段"x=123"，程序先在内存中创建了一个"123"的数字常量，然后在内存中创建了一个变量x，并将变量x指向"123"，若通过type(x)查看变量类型，结果如图2-1所示。

Python语言是面向对象的程序设计语言，数据存储在内存后被封装为一个对象，每个对象都有唯一的id值，内置函数id(x)可查看对象的id值，如图2-2所示。

```
>>> x=123
>>> type(x)
<class'int'
>>>
```
图2-1　变量的类型

```
>>> id(123)
140722533516896
>>> id('a')
2723121151536
>>> id(0.5)
2723153082480
```
图2-2　对象的id

2.1.2　数值类型

数值类型的数据有整数（int）、浮点数（float）、复数（complex）、布尔值（bool）、空值等。

1. 整数（int）

Python中整数与数学中整数的概念和表示方式相同，例如：123、-1、0等。整数类型符用int表示。Python 3之后的版本对整数的大小没有限制，理论上是无穷的，实际应用中受计算机内存大小的限制。导入math库函数后，应用求阶乘函数math.factorial(x)测试一下整数的取值范围，如图2-3所示，100的阶乘有158位数，10000的阶乘太大，编辑器已折叠起来，展开后有35 660位数，因此若将其展开，会极大影响编辑器的速度。

```
>>> import math
>>> math.factorial(100)
933262154439441526816992388562667004907159682643816214685929638952175999932
299156089414639761565182862536979208272237582511852109168640000000000000000
00000000
>>> math.factorial(10000)
 Squeezed text (714 lines).
>>> x=math.factorial(10000)
>>> print(len(str(x)))
35660
>>>
```

图2-3　整数的大小

Python的整数可以用二进制、八进制、十进制、十六进制表示。二进制是数据在计算机内部的终极表示方法，而且有些算法是直接操作二进制的位（bit）进行运算的；但二进制表示数据不方便读写程序，因此有时候用八进制或十六进制表示整数比二进制更方便；而十进制是人们日常使用的表示方法。

除十进制外，其他进制整数的表示方式如下：

二进制：以0b或0B为前导符，且由0和1组成的数据，十进制数65可表示为0b01000001。

八进制：以0o或0O为前导符，且由0、1、2、3、4、5、6、7组成的数据，十进制数65可表示为"0o101"。

十六进制：用0x或0X为前导符，由0~9、a~f表示，如0xff00、0xa5b4，十进制数65可表示为"0x41"。

2. 浮点数（float）

浮点数又称实数，之所以称为浮点数，是因为按照科学记数法表示时，一个浮点数的小数点位置是可变的，比如，1.23×10^9和12.3×10^8是完全相等的。浮点数可以用数学的写法，如1.23、3.14、-9.01等。但是对于很大或很小的浮点数，就必须用科学计数法表示，把10用e替代，1.23×10^9就是1.23e9，或者12.3e8，0.000012可以写成1.2e-5，等等。

整数和浮点数在计算机内部存储的方式不同，整数运算永远是精确的，而浮点数运算则大多数会出现误差。

3. 布尔值（bool）

布尔值和布尔代数的表示完全一致，一个布尔值只有True、False两种，要么是True，要么是False。在Python中，可以直接用True、False表示布尔值（请注意大小写），关系运算的结果也是布尔值。布尔值还可以直接与数字进行运算，用1和0代表True和False。布尔值及其运算示例如下：

```
>>> True
True
>>> False
False
>>> 3>2
True
>>> 3>5
False
>>> 3+True
4
>>> 3-False
3
```

布尔值经常用在条件判断中，当表达式成立，其值为True，则条件成立，执行相应的语句。

【例2-1】在条件判断中应用布尔值示例。

程序代码：

```
age=int(input('输入年龄: '))
if age>=18:
    print('adult')
else:
    print('teenager')
```

在上面的语句中，if后面表达式的值如果是True，则输出"adult"，如果是False，则输出"teenager"。

4. 复数（complex）

在科学计算中，如方程求根、矩阵求特征值等，会出现复数类型（complex），在Python中，complex类型表示形式a+bj或a+bJ，也可直接使用complex()函数进行定义。

5. 空值

空值是Python里一个特殊的值，用None表示。None不能理解为0，因为0是有意义的，而None是一个特殊的空值。

2.1.3　字符串

字符串是最常用的、重要的序列类型数据之一。序列数据就是指一系列的数据，数据中的每个元素都有一个编号，即索引。Python的序列数据主要有字符串、列表、元组。

1. 字符串及其变量

把一个或多个字符用一对引号［单引号（'）、双引号（"）、三单引号（'''）或三双引号（"""）］括起来，就是一个合法的字符串。在Python 3中，字符串使用Unicode编码，也就是说Python的字符串支持多种语言。定义字符串变量可通过以下代码实现：

【例2-2】创建字符串示例。

代码如下：

```
>>> str1='hello'              #定义字符串
>>> str2="Python"             #用双引号定义字符串
>>> str3='''Welcome to Python
World!'''                     #定义多行字符串，用三引号括起来多行字符
```

2. 转义字符

有些特殊的字符不能直接用一个字符表示，Python利用反斜杠"\"来转义字符，如换行符（\n）、制表符（\t）、退格符（\b）等。常用转义字符及意义见表2-2。

表2-2　常用转义字符及意义

转 义 字 符	意　　义	ASCII 码值
\a	响铃（BEL）	007
\b	退格（BS），将当前位置移到前一列	008
\t	水平制表（HT）（跳到下一个 Tab 位置）	009
\n	换行（LF），将当前位置移到下一行开头	010
\v	垂直制表（VT）	011
\f	换页（FF），将当前位置移到下页开头	012

续表

转 义 字 符	意　　义	ASCII 码值
\r	回车（CR），将当前位置移到本行开头	013
\'	代表一个单引号（撇号）字符	039
\"	代表一个双引号字符	034
\?	代表一个问号	063
\\	代表一个反斜杠 '\'	092
\ddd	3 位八进制数所代表的任意字符	3 位八进制数
\xhh	2 位十六进制数所代表的任意字符	2 位十六进制数
\uhhhh	4 位十六进制数表示的 Unicode 字符	4 位十六进制数

【例 2-3】转义字符的应用示例。

程序代码：

```
>>> s='君不见\n黄河之水天上来\t奔流到海不复回'        #换行符\n与制表符\t
>>> print(s)
君不见
黄河之水天上来        奔流到海不复回
>>> print('\101')                #三位八进制数对应的字符
A
>>> print('\x41')                #两位十六进制数对应的字符
A
```

3. 字符串索引

索引在Python中就是编号的概念，字符串、元组、列表都有索引的概念，可以根据索引找到它所对应的元素，就好像根据电影票上的座位号可以找到对应的座位。利用方括号运算符[ ]可以通过索引值得到相应位置（下标）的字符。有 n 个字符的字符串，其索引（见图2-4）为：

① 从左向右的正向索引， n 个字符的字符串，其索引值从 0 ～ n-1；

② 从右向左的负数索引， n 个字符的字符串，其索引值从 -1 ～ -n

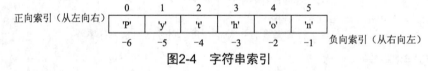

图2-4　字符串索引

若有字符串变量str2 ="Python"，则字符'o'的引用方式为str2[4]或str2[-2]。

 注意：

字符串是不可变的对象，不能通过索引改变字符串的值，如以下代码所示，会引发"TypeError"异常。

```
>>> str1[0]='U'
Traceback(most recent call last):
    File "<pyshell#11>",line 1,in <module>
        str1[0]='U'
TypeError:'str' object does not support item assignment
```

4. 字符串切片

Python提供了切片操作获取字符串的子串。常用的一般形式为：

```
<字符串>[start:end:step]
```

该操作返回字符串从start到end（不包括end）且步长为step的字符生成新的字符串，step省略时，步长为1，返回索引从start到end（不包括end）的子串，其中start、end、step均为整数。

【例2-4】字符串操作示例。

程序代码：

```
>>> s='Hello World!'
>>> s[:5]                  #start省略时，默认值为0
'Hello'
>>> s[6:]                  #end省略时，默认包含最后一个字符
'World!'
>>> s[:]                   #start和end都省略时，表示取整个字符串
'Hello World!'
>>> s[::-1]                #start和end都省略，步长为-1时，字符串逆序
'!dlroW olleH'
>>> s[6:0]                 #当start大于end，步长为正时，结果为空字符串，不报错
''
```

5. 字符串格式化

格式化字符串（format string）是指在编程过程中，通过特殊的占位符，将对应的信息整合或提取的规则字符串。可以通过格式化的方式将变量或值插入到字符串中。Python中的格式化字符串有两种方式：%和format。

（1）使用%运算符进行格式化

一般形式为：

```
'格式控制字符串'%(值序列)
```

格式控制字符串包括普通字符和格式控制符号，普通字符包括所有可以出现在字符串对象中的中英文字符、标点符号、转义字符等，格式控制符号及表示类型见表2-3。

表2-3　格式控制符号及表示类型

格式控制符号	表示类型	格式控制符号	表示类型
%f / %F	浮点数	%o	八进制整数
%d / %i	十进制整数	%x / %X	十六进制整数
%s	字符串	%e / %E	科学计数
%u	十进制整数	%%	输出 %

此外还可以加上 ± m.n的修饰，m表示输出宽度，n表示小数点位数，m和n均为整数，+表示右对齐，-表示左对齐。

【例2-5】使用格式控制符构造输出对象示例。

程序代码：

```
>>> #输出格式日期时间
```

```
>>> y,m,d=2021,9,10
>>> hh,mm,ss=9,32,29
>>> print('%d-%d-%d%d:%d:%d'%(y,m,d,hh,mm,ss))
2021-9-10 9:32:29
>> #计算指定边长的矩形面积
>>> a,b=3,4
>>> c=a*b
>>> formatstr='边长是%d和%d的矩形面积是:%7.2f'
>>> print(formatstr%(a,b,c))
边长是3和4的矩形面积是:12.00
>>> print("%s"%(1/3))          #以字符串格式输出，含小数点共18位
0.3333333333333333
>>> print("%f"%(1/3))          #以浮点数格式输出，默认输出6位小数
0.333333
```

 说明：

%d 表示相应数据以十进制整数形式显示，%7.2f 表示相应数据以浮点数、宽度为7、保留两位小数的形式显示。宽度7是整个输出宽度包括小数点，不足左边补空格。超过7位则按实际位数输出。

右边的 % 运算符就是用来格式化字符串的。在字符串内部，%s 表示用字符串替换，%d 表示用整数替换，有几个 % 占位符，后面的值序列就跟几个变量或者值，按顺序对应，用圆括号括起来。若不太确定用哪种类型的占位符，可以使用 %s，%s 会把任何数据类型转换为字符串输出。

（2）格式化函数format

format()函数是通过 { }表示一个需要替换的值的格式，完成字符串的格式化。一般格式如下：

`'<输出字符串>'.format(参数列表)`

参数说明：

输出字符串由{}和输出的具体文字组成。其格式如下：

`{<参数序号>:<格式说明符>}`

参数列表：包含一个或多个参数，每个参数用逗号分隔。

参数序号可以省略，按默认次序，与参数列表中参数的序号对应，第一个参数的序号为0，依次递增。

格式说明符的完整格式如下：

`[[填充]对齐方式][正负号][#][0][宽度][分组选项][.精度][类型码]`

方括号表示可选，类型码见表2-4，默认为字符串类型。

表 2-4　类型码

类 型 码	表 示 类 型	类 型 码	表 示 类 型
f/F	浮点数	o	八进制整数
d	十进制整数	x/X	十六进制整数

续表

类 型 码	表 示 类 型	类 型 码	表 示 类 型
b	二进制整数	%	百分数表示
s	字符串	e/E	科学计数
c	ASCII 码对为字符	g	通用 general 格式

具体说明如下:

[宽度]: 指定输出的最小宽度, 为整数。默认输出数据的实际宽度。数据实际宽度小于最小宽度, 填充字符, 默认填充空格。数据实际宽度大于最小宽度, 按实际宽度输出。

[.精度]: 为整数, 指定了浮点数小数点后面小数位数, 四舍五入。不能指定整数的精度。

[对齐方式]: 为一个修饰符, <表示左对齐、>表示右对齐、^表示居中。

[填充]: 为单个字符, 表示数据长度不足指定宽度时用于填充的字符。

[正负号]: 选项仅对数字类型生效, 取值有三种:

+: 正数前面添加正号, 负数前面添加负号;

−: 仅在负数前面添加负号(默认行为);

空格: 正数前面需要添加一个空格, 以便与负数对齐。

[#]: 设置输出时添加前缀符。给二进制数加上 0b 前缀; 给八进制数加上 0o 前缀; 给十六进制数加上 0x 前缀

[分组选项]: 设置对数据进行分组。逗号 ",", 使用逗号对数字以千为单位进行分隔; 下划线 "_", 使用下划线对浮点数和 d 类型的整数以千为单位进行分隔。对于 b、o、x 和 X 类型, 每四位插入一个下划线, 其他类型都会报错。

【例 2-6】 format()函数构造格式输出示例。

程序代码:

```
>>> name=input("你的名字:")
你的名字:李白
>>> print("你好, {}! ".format(name))               #省略方式
你好, 李白!
>>> print('{},{},{}'.format('a','b','c'))          #默认顺序和格式
a,b,c
>>> print('{2},{1},{0}'.format('a','b','c'))        #指定序号
c,b,a
>>> print("int:{0:d};hex:{0:x};oct:{0:o};bin:{0:b}".format(65))
int:65;hex:41;oct:101;bin:1000001
>>> print('{:<30}'.format('left '))                 #左对齐
left
>>> print('{:>30}'.format('right '))                #右对齐
        right
>>> print('{:^30}'.format('center'))                #居中对齐
    center
>>> print('{:%>30}'.format('center'))               #用%填充
%%%%%%%%%%%%%%%%%%%%%%%%center
```

【例 2-7】 format()函数构造数值输出格式示例。

程序代码:

```
>>> #计算指定边长的矩形面积
>>> a,b=3,4
>>> c=a*b
>>> print('边长是{:d}和{:d}的矩形面积是:{:7.2f}'.format(a,b,c))
边长是3和4的矩形面积是:12.00
```

2.2 运算符和表达式

表达式是数据对象和运算符按照一定的规则写出的式子，描述计算过程。例如，算术表达式由计算对象、算术运算符及圆括号构成。最简单的表达式可以是一个常量或一个变量。表达式的运算结果必定是一个值，运算结果的数据类型由表达式中的计算对象的类型和操作符决定。

Python语言提供了丰富的运算符，例如算术运算符、关系运算符、赋值运算符、逻辑运算符等，表2-5列出了优先级由高到低排列的Python运算符。

表2-5 Python 运算符

运 算 符	描　　述	运 算 符	描　　述
**	指数 / 幂	|	按位或
~	按位翻转	<、<=、>、>=、==、!=	比较
单目 +、单目 –	正负号	is、is not	同一性测试
*、/、//、%	乘、除、整除、求余	in、not in	成员测试
+、–	加、减	not	逻辑非
<<、>>	移位	and	逻辑与
&	按位与	or	逻辑或
^	按位异或		

与之对应的表达式可以分为算术表达式、逻辑表达式、关系表达式、逗号表达式等。

2.2.1 算术运算符

数值数据支持算术运算符，数值数据的+（加）、–（减）、*（乘）、/（除）与数学中的运算相同。算术运算符的功能见表2-6，其中正负号（+/-）优先级最高，幂运算（**）高于乘、除、整除和模（*、/、//、%，同级），最低为加（+）、减（-）。

表2-6 算术运算符

运 算 符	功 能 描 述	实例（a = 8 b = 5）	
+	加：两个对象相加	print(a+b)	#结果为 13
–	减：得到负数或是一个数减去另一个数	print(a–b)	#结果为 3
*	乘：两个数相乘	print(a*b)	#结果为 40
/	除：两个数相除	print(a/b)	#结果为 1.6
%	取模：返回除法的余数 模与除数同号，或是零	print(a%b) print(–10//3)	#结果为 3 #结果为 2

续表

运　算　符	功 能 描 述	实例（a = 8 b = 5）	
//	取整除：返回商的整数部分，向下取整	print(a//b)	#结果为1
		print(−10//4)	#结果为−3
**	幂：返回 x 的 y 次幂	print(a**b)	#结果为32768
+, −	正、负号，一元运算符		

1. 加法运算（＋）和乘法运算（＊）

加法（＋）和乘法（＊）运算符作用在数值数据时与数学上的运算相同，除此之外还可以作用在字符串、列表、元组等序列数据上，分别表示序列数据的连接和复制。

 注意:

除了数值数据之外，Python 不支持不同类型的对象进行相加。

【例 2-8】序列数据的+和*示例。

程序代码：

```
>>> 'I'+'□love'+"□shanghai"+'赞'*30   #□代表空格
'I love shanghai赞赞赞赞赞赞赞赞赞赞赞赞赞赞赞赞赞赞赞赞赞赞赞赞赞赞赞赞赞赞'
>>> 32*'赞'
'赞赞赞赞赞赞赞赞赞赞赞赞赞赞赞赞赞赞赞赞赞赞赞赞赞赞赞赞赞赞赞赞'
>>> 'USST'+115+'周年'               #字符串与数值不能进行相加，抛出类型错误异常
Traceback(most recent call last):
    File "<pyshell#64>",line 1,in <module>
        'USST'+115+'周年'
TypeError:can only concatenate str(not "int") to str
>>> 'USST' + str(115) + '周年'         # str函数将整数转换为字符串
USST115周年
```

2. 整除运算（//）和模运算（%）

整除（//）和模（%）与乘除的优先级相同。

整除采用的是向下取整的算法得到整数结果。向下取整，即向负无穷大的方向取整，运算结果是小数为0的数，但不一定是 int 类型。

【例 2-9】整除（//）运算示例。

程序代码：

```
>>> print(10.0//2)                  #结果不为整型
5.0
>>> print(10//2)
5
>>> print((-1)//2)                  #向负取整，-0.5取整为-1
-1
>>> print(1//(-2))
-1
>>> print(1//2)
0
```

模运算又称求余运算，若有取模运算a%b，则相当于 a-(a//b)*b，余数与除数b的符号相同，向下取整。在实际应用中，模运算经常用到。例如，新生入学点名，每10人站一排，每4排为一班，此时必定要用到模运算。

【例 2-10】模（%）运算示例。

程序代码：

```
>>> print(4%-3)
-2
>>> print(4%3)
1
>>> print(9.8%3)
0.8000000000000007
>>> print(-11%-4)
-3
```

3. 幂运算（**）

幂运算又称乘方运算，表达式x**y相当于内置函数pow(x,y)，求x的y次方。其中，x和y可以是整数也可以是浮点数。

【例 2-11】幂运算（**）示例。

程序代码：

```
>>> print(2**10)
1024
>>> print(pow(2,10))          #内置函数pow
1024
>>> print(10**-3)
0.001
>>> print(2**0.5)             #计算2的平方根
1.4142135623730951
```

2.2.2 赋值运算符和复合赋值运算符

赋值运算是程序设计中最基本的运算。在Python中，创建一个变量就是通过给变量赋值来实现，只有给变量赋值，变量的值才会改变。

1. 赋值运算（=）

赋值运算的功能是将赋值号（=）右边的表达式的值计算出来，赋值给左边的变量。赋值号的左边必须是变量。可以给多个变量赋一个相同的值，也可以同时给几个变量赋不同的值。

2. 复合赋值运算

复合赋值运算是多种运算符（算术运算和位运算）与赋值运算符的结合，例如+=、*=、/=、%=、&=、//=、**=、&=、|=等。表达式x+=1相当于x=x+1，但复合赋值+=的写法更符合编译原理。

【例 2-12】赋值运算示例。

程序代码：

```
>>> print(x=y=z=1)            #赋值号不能出现在其他语句中
SyntaxError:invalid syntax
```

```
>>> x=y=z=1                    #同时给多个变量赋一个相同的值
>>> x,y,z
(1,1,1)
>>> x,y,z=1,2,3                #给多个变量赋不同的值,
>>> x
1
>>> x +=1
>>> x
2
>>> x,y,z=1,2                  #赋值号右边值的个数少于左边的变量个数
Traceback(most recent call last):
    File "<pyshell#16>",line 1,in <module>
        x,y,z=1,2
ValueError:not enough values to unpack(expected 3,got 2)
```

2.2.3 关系运算符

关系运算又称比较运算，比较两个值，并确定它们之间的关系，是相等还是不等、大于还是小于。Python的关系运算符见表2-7。

表 2-7 关系运算符

运 算 符	相 关 说 明	示例 a = 3, b = 5
==	检查两个操作数的值是否相当	a == b 结果为 False
!=	检查两个操作数的值是否不相等	a != b 结果为 True
>	检查左操作数的值是否大于右操作数的值	a > b 结果为 False
<	检查左操作数的值是否小于右操作数的值	a < b 结果为 True
>=	检查左操作数的值是否大于或等于右操作数的值	a >= b 结果为 False
<=	检查左操作数的值是否小于或等于右操作数的值	a <= b 结果为 True

说明：

- 关系运算的结果是逻辑值，不是 True 就是 False。Python 所有的内建类型都支持关系运算，数值类型会根据数值大小和正负进行比较，字符串会比较字符串对应位置的字符，比较的是字符的 Unicode 码值。除数值类型数据之外，不同类型数据之间不能进行比较。
- 关系运算符可以连续使用，x<y<=z 等价于 x<y and y<=z。
- == 运算符将两个对象进行比较，判断它们是否相等；!= 判断两个对象是否不相等。特别要注意赋值运算是 "="，关系运算的等于是 "=="。
- 所有关系运算符的优先级相同，比逻辑运算优先级高，运算的结合方向为从左往右。

【例 2-13】关系运算示例。

程序代码：

```
>>> int(input('输入整数：'))%2==0           #判断输入的整数是否为偶数
输入整数：12
True
>>> 100>=int(input('输入成绩：'))%2>=0       #判断输入的成绩是否为百分制
输入成绩：95
```

```
True
>>> print(0.1+0.2==0.3)                    #尽量避免直接判断两个浮点数是否相等
False
```

2.2.4 逻辑运算符

逻辑运算符有三个，分别为not、and、or，用于连接两个条件表达式以构成更复杂的条件表达。例如，例2-13的百分制成绩可表示成 100 >= score >= 0，实际上描述的是score大于或等于0同时小于或等于100，等价与 100 >= score and score >=0。这里，and是逻辑与运算，当两边表达式的值都是True时，整个表达式的值才为True，才是成立的。逻辑运算符的功能见表2-8。

表2-8 逻辑运算符

运 算 符	表 达 式	功 能 描 述
or	x or y	如果 x 的值为 False，返回 y 值，否则返回 x 值 短路运算符，只有在第一个参数为假值时才会对第二个参数求值
and	x and y	如果 x 值为 False，返回 x 值，否则返回 y 值 短路运算符，只有在第一个参数为真值时才会对第二个参数求值
not	not x	用于反转操作数的逻辑状态 如果 x 为 True，返回 False 如果 x 为 False，返回 True

说明：

- x 和 y 表示两个表达式，可以是常量、变量、任意表达式，只要能判断其值是否为 False。只要不是 False，即认为其值是 True。
- 在 Python 中，None、任何数值类型中的 0、空字符串 ""、空元组 ()、空列表 []、空字典 {} 都被认为是 False，其他值为 True。
- not 为逻辑非运算，运算结果是 True 或 False，在逻辑运算中优先级最高，or 最低，优先级升序排序：or<and<not。逻辑运算优先级低于算术运算、关系运算。
- 逻辑或（or）和逻辑与（and）运算都具有短路特性。

若 or 左侧表达式值为 True，则 or 右侧所有的表达式直接短路不执行，不管表达式是否含有 and 还是 or运算，直接输出 or 左侧表达式。

若 and 左侧表达式值为 False，则短路and 右侧的所有表达式，直到有 or 出现，结果为and 左侧表达式到 or 的左侧，参与接下来的逻辑运算。

若没有遇到短路，则and或or运算直接取右侧表达式的值作为and或or运算的结果，因此and和or运算的结果不一定是True或False。

同时出现and和or时，建议用加小括号的方法确定顺序，准确地表达逻辑顺序，提高程序的可读性和易维护性。

【例 2-14】 逻辑运算示例。

程序代码：

```
>>> 3 and 5                    #右侧表达式的值作为整个表达式的值
5
>>> 3 and 5>2
True
```

```
>>> 'y'>'x'==False          #等价与'y'>'x'  and 'x'==False
False
>>> 1==1 or 2==1            #短路
True
```

2.2.5　身份运算符与成员测试运算符

身份运算符is和is not用于比较两个对象是否为同一对象，也就是比较两个对象的内存地址是否相同，表达式a is b 相当于id(a) == id(b)，如果相等则返回True，否则为False。

成员测试运算符in用于测试一个对象是否为另一个对象（字符串、元组、列表、集合等）的元素。

【例2-15】身份运算符和成员测试运算符示例。

程序代码：

```
>>> 5 in range(1,10,1)      #测试5是否是range函数产生的值
True
>>> 'cd' in 'abcdefg'       #测试'cd'是否是'abcdefg'的子串
True
>>> x=3
>>> y=3
>>> x is y                  #x和y指向的值相同，内存地址相同
True
>>> s='usst'
>>> s[1] is s[2]            #指向的值相同，内存地址相同
True
```

2.2.6　位运算

位运算在一些算法中需要用到，其运算速度通常与加法运算相同，快于乘法运算，经常被用于提高运算效率。位运算符对二进制数进行运算，因此只能用于整数。

位运算执行过程为：首先将整数转换为二进制数，然后右对齐，必要的时候左侧补0，按位进行运算，最后再把计算结果转换为十进制数字返回。注意：数据在计算机内部以补码形式存储。Python的位运算符见表2-9。

表2-9　位运算符

运 算 符	含　　义	运 算 规 则
&	按位与	0&0=0; 0&1=0; 1&0=0; 1&1=1; 参与运算的两个数对应的二进制位同时为"1"，结果为"1"，否则结果为"0"。常用于清零
|	按位或	0|0=0; 0|1=1; 1|0=1; 1|1=1; 参与运算的两个数对应的二进制位只要有一个为1，结果为1，否则为0。常用于给二进制位置1
^	按位异或	0^0=0; 0^1=1; 1^0=1; 1^0=0; 参与运算的两个数对应的二进制位数值不同（为异），则该位结果为1，否则为0。两次与同一个数异或则得到原数

续表

运 算 符	含 义	运 算 规 则
~	取反	~1=0; ~0=1; 单目运算符,用来对一个二进制数按位取反,即将0变1,将1变0
<<	左移	将一个数的各二进制位全部向左移 n 位,右边补 0。每左移 1 位,相当于该数乘以 2
>>	右移	将一个数的各二进制位全部向右移 n 位,正数左边补 0,负数左边补 1,移到右端的低位被舍弃。每右移 1 位,相当于该数除以 2 取整

【例 2-16】位运算示例。

程序代码:

```
>>> 3<<2
12
>>> 16>>2
4
>>> 12345^1998
14327
>>> 14327^1998
12345
```

2.3 常用内置函数

Python的内置(build-in)函数不需要导入任何模块可以直接使用,执行效率高,功能相同时优先考虑内置模块。在官网提供的编辑器IDLE的Python Shell中,内置函数显示为紫红色。当在Python Shell中定义一个标识符却发现它是紫红色时,尽量不要直接使用该标识符,以免与内置函数或内置对象有冲突。使用内置函数dir()可以查看所有内置函数和内置对象,使用help(函数名)可以查看某个函数的用法。常用的内置函数及其用法说明见表2-10。

```
>>> dir(__builtins__)
>>> help(sum)                    #查看sum函数的说明
```

表 2-10　常用的内置函数及其用法说明

函 数	功能简要说明
abs(x)	返回数字 x 的绝对值或复数 x 的模
ascii(obj)	把对象转换为 ASCII 码表示形式
bin(x)	把整数 x 转换为二进制串表示形式
bool(x)	返回与 x 等价的布尔值 True 或 False
complex(real, [imag])	返回复数
chr(x)	返回 Unicode 编码为 x 的字符
dir(obj)	返回指定对象或模块 obj 的成员列表,如果不带参数则返回当前作用域内所有标识符
divmod(x, y)	返回包含整商和余数的元组 ((x−x%y)/y, x%y)
enumerate(iterable[, start])	返回包含元素形式为 (0, iterable[0]), (1, iterable[1]), (2, iterable[2]), …的迭代器对象

续表

函　　数	功能简要说明
eval(s[, globals[, locals]])	计算并返回字符串 s 中表达式的值
exit()	退出当前解释器环境
float(x)	把整数或字符串 x 转换为浮点数并返回
frozenset([x]))	创建不可变的集合对象
globals()	返回包含当前作用域内全局变量及其值的字典
help(obj)	返回对象 obj 的帮助信息
hex(x)	把整数 x 转换为十六进制串
id(obj)	返回对象 obj 的标识（内存地址）
input([提示])	显示提示，接收键盘输入的内容，返回字符串
int(x[, d])	返回数字 x 的整数部分，或把 d 进制的字符串 x 转换为十进制并返回，d 默认为十进制
len(obj)	返回对象 obj 包含的元素个数
list([x])、set([x])、tuple([x])、dict([x])	把对象 x 转换为列表、集合、元组或字典并返回，或生成空列表、空集合、空元组、空字典
map(func, *iterables)	返回包含若干函数值的 map 对象，函数 func 的参数分别来自于 iterables 指定的每个迭代对象
max(x)、 min(x)	返回 x 中的最大值、最小值，要求 x 中的所有元素之间可比较大小
oct(x)	把整数 x 转换为八进制串
open(name[, mode])	以指定模式 mode 打开文件 name 并返回文件对象
ord(x)	返回 1 个字符 x 的 Unicode 编码
pow(x, y, z=None)	返回 x 的 y 次方，等价于 x ** y 或 (x ** y) % z
print( )	输出函数，参数形式： value, …, sep=' ', end='\n', file=sys.stdout, flush=False
quit()	退出当前解释器环境
range([start,] end [, step])	返回 range 对象，其中包含左闭右开区间 [start,end) 内以 step 为步长的整数
repr(obj)	返回对象 obj 的规范化字符串表示形式，对于大多数对象有 eval(repr(obj))==obj
reversed(seq)	返回 seq（可以是列表、元组、字符串、range 以及其他可迭代对象）中所有元素逆序后的迭代器对象
round(x [, 小数位数])	对 x 进行四舍五入，若不指定小数位数，则返回整数
sorted(iterable,key=None, reverse=False)	返回排序后的列表，其中 iterable 表示要排序的对象，key 用来指定排序规则或依据，reverse 用来指定升序或降序
str(obj)	把对象 obj 直接转换为字符串
sum(x, start=0)	返回序列 x 中所有元素之和，返回 start+sum(x)
type(obj)	返回对象 obj 的类型
zip(seq1 [, seq2 [...]])	返回 zip 对象，其中元素为 (seq1[i], seq2[i], ...) 形式的元组，得到的元素个数取决于所有参数序列或可迭代对象中最短的那个

1.input() 输入函数

input()是Python的基本输入函数，input()函数接收键盘输入的所有字符。input()函数的一般格式为：

```
变量=input('提示符')
```

输入的字符作为一个字符串赋值给变量，提示符可以省略，若输入时直接按【Enter】键，不输入其他任何字符，则得到一个空字符串。若不将输入的值赋值给一个变量，则可以起到暂停屏幕的作用，且按任意键继续。

如果输入的数据需要作为整数或浮点数来使用，需要使用内置函数int()、float()或eval()对用户输入的内容进行类型转换。转换时若出错，程序会报出异常，程序终止。

【例 2-17】 输入函数示例。

程序代码：

```
>>> x=input("请输入x:")
请输入x:1234
>>> type(x)
<class 'str'>
>>> x=int(input("请输入x:"))       #若输入的数据不能转换为int，则int函数报出异常
请输入x:1.5
Traceback(most recent call last):
    File "<pyshell#67>",line 1,in <module>
        x=int(input("请输入x:"))
ValueError:invalid literal for int() with base 10:'1.5'
```

2. print()输出函数

print()是Python的基本输出函数，print()函数将数据以指定的格式输出到标准控制台（屏幕）或指定的文件对象。print()函数的一般格式为：

```
print(value,…,sep=' ',end='\n',file=sys.stdout,flush=False)
```

参数说明：

- value,…：为输出数据列表，在print()函数中用逗号分隔。
- sep=''：用于设置输出数据之间显示出来的分隔符，默认以空格分隔。
- end='\n'：为用于设置print以什么结束输出，默认为换行符。
- file=sys.stdout：用于设置输出文件对象，默认为标准输出设备，即显示器。
- flush=False：是否将缓存中的内容立即输出到流文件，默认不缓存，常用于服务器。

【例 2-18】 输出函数示例。

程序代码：

```
>>> print(1,3,5,7,sep='*')
1*3*5*7
>>> print('{:.2f}'.format(3.14159))
3.14
>>> print('{2}\t{1}\t{0}'.format('USST','love','I'))       #利用格式字符串格式化
输出
I       love       USST
```

3. abs()函数

abs(x)函数返回x的绝对值,x可以是整数或浮点数,当x为复数时返回复数的模。在例2-13中,表达式0.1+0.2==0.3的值是False,与实际不符,这是由于小数在计算机内部转换为二进制时,不能精确转换,因而产生误差。为解决此类问题,在判断两个浮点数是否相等时,一般将两个数相减,再求绝对值,当该值小于某个较小的数时,认为这两个数相等,即如以下代码:

```
>>> print(abs((0.1+0.2)-0.3)<1e-6)
True
```

4. 类型转换函数

① 进制转换函数:bin()、oct()、hex()分别将十进制整数转换为二进制、八进制和十六进制形式,要求参数必须为整数。

② int()函数:int(x,base=10),转换为整数,x可以为整数、实数、分数或合法的数字字符串。当x为数字字符串时,还允许指定第二个参数base用来说明数字字符串的进制,base的取值应为0或2~36之间的整数,其中0表示按数字字符串隐含的进制进行转换。

float()、complex():float()用来将其他类型数据转换为实数,complex()可以用来生成复数。

【例 2-19】 int函数示例。

程序代码:

```
>>> int('0b11111111',2)
255
>>> int('1'*64,2)
18446744073709551615
>>> int('3.5')                #字符串中含有小数点或非数字字符,则出现异常
Traceback(most recent call last):
    File "<pyshell#80>",line 1,in <module>
        int('3.5')
ValueError:invalid literal for int() with base 10:'3.5'
>>> int(3.5)
3
```

③ ord()和chr()函数:ord()用来返回单个字符的整数Unicode码值,而chr()则用来返回一个Unicode编码对应的字符,str()则直接将其他任意类型参数转换为字符串。

【例 2-20】 ord()和chr()函数示例。

程序代码:

```
>>> chr(65)                #返回数字65对应的字符
'A'
>>> chr(ord('A')+1)        #字符串和数字之间不支持加法运算,转换为整数
'B'
>>> chr(ord('上')+1)       #支持中文
'下'
```

④ eval()函数:函数的参数是一个字符串,将字符串当成有效的表达式来求值,并返回计算结果。

【例2-21】 eval()函数示例。

程序代码：

```
>>> eval('3+5')
8
>>> x=eval(input('x='))
    x =3+5
>>> x
8
>>> x=2
>>> print(eval('x+3'))
5
```

⑤ map()函数：函数形式为map(func, *iterables)，func为函数名称，*iterables 为可迭代对象。map函数的功能是把一个函数func依次映射到迭代器对象的每个元素上，并返回一个可迭代的map对象作为结果。

【例2-22】 有一个三位数，求其各位数字之和，并输出。

问题分析：

这个三位数的百位、十位、个位可通过数学的方法提取出来，但是要列三个表达式进行计算。因此考虑将这个三位数转换为字符串，再将int函数作用在字符串的每个元素上（即每个数字上），将每个数字字符转换为单独的整数，再求和。

程序代码：

```
x=496
a,b,c=map(int,str(x))
print("%d的各位之和为：%d"%(x,a+b+c))
```

运行结果如图2-5所示。

496的各位之和为：19

图2-5 运行结果图

⑥ range()函数：这是Python开发中常用的一个内置函数，用于生成整数序列，常用在for循环中。语法格式为：

```
range([start,] end [,step])
```

有range(stop)、range(start, stop)和range(start, stop, step)三种用法。该函数返回一个range对象，其中包含左闭右开区间[start,end)内以step为步长的整数。参数start默认为0，step默认为1。

【例2-23】 range()函数示例。

程序代码：

```
>>> 5 in range(1,10,2)
True
>>> 5 in range(0,10,2)
False
>>> print(list(range(10)))        #用list()函数将range对象转换为列表
[0,1,2,3,4,5,6,7,8,9]
```

2.4 常用库函数

众所周知，Python的强大在于它有众多成熟的几乎支持各个领域的扩展库，但实际上，Python本身内置了非常多有用的模块（Module）和库（Library），只要把这些模块和库导入进来，就可使用。这些库涉及数学函数、字符串处理函数、随机函数、文件操作函数、图形界面处理函数等。

1. math函数库

Math库是Python数学计算的标准函数库，支持整数和浮点数计算，共有44个常用的数学函数和5个数学常数，见表2-11。部分常用数学函数见表2-12 ~ 表2-14。但是这些函数不能直接使用，需要先导入到程序中，不同的导入方式使得函数调用的方式也不同。

表 2-11　math 库的数学常数

函　　数	功 能 描 述	示　　例
math.pi	返回圆周率常数 π 值	print(math.pi) 3.141592653589793
math.e	返回自然常数 e 值	print(math.e) 2.718281828459045
math.tau	返回数学常数 τ(tau)，等于 2π。 有科学家认为用 τ 做圆周率可以简化面积计算。	print(math.tau) 6.283185307179586
math.inf	浮点数的正无穷大 负无穷大为 –math.inf	print(math.inf)　　#inf
math.nan	浮点的 "not a number"（NaN），等效于输出 float('nan')。	print(math.nan)　　#nan print(float('nan'))　#nan

表 2-12　math 库的数值表示函数

函　　数	功 能 描 述
math.fabs(x)	以实数形式返回 x 的绝对值
math.factorial(x)	返回 x 的阶乘，要求 x 为非负整数，x 为负数或非整数时返回错误
math.fsum(iterable)	返回浮点数迭代求和的精确值，避免多次求和导致精度损失
math.gcd(a, b)	当 a 和 b 非 0 时，返回其最大公约数，gcd(0, 0) 返回 0
math.floor(x)	返回不大于 x 的最大整数
math.ceil(x)	返回不小于 x 的最小整数

表 2-13　math 库的幂和对数函数

函　　数	数 学 表 示	描　　述
math.pow(x,y)	x^y	返回 x 的 y 次幂 pow(1.0, x) 和 pow(x, 0.0) 总返回 1.0
math.exp(x)	e^x	返回 e 的 x 次幂，e 是自然对数
math.expml(x)	e^x-1	返回 e 的 x 次幂减 1（expm+ 数字 1）
math.sqrt(x)	$\sqrt{x}$	返回 x 的平方根

续表

函　　数	数 学 表 示	描　　述
math.log(x[,base])	$\log_{base} x$	只有参数 x 时返回自然对数值 两个参数时，返回以 base 为底的对数值
math.log1p(x)	$\ln(1+n)$	返回 1+n 的自然对数值
math.log2(x)	$\log x$	返回 x 的 2 对数值
math.log10(x)	$\log_{10} x$	返回 x 的 10 对数值

表 2-14　math 库的常用三角函数

函　　数	功 能 描 述
math.cos(x)	返回 x 的余弦函数，x 为弧度
math.sin(x)	返回 x 的正弦函数，x 为弧度
math.tan(x)	返回 x 的正切函数，x 为弧度
math.acos(x)	返回 x 的反余弦函数，x 为弧度
math.asin(x)	返回 x 的反正弦函数，x 为弧度
math.atan(x)	返回 x 的反正切函数，x 为弧度
math.atan2(y, x)	返回 y/x 的反正切函数，x 为弧度
math.hypot(x, y)	返回坐标 (x,y) 到原点 $(0,0)$ 距离

导入库到程序中的两种方法如下：

```
import math
from math import *
```

其中，*表示导入库中的所有函数，若只使用其中一个函数，则直接用函数名代替*。

【例 2-24】使用数学库示例。

程序代码：

```
>>> import math
>>> math.ceil(6.38)          #求大于6.38的最小整数
7
>>> math.floor(6.38)         #求小于6.38的最大整数
6
>>> math.gcd(128,28)         #求两个数的最大公约数
4
>>> math.pi                  #数学常数pi
3.141592653589793
```

【例 2-25】计算平面上点(x,y)到原点(0,0)的直线距离。

问题分析：

根据两点间的距离公式，要用到math库中的sqrt函数

程序代码：

```
from math import sqrt
a=eval(input('输入x坐标：'))
b=eval(input('输入y坐标：'))
```

```
dis=sqrt(a*a +b*b)
print("点(%.2f,%.2f) 到原点的距离为：%.2f"%(a,b,dis))
```

运行结果如图2-6所示。

```
输入x坐标：3
输入y坐标：4
点(3.00, 4.00) 到原点的距离为：5.00
```

图2-6　例2-25运行结果

2. random库

计算机中采用算法生成伪随机数，返回的随机数字其实是一个稳定算法所得出的稳定结果序列。Python的random库函数及描述见表2-15。

表2-15　random 库函数及描述

函　　数	描　　述
random.seed(a=None, version=2)	初始化随机数生成器，省略时用系统时间做种子，相同 的 seed 会得到相同的随机数序列
random.randint(a, b)	产生 [a,b] 之间的一个随机整数，包括 a、b
random.random()	产生 [0.0,1.0) 之间的一个随机浮点数
random.uniform(a, b)	产生 [a,b) 之间的一个随机浮点数
random.randrange(stop)	从 [0 ~ stop]（不包括 stop）中随机产生一个整数
random.randrange(start, stop[,step])	从 [start ~ stop]，步长为 step 的序列中随机产生一个整数
random.choice(seq)	从非空序列 seq 中随机选取一个元素，当序列为空时，抛出索引错误
random.shuffle(x[,random])	将序列顺序打乱
random.sample(population, k)	从列表、元组、字符串、集合、range 对象等序列中随机选取 k 个元素，返回一个列表

导入random库：

```
import random
```

若想要了解模块存储路径，可以使用random.__file__获取。

```
print(random.__file__)
```

【例 2-26】random随机库函数示例。

程序代码：

```
import random
print(random.randint(90,100))        #产生90~100的一个整数型随机数
print(random.random())               #产生0~1的随机浮点数
print(random.uniform(0.5,5.5))       #产生0.5~5.5的随机浮点数
print(random.choice('shanghai'))     #从序列中随机选取一个元素
print(random.randrange(1,100,2))     #生成从1~100的间隔为2的随机奇数
```

运行结果如图2-7所示。

```
94
0.831050618947177
3.7303345829372265
g
41
```

图2-7　例2-26运行结果

2.5 体验顺序结构程序设计

【例 2-27】编程实现字符加密：将输入的一个大写字母转换为它后面的第3个字母，如X->A, Y->B, Z->C。

问题分析：

字符与整数不可进行加法运算，利用ord()函数获得对应字符的Unicode码值，加上3得到加密后字符的Unicode码，再用chr()函数转换为字符。X、Y、Z加上3后超出大写字母的范围，将加上3后的值减去ord('A')，得到字符在字母表中的次序，若超过26个字母表范围，则除以26求余数，得到超出后的次序。

程序代码：

```
c=input("输入一个大写字母：")
enc=chr((ord(c)+3-ord('A'))%26+ord('A'))
print("{}加密后为{}".format(c,enc))
```

运行结果如图2-8所示。

```
=====================
输入一个大写字母：X
X 加密后为A
>>>
=====================
输入一个大写字母：A
A 加密后为D
>>>
=====================
输入一个大写字母：Z
Z 加密后为C
```

图2-8 例2-27运行结果

【例 2-28】社团报名，录入新成员的信息：姓名、性别、QQ号和手机号二选一、所在学院及年级。

问题分析：

录入成员信息，若信息量大的时候，尽量减少重复信息的输入，若社团的男生较多，则性别是"男"时，利用or运算直接按【Enter】键则输入默认值"男"，QQ或手机号二选一，其中一项直接设默认值为"略"。

程序代码：

```
name=input('姓名：')
gender=input('性别（直接回车输入"男"）：') or '男'
qqnumber=input('QQ号（直接回车忽略）：') or '略'
phonenumber=input('手机号（直接回车忽略）：') or '略'
college=input('学院（直接回车输入"计算机学院"）：') or '计算机学院'
grade=input('年级（直接回车输入"一年级"）：') or '一年级'
print('-'*70)
print('    学院：{:<18s}\t年级：{:<12s}'.format(college,grade))
print('    姓名：{:^18s}\t性别：{:<12s}'.format(name ,gender))
print('    手机：{:<18s}\tQ Q：{:<12s}'.format(phonenumber,qqnumber))
print('-'*70)
```

运行结果如图2-9所示。

```
姓名：张三
性别（直接回车输入"男"）：
QQ号（直接回车忽略）：853745441
手机号（直接回车忽略）：1338190182*
学院（直接回车输入"计算机学院"）：
年级（直接回车输入"一年级"）：
_____
学院：计算机学院        年级：一年级
姓名：    张三          性别：男
手机：13381901828      Q Q：853745441
```

图2-9 运行结果

【例 2-29】 人民币的单位是CNY，美元的单位是USD。设计一个汇率换算器程序，输入带单位的人民币值，输出带单位的美元值，输出保留小数点后两位。

问题分析：

输入带单位的人民币值，人民币单位为CNY，只要将字符串截取到索引为-3的位置（不含-3位置），将输入的字符串通过eval函数转换为数值数据，再进行计算。

程序代码：

```
USD_VS_RMB=input('输入　美元-人民币　汇率：')        #汇率
rmb_str_value=input('输入人民币(CNY)：')            #人民币的输入
USD_RMB=eval(USD_VS_RMB)
rmb_value=eval(rmb_str_value[:-3])                 #将字符串转换为数字
usd_value=rmb_value/USD_RMB                        #汇率计算
print('可兑换%.2f USD'%usd_value)                  #输出结果
```

运行结果如图2-10所示。

```
输入 美元-人民币 汇率：6.39
输入人民币(CNY)：5000CNY
可兑换782.47 USD
```

图2-10　运行结果

习　题

一、单选题

1. 下面运算符中优先级最高的运算符是（　　　）。

    A. and   B. *=   C. +   D. ==

2. 下面运算中，运算结果不是浮点型的是（　　　）。

    A. 2*0.5   B. 2**-1   C. 5//2   D. 18/3

3. 编写程序，从键盘输入圆的半径，计算并输出圆的面积。以下代码错误的语句是（　　　）。

```
import math
radius=float(input("请输入圆的半径:"))
circumference=2*pi*radius
area=pi*radius*radius
print("圆的周长为:%.2f"%circumference)
print("圆的面积为:%.2f"%area)
```

    A. import math

    B. radius=float(input(" 请输入圆的半径 :"))

    C. area=pi*radius*radius

    D. print(" 圆的面积为 :%.2f" % area)

4. 表达式 15 == 0xf 输出的结果是（　　　）。

    A. true   B. True   C. false   D. False

5. 以下 Python 语句中非法的是（　　　）。

   A. a＝b＝c＝1　　　　B. a＝(b＝c＋1)　　C. a，b＝0，1　　　　D. a＋＝b

6. 以下关于 Python 字符串的描述错误的是（　　）。

   A. 可以使用索引方式修改字符串的内容

   B. 字符串是一个字符序列，字符串中的编号叫"索引"

   C. 输出带有引号的字符串，可以使用转义字符 \

   D. 字符串可以保存在变量中，也可以单独保存

7. 以下类型转换中错误的是（　　）。

   A. int(-3.8)　　　　　　　　　　　B. int('0x41', 16)

   C. int('1.8')　　　　　　　　　　　D. int('0b111', 2)

8. 若有以下代码，程序运行时输入 4，输出结果是（　　）。

```
a=eval(input())
print("{:+>8.3f}".format(a**0.5))
```

   A. 2.000+++　　　　　　　　　　B. +++2.000

   C. +□□2.000（□□表示空格）　　D. □□+2.000（□□表示空格）

9. 有以下代码，输入选项中不正确的是（　　）。

```
cal=input("请输入您的计算表达式:")
print("%s=%s"%(cal,eval(cal)))
```

   A. 1+2　　　　　　B. '1+2'　　　　　C. '1'+'2'　　　　D. x='1+2'

二、程序填空题

1. 程序功能：利用 datetime 库中 date 类的 today() 函数输入身份证号，输出相应的出生年月，并输出今年的年龄。

【运行结果】

```
输入ID: 31010720040305441*
出生年月: 2004年03月05日
年龄是:17
```

【代码】

```
import datetime
t=datetime.date.today()
id=input("ID:")
year=id[6:10]
print(year+'年'+___(1)___+'月'+id[12:14]+'日')
age=t.year-___(2)___
print('年龄是:'+___(3)___)
```

2. 程序功能：一个英文字母的 ASCII 码可以表示为一个数字字符串。例如：字符 'A' 的 ASCII 码为 65，用数字字符串 "065" 表示（规定用 3 位表示，不足 3 位的前面补 0）。把某人姓名中的每个字母 ASCII 码所代表的数字字符串连接在一起，就构成了这个人的计算机密码。程序要求输入一个字母字符串，将破译后的密码输出到屏幕上。

【运行结果】

> 请输入姓名：**HCM**
> 密码为：**072067077**

【代码】

```
name=input("请输入姓名：")
psw=____(1)____
for c in name:
    psw=psw+____(2)____
print('密码为：'+psw)
```

三、编程题

1. 梯形面积的计算公式为 $S = (hw + lw) * h / 2$，其中 hw 为上底长度，lw 为下底长度，h 为高，输入上底、下底和高，编程计算一个梯形的面积，将结果显示在屏幕上，结果精确到小数点后两位。

2. 新生入学需要输入其基本信息，信息为：姓名、学号、手机号、出生年份（整数），计算出该生的年龄，以卡片形式显示。计算年龄的公式：当年的年份 – 出生年份，当年的年份（整数）通过系统时间获取。

【运行结果】

> 上海理工大学
> 学　号：2103506011　　　　姓名：张明
> 手机号：1380180020*　　　年龄：20

3. 为小朋友设计一个四则运算的练习程序：随机产生两个100以内的数，进行四则运算，与小朋友输入的答案进行比较，并给出分数（百分制）。编程实现以上功能。

4. 利用随机函数产生四个字符（字母和数字）作为验证码，要求：至少有一个大写字母、一个数字，不考虑顺序。编程输出这四个字符。

第 3 章

控制结构与程序调试

本章概要

本章首先以算法为专题介绍了算法、数据结构的概念以及算法和数据结构的关系，数据结构加上算法就是程序。介绍了算法的特征、评价指标，讲解了算法的描述方法以及程序设计流程。

本章重点讲解了程序设计的基本流程控制结构：顺序结构、分支结构（又称选择结构）、循环结构。任何程序均可以由"顺序""选择""循环"结构通过有限次的组合与嵌套来描述，这三种基本流程控制结构是程序设计的核心。它体现了算法中的逻辑关系和逻辑流程。任何程序设计语言均有这三种基本流程控制结构。

顺序结构是程序执行的默认秩序。对Python语言来说，分支结构用if语句来实现，循环结构分为条件循环While语句和遍历循环for in语句。其中遍历循环for in语句有个很常用的用法是计数循环for in range()。本章通过多种实例来讲解这三种流程控制结构的应用。

本章讲解了程序错误的分类：语法错误、逻辑错误和运行错误（又称异常）以及这三种错误的产生原因、表现形式、通用的纠错方法。对于语法错误的改正，关键在于记住相关语句的语法，对于逻辑错误的改正，主要是算法上，也就是程序设计思路上的改正。本章介绍和讲解了基于Python的IDLE开发平台的程序调试工具及调试方法，这是调试逻辑错误的利器。对于运行错误的纠错，根据错误提示可快速定位并纠错。

针对因用户原因或程序运行现场环境等因素可能引起的异常，在程序设计时应进行相应的处理，以保证程序正常运行。本章讲解了在程序设计中针对用户端可能出现的异常的处理方法：规避出现异常以及对出现的异常的捕获处理机制try except语句结构。还讲解了抛出指定异常的raise语句，以及用于预防性地触发固定的AssertionError异常的assert断言。

学习目标

◎ 了解算法的相关概念及评价指标、描述方法。

◎ 理解并掌握程序设计的三种基本结构。

◎ 熟练运用三种结构解决各种顺序、选择及重复执行的问题。

◎ 理解并掌握三种程序错误的产生原因及调试方法。

◎ 了解程序异常的处理方法。

算法体现了解决问题的思路，而程序设计中的三种基本流程控制结构实现了算法中的逻辑关系和逻辑流程。从这个角度讲三种基本流程控制结构是程序设计的核心。而程序编写和测试执行过程中的报错是程序设计中频繁会遇到的问题，学会调试纠错是程序设计者必须要掌握的能力。

3.1 算法概述

本节的目标是了解算法的概念，掌握算法的描述方法，从而设计出解决实际问题的算法

3.1.1 算法的相关概念

1. 算法

算法是一种解决问题的方法和思想，是特定问题求解步骤的描述。

算法是程序的核心，也是程序的灵魂。程序是某一算法用计算机程序设计语言的具体实现。事实上，当一个算法使用计算机程序设计语言描述时，就是程序。具体来说，一个算法使用Python语言描述，就是Python程序。

程序设计的基本目标是应用算法对问题的原始数据进行处理，从而解决问题，获得所期望的结果。在能实现问题求解的前提下，要求算法运行的时间短，占用系统空间小。

程序设计反映了利用计算机解决问题的全过程，通常先要对问题进行分析并建立数学模型，然后考虑数据的组织方式，设计合适的算法，并用某一种程序设计语言编写程序实现算法。

一个程序包括对数据的描述与对运算操作的描述。可以说：

数据结构+算法=程序

数据结构是对数据的描述，而算法是对运算操作的描述。

2. 数据结构

数据结构是由相互之间存在着一种或多种关系的数据元素的集合和该集合中数据元素之间的关系组成。分为逻辑数据结构、存储（物理）数据结构和数据的运算。

逻辑结构是指数据元素之间的逻辑关系。存储结构是指数据结构在计算机中的表示，又称为数据的物理结构。不同的数据类型有不同的数据结构。

 注意：

①数据元素之间不是独立的，存在特定的关系，这些关系即结构。

②数据结构指数据对象中数据元素之间的关系。

3. 算法与数据结构的关系

（1）两者关系

①数据结构是底层，算法是高层；

②数据结构为算法提供服务；

③算法围绕数据结构操作。

注意:

①数据结构只是静态地描述了数据元素之间的关系;

②高效的程序需要在数据结构的基础上设计和选择算法。

（2）数据结构和算法是不可分割的

数据结构是算法实现的基础，算法总是要依赖于某种数据结构来实现的。往往是在发展一种算法的时候，构建了适合于这种算法的数据结构。

当然两者也是有一定区别的，算法更加抽象一些，侧重于对问题的建模，而数据结构则是具体实现方面的问题，两者是相辅相成的。

因此，数据结构是数据间的有机关系，算法是对数据的操作步骤。二者表现为不可分割的关系。

4. 编写计算机程序解决问题的基本流程

编写计算机程序解决问题的基本流程可分四个步骤: 分析问题、设计算法、编写程序、调试运行，如图3-1所示。

对于一个比较大的项目来说，前期的分析问题、确定功能阶段常需要花费大量的人力和时间以确保程序实现的功能目标的完整性和有效性。算法设计阶段，对于复杂功能的实现可采用自上而下逐步细化的方式将大功能块分解成小功能块，可利用流程图等算法描述方法来具体描述算法，方便之后的算法实现。对于编写程序，实现算法阶段，可遵循编写程序的基本步骤IPO模式。调试运行阶段，针对出现的语法错误、运行错误和逻辑错误，可采用相应的纠错方法予以改正。

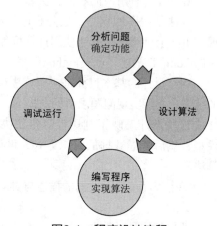

图3-1　程序设计流程

3.1.2　算法的特征与评价指标

1. 算法特征

①输入: 有0个或多个输入。

②输出: 至少有1个或多个输出。输出量是算法计算的结果。

③有穷性: 有限的步骤之后会自动结束而不会无限循环，并且每一个步骤可在可接受的时间内完成。

④确定性: 算法中的每一步都有确定的含义，不会出现二义性。

⑤可行性: 算法的每一步都是可行的，也就是说每一步都能够执行有限的次数完成。

2. 评价指标

对于一个特定的问题，采用的数据结构不同，其设计的算法一般也不同，即使在同一种数据结构下，也可以采用不同的算法。那么，对于解决同一问题的不同算法，选择哪一种算法比较合适，以及如何对现有的算法进行改进，从而设计出更适合于数据结构的算法，这就是算法评价的问题。评价一个算法优劣的主要标准如下:

①正确性（Correctness）。算法的执行结果应当满足预先规定的功能和性能的要求，这是

评价一个算法的最重要也是最基本的标准。算法的正确性还包括对于输入、输出处理的明确而无歧义的描述。

② 可读性（Readability）。算法主要是为了人阅读和交流，其次才是机器的执行。所以，一个算法应当思路清晰、层次分明、简单明了、易读易懂。即使算法已转变成机器可执行的程序，也需要考虑人能较好地阅读理解。同时，一个可读性强的算法也有助于对算法中隐藏错误的排除和算法的移植。

③ 健壮性（Robustness）。一个算法应该具有很强的容错能力，当输入不合法的数据时，算法应当能做适当的处理，使得不至于引起严重的后果。健壮性要求表明算法要全面细致地考虑所有可能出现的边界情况和异常情况，并对这些边界情况和异常情况做出妥善的处理，尽可能使算法没有意外情况发生。

④ 运行时间（Running Time）。运行时间是指算法在计算机上运行所花费的时间，它等于算法中每条语句执行时间的总和。对于同一个问题如果有多个算法可供选择，应尽可能选择执行时间短的算法。一般来说，执行时间越短，性能越好。常用算法的时间复杂度指标来评价程序的运行效率。时间复杂度是指执行算法所需要的计算工作量。

⑤ 占用空间（Storage Space）。占用空间是指算法在计算机上存储所占用的存储空间，包括存储算法本身所占用的存储空间、算法的输入及输出数据所占用的存储空间和算法在运行过程中临时占用的存储空间。算法占用的存储空间是指算法执行过程中所需要的最大存储空间。常用算法的空间复杂度指标指的是一个算法在运行过程中临时占用的存储空间。

对于一个问题如果有多个算法可供选择，应尽可能选择存储量需求低的算法。实际上，算法的时间效率和空间效率经常是一对矛盾，相互抵触。要根据问题的实际需要进行灵活处理，有时需要牺牲空间换取时间，有时需要牺牲时间换取空间。

3.1.3 算法的描述方法

常用算法的描述方法有自然语言、流程图、伪代码、程序等。

1. 自然语言

自然语言即人类语言，用自然语言描述算法通俗易懂，不用专门的训练，较为灵活。例如程序设计的IPO过程就是自然语言描述过程。

2. 流程图

流程图使用一系列相连的几何图形来描述算法，不同的几何图形有固定的含义，几何图形内部包含对算法步骤的描述。流程图描述的算法侧重于逻辑流程关系，清晰简洁，容易表达，不依赖于任何具体的计算机和计算机程序设计语言，从而有利于不同环境的程序设计。

流程图的基本构成见表3-1。

表 3-1 流程图的基本构成

程 序 框	名　　称	功　　能
	开始/结束	算法的开始和结束
	输入/输出	输入/输出信息
	判断	条件判断
	处理	计算与赋值

续表

程 序 框	名　称	功　　能
⟶	流程线	算法中的流向
◯	连接点	算法流向出口或入口连接点
--⌐	注释	注释说明

3. 伪代码

伪代码是自然语言和类编程语言组成的混合结构，介于自然语言和程序语言之间。它回避了程序设计语言的严格、烦琐的书写格式，书写较简洁，同时具备格式紧凑，易于理解，便于向计算机程序设计语言过渡的优点。

4. 程序

用编程语言设计的程序可以实现算法并执行出结果，最为细致。

在程序设计实践中，如果算法复杂，可以在算法设计阶段先根据程序需要实现的功能，逐步细化，利用流程图等对算法进行描述，就可以实现清晰的算法，理清程序的逻辑关系和设计流程。同时，通过对算法进行描述，也是程序设计后期对程序进行说明，提高程序可读性的重要手段。

【例 3-1】 求n的阶乘的算法描述。

算法描述： 图3-2所示为求n！问题的几种算法描述。

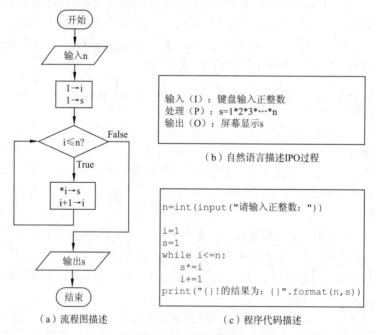

图3-2　n！算法描述

3.2　Python流程控制结构概述

流程控制即控制流程，具体指控制程序的执行流程。执行流程分为三种结构：顺序结构、分支结构（又称选择结构）、循环结构。对于这三种基本流程控制结构的理解，可以以洗衣机洗衣服为例来理解。

将衣服放到洗衣机中，加水、加洗衣粉、清洗、漂洗、甩干、晾晒，这些流程是按照先后顺序依次进行，这就是顺序结构。对程序来说，顺序结构是程序语句或功能模块按照先后顺序依次执行，这是程序默认的执行顺序，不需要专门的语句进行流程控制。

加洗衣粉时，根据要达到的效果，可选择是加具有杀菌、增白功能的含酶洗衣粉并浸泡一段时间还是加只具有去污功能的普通洗衣粉，这种依照不同的要求和条件进行选择走不同的分支实现不同功能的流程，就是分支结构，又称选择结构。对程序来说，分支结构就是根据选择条件的成立与否（即布尔值的真假）去选择执行不同分支对应的子语句代码块。根据分支的个数，可分为单分支结构、双分支结构以及由双分支组合形成的多分支结构。从本质上说都是由双分支结构演变而来的。

清洗时需要洗衣机重复执行洗衣桶旋转操作来达到反复清洗去污的功效，这种重复执行的操作流程就是循环结构。对程序来说，循环结构就是程序依据条件决定是否重复执行某段语句代码块的流程控制结构。根据循环触发条件的不同，循环结构分为条件循环结构和遍历循环结构。需要提醒的是循环结构中一定要有符合退出循环的条件，以免死循环，即避免一直执行循环退不出来。就像避免洗衣机清洗衣物时洗衣桶一直旋转停不下来。

任何程序均可以由顺序、选择和循环这三种基本结构通过有限次的组合与嵌套来描述。任何程序设计语言均有这三种基本流程控制结构。其差别在于具体语法的形式不同，而原理是相同的。

程序算法中的逻辑关系和逻辑流程可以使用这三种基本结构通过有限次的组合与嵌套来体现。从这个角度来讲，这三种基本流程控制结构是程序设计的核心。

在Python中，分支结构和循环结构流程控制的核心是利用布尔逻辑值控制流程。

3.3 顺 序 结 构

顺序结构就是按代码的顺序自上而下，依次执行的结构，这是Python默认的流程，也是最常见的程序代码执行顺序。程序从程序入口进入，到程序执行结束，总体是按照顺序结构执行语句、函数或代码块，掌握这种程序的执行流程结构，有利于把握程序的主体框架。

图3-3所示为顺序结构流程图，A、B、C分别可以为由多语句或函数等程序结构单元组成的语句块或单语句：

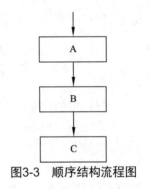

图3-3 顺序结构流程图

【例 3-2】编写程序，从键盘输入圆的半径，计算并输出圆的周长和面积。计算周长和面积的公式如下：

$$圆的周长=2\pi r$$
$$圆的面积=\pi r^2$$

问题分析：首先需要准备两个数据：用户输入的半径和Python提供的pi常量，然后利用公式实现算法，最后输出结果。这个实现计算圆的周长和面积的程序的执行顺序为自上而下依次执行各语句，为典型的顺序结构流程。

程序代码：

```
import math                                    #导入标准模块math
```

```
radius=float(input("请输入圆的半径: "))              #用户输入半径并转换成浮点数
circumference=2*math.pi*radius                      #计算周长
area=math.pi*radius*radius    #计算面积。radius的平方运算可以是radius**2或pow(radiu,2)
print("圆的周长为: {:.2f}".format(circumference))    #输出结果
print("圆的面积为: {:.2f}".format(area))
```

【例3-3】 编写程序，从键盘输入年份，输出当年的年历。

问题分析：这个利用标准模块calendar中的calendar()函数输出年历的程序也是通过依次执行各语句实现的，是顺序结构。

程序代码：

```
import calendar                          #导入标准模块calendar
year=int(input("请输入年份: "))          #用户输入年份并转换成整型数
table=calendar.calendar(year)           #调用calendar()函数，结果赋值给table
print(table)                            #输出结果
```

以上两例程序设计过程中都包含有数据的输入、运算处理、结果的输出三个功能实现过程，即IPO过程，这也是结构化程序设计的基本过程。这个流程也是顺序结构。

I即Input，数据输入。输入是一个程序的开始。程序要处理的数据有多种来源，形成了多种输入方式，包括：控制台（默认键盘）输入、随机数据输入、内部参数输入、交互界面输入、文件输入、网络输入等。

P即Process，运算处理。处理是程序对输入数据进行计算、处理产生输出结果的过程。计算问题的处理方法统称为"算法"，它是程序最重要的组成部分。可以说，算法是一个程序的灵魂。

O即Output，结果输出。输出是程序展示运算成果的方式。程序的输出方式包括：控制台（默认显示屏）输出、图形输出、文件输出、网络输出、操作系统内部变量输出等。

程序设计的IPO过程是进行程序设计的基本思路。在这个总体程序框架下，局部将顺序、选择和循环三种基本结构通过有限次的组合与嵌套实现一个复杂逻辑关系和算法的程序。

3.4 分支结构

分支结构的执行是依据一定的条件选择执行不同的代码块。

分支结构的程序设计方法的关键在于分析程序流程，构造合适的分支条件，根据不同的程序流程选择适当的分支语句。有些语句根据程序运行中数据的情况，跳转到不同分支执行不同语句。分支结构适合于带有逻辑或关系比较等条件判断的情形。对比较复杂的逻辑关系，可以先绘制其程序流程图，然后根据程序流程写出源程序，这样做把程序设计分析与语言分开，使得问题简单化，易于理解和程序的编写。

分支结构可分为单分支结构、双分支结构、多分支结构。对双分支结构，如果分支子句为表达式，可以简化写成双分支结构的三元运算符表达式形式。

对分支结构的理解基础是双分支结构，单分支结构相当于双分支结构的省略形式，多分支结构相当于双分支结构的拓展形式。分支结构中的分支语句块中也可以嵌套分支结构形成多层逻辑关系。

3.4.1 双分支结构：if-else

语法：

```
if <表达式>:
    <语句块1>
else:
    <语句块2>
```

实现的功能：当（if）表达式的结果为True（即为真或成立时），执行语句块1，然后接着执行分支结构之后的后续语句；否则（else）（即当表达式的结果为False，或者为假或不成立时），执行语句块2，然后接着执行分支结构之后的后续语句。双分支结构的流程图如图3-4所示。

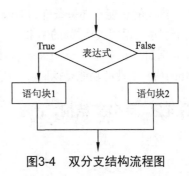

图3-4 双分支结构流程图

 注意事项：

① 表达式可以是任意类型，但结果要自动转换为布尔型（True 或 False）以决定执行哪个分支。

Python 规定：0、空字符串、None（对象为 None）转化为 False，其他数值和非空字符串转化为 True。布尔值还可以与其他数据类型进行逻辑运算。

如表达式可以为 8>2、x==y、x and y>z、x+y、3、0、" "、True 等形式。其中，3 自动转换为 True，而 0、"" 自动转换为 False。

② if 和 else 句尾有半角冒号，否则报语法错误。

可以只有 if 子句，没有 else 子句，这就是单分支结构。

③ 各分支子语句块须缩进。

【例 3-4】 编写程序，从键盘输入三条边，判断是否能够构成一个三角形。如果能，则提示可以构成三角形；如果不能，则提示不能构成三角形。

提示：要判断输入的三条边能否够成三角形，只需满足任意两边之和大于第三边即可。

程序代码：

```
side1=float(input("请输入三角形第一条边："))
side2=float(input("请输入三角形第二条边："))
side3=float(input("请输入三角形第三条边："))
if(side1+side2>side3) and(side2+side3>side1) and(side1+side3>side2):
    print("边长",side1,side2,side3,"可以构成三角形")
else:
    print("边长",side1,side2,side3,"不能构成三角形")
```

问题分析：此题目，从程序总体框架上来讲是遵循IPO步骤的顺序结构，在Process数据处理步骤中用到了双分支结构以判断可以构成三角形和不能构成三角形两种情形，而且将Output结果输出步骤融入分支结构的两个分支子句中。

在有分支结构的实际应用中结果输出常融入分支结构的分支子句中，这是流程的逻辑关系决定的。

当双分支结构中的两个分支子句简单到为表达式时，可以将双分支结构简写成双分支的三元运算符表达式形式。三元运算符表达的语法如下：

```
表达式1 if 条件 else 表达式2
```

实现的功能：如果条件为True，则整个表达式返回表达式1的结果，如果条件为False，则整个表达式返回表达式2的结果。

例如：max_one = a if a>=b else b的执行过程是如果a>=b则整个表达式返回a的值，否则返回b的值。实现的功能是返回a、b两个变量中的大者给变量max_one。

3.4.2 单分支结构：if

语法：

```
if <表达式>:
    <语句块>
```

实现的功能：当（if）表达式的结果为True（即为真或成立时），执行语句块，然后接着执行分支结构之后的后续语句；否则（即当表达式的结果为False，或者为假或不成立时），因无else分支，直接执行分支结构之后的后续语句。

单分支结构的流程图如图3-5所示。

单分支结构相当于双分支结构中省略了else子句的情形。注意事项与双分支结构类似。

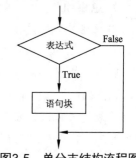

图3-5 单分支结构流程图

【例3-5】编写程序，输入年龄，判断可否进入网吧。

程序代码：

```
age=int(input("请输入您的年龄："))
if age>=18:
print("可以进入网吧")
```

问题分析：此题目只判断大于或等于18岁即可进入网吧的情形，是典型的没有else分支的单分支结构的应用。

3.4.3 多分支结构：if-elif-else

语法：

```
if <表达式1>:
    <语句块1>
[elif <表达式2>:
    <语句块2>
elif <表达式3>:
    <语句块3>
    …

elif <表达式n>:
    <语句块n> ]
[else:
    <语句块n+1>]
```

实现的功能：当（if）表达式1的结果为True时，执行语句块1，然后接着执行分支结构之后的后续语句；否则当（elif）表达式2的结果为True时，执行语句块2，然后接着执行分支结构之后的后续语句；否则当（elif）表达式3的结果为True时，执行语句块3，然后接着执行分支结构之后的后续语句；一直到所有的if分支和elif分支都不符合进入分支的表达式条件时（即各判断表达式的结果都为False），则执行else分支的语句块n+1，然后接着执行分支结构之后的后续语句。

多分支结构的流程图如图3-6所示。

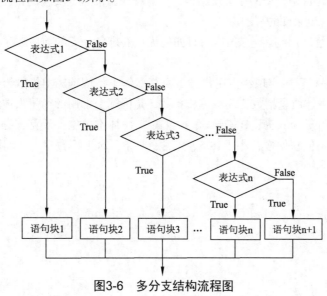

图3-6　多分支结构流程图

注意事项：

① 可以有 0 个或多个 elif 分支。elif 为 else if 的缩写，意为"否则，当"，相当于在 else 分支中嵌套 if 分支结构。可以有 0 个或 1 个 else 分支。

② 多分支结构是分支结构的完整结构，将所有 elif 分支省略即是 if-else 型的双分支结构，再省略 else 分支就是 if 型的单分支结构

③ 多分支是自上而下逐个分支进行判断的。注意前后分支条件间的逻辑关系。除了分支表达式的显式条件，还要注意从其前面分支表达式条件延续筛选到当前分支条件所附加的隐式限定。

④ 分支结构程序设计的关键在先分析功能和程序流程，进而构造合适的分支条件，选择适当的分支语句。

【例 3-6】编程实现：由用户输入x值，给出下面分段函数的求值结果。

$$f(x) = \begin{cases} 3x-5 & (x<1) \\ x+2 & (-1 \leqslant x \leqslant 1) \\ 5x+3 & (x<-1) \end{cases}$$

程序代码：

```
x=float(input("请输入x 的值："))
```

```
if x>1:
    y=3*x-5
elif x>=-1:          #此分支条件判断相当于 x<=1 and x>=-1 或写成 1>=x>=-1
    y=x+2
else:                #此分支条件判断相当于 x<-1
    y=5*x+3
print("f({0:.2f})={1:.2f}".format(x,y))
```

问题分析： 此题目是典型的多分支结构，注意程序中前后分支间的相互制约形成的附加条件限定以及Python规定条件的写法。

思考： 在编写程序用到多分支if语句时如何优化安排各分支的前后顺序以及如何写各分支条件。

【例 3-7】 编写程序实现：由用户输入身高、体重，依据BMI指数给出胖瘦判断的BMI指标。BMI指数即身体质量指数，简称体质指数，是国际上常用的衡量人体胖瘦程度以及是否健康的一个标准。计算公式为：BMI=体重÷身高^2。（体重单位：千克；身高单位：米）。对中国人来说标准BMI值：偏瘦：小于18.5、正常：18.5 ~ 24（不含24）、偏胖：24 ~ 28（不含28）、肥胖：大于或等于28。

程序代码：

```
height,weight=eval(input("请输入你的身高(米)和体重(千克)，用逗号分隔:"))
bmi=weight/pow(height,2)
if bmi<18.5:
    shape="偏瘦"
elif bmi<24:
    shape="正常"
elif bmi<28:
    shape="偏胖"
else:
    shape="肥胖"
print("你的BMI指数为：{0:.2f} ,对中国人来说的BMI指标为：{1}".format(bmi,shape))
```

问题分析：

这是个很实用的程序，通过与eval()内置函数的配合实现了用一个input()内置函数从键盘同时输入多个数据的效果。注意程序中前面分支对后面分支的筛选制约形成的附加条件限定。

【例 3-8】 编写程序：由用户输入成绩，给出相应的等级。等级划分：90分及以上为优，70 ~ 80分为良，60 ~ 70分（不含）为中，60分以下为差。

程序代码：

```
score=int(input("请输入您的成绩:"))
if score>=90:
    print("您的等级是：优")
elif score>=70: #到此步实际的判断条件是score < 90 and score>=70
    print("您的等级是：良")
elif score>=60: #到此步实际的判断条件是score < 70 and score>=60
    print("您的等级是：中")
else:                  #到此步实际的判断条件是score< 60
```

```
    print("您的等级是：差")
```

问题分析：通过此题目程序和语句后的注释进一步理清和体会分支结构前后分支间的逻辑关系以及在实际程序设计时注意分支的前后安排顺序，注意分支条件的多种写法。还有，程序结果数据的处理常融入到分支结构的分支中。

3.4.4　分支结构的嵌套

根据实际开发的需要，在一个分支结构的分支语句块中可以再包含分支结构，这种形式称为嵌套。可以进行多层嵌套，但是鉴于逻辑关系的复杂性增加，一般不建议添加太深的嵌套层次。下面通过一个排序来简单了解一下if的嵌套。

【例 3-9】 编写程序实现判断一个人是否到了合法结婚年龄。《中华人民共和国民法典》规定，男性22周岁为合法结婚年龄，女性20周岁为合法结婚年龄。

问题分析：要判断一个人是否到了合法结婚年龄，首先可以用双分支结构判断性别，再用嵌套的双分支结构判断年龄，并输出判断结果。注意本题对input()函数返回字符串的数据类型转换与否的不同判定。

程序代码：

```
sex=input("请输入您的性别（M或者F）: ")
age=int(input("请输入您的年龄: "))
if sex=='M':
    if age>=22:
        print("到达合法结婚年龄")
    else:
        print("未到合法结婚年龄")
else:
    if age>=20:
        print("到达合法结婚年龄")
    else:
        print("未到合法结婚年龄")
```

【例 3-10】 编写程序，开发一个小型计算器，从键盘输入两个数字和一个运算符，根据运算符（+、-、*、/）进行相应的数学运算，如果不是这四种运算符，则给出错误提示。

程序代码：

```
first=float(input("请输入第一个数字: "))
second=float(input("请输入第二个数字: "))
sign=input("请输入运算符号: ")
if sign=='+':
    print("两数之和为: ",first+second)
elif sign=='-':
    print("两数之差为: ",first-second)
elif sign=='*':
    print("两数之积为: ",first*second)
elif sign=='/':
    if second!=0:
        print("两数之商为: ",first/second)
```

```
    else:
        print("除数为0错误!")
else:
    print("符号输入有误! ")
```

问题分析：此题目依照输入运算符的不同执行不同的分支代码，巧妙地利用else子句实现对输入运算符无效的异常情况的判断和处理。对在程序设计中通过在if分支语句中再嵌套if分支语句加入了对被零除异常情况的判断和处理，形成了复杂的逻辑关系。

思考：分支结构if语句嵌套的层次关系。

3.5 循 环 结 构

循环结构用来控制重复执行一段语句块来达到逻辑关系上的功能重复实现。减少了程序代码的重复书写的工作量。

在设计循环结构时要先考虑进出循环的机制，也就是进入循环的条件和退出循环的条件，特别是退出循环机制。再考虑循环体，也就是循环执行的语句块代码的设计。

Python的循环结构有两类，一类是while循环，又称条件循环。另一类是for循环，又称遍历循环。这两类的主要区别在于控制进出循环的机制不同。

while循环靠的是通过对表达式结果的布尔值（True或False）的判断来决定是进入循环执行循环体还是退出循环继续后续程序语句的执行，所以又称条件循环。

for循环是针对容器类对象或可迭代对象进行的循环，通过遍历对象的每一个元素来控制循环次数，遍历完成则循环结束继续后续程序语句的执行。所以for循环又称遍历循环。实际应用中常会要求循环指定次数的情形，利用for循环中针对内置可迭代函数range()对象的循环就可很方便地实现，把这种针对range()的for循环称为计数循环。

3.5.1 条件循环：while循环

语法：

```
while <表达式>:        #循环头，表达式的值为True 则进
                       入循环，否则退出循环
    <语句块A>          #循环体，为符合条件时执行的语句
[else:                 #正常退出循环执行的分支，当用
                       break强制中断退出循环时不执行此分支
    <语句块B>]
```

实现的功能：由条件控制的循环运行方式，用一个表示逻辑条件的表达式来控制循环，当条件成立（True）时反复执行循环体，直到条件不成立（False）时循环结束，执行一次else分支语句段。若以执行循环体中的break语句而强制中断退出循环时，则不执行else分支语句段。

while循环的流程图如图3-7所示。

在需要时可以在循环体中加入以下循环控制语句：

① break：跳出整个循环。具体来说该语句的功能是跳出并结束当前整个循环，继续执行循环后的内容。如果有循环嵌套，跳出的是最靠近自己的本层次循环。

注意break语句只对循环结构起作用，换句话说如果循环体中嵌套的分支结构if语句中有

break语句，只是用来跳出循环的。而在实际应用中break语句常放在if选择结构中，因为一般是在符合某种情形时才执行中断循环的操作。

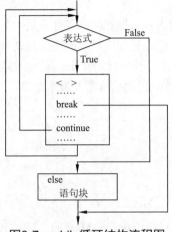

图3-7　while循环结构流程图

② continue：跳到下次循环。具体来说就是跳过当前循环中的剩余语句然后继续下一次循环。在实际应用中continue语句也常放在if选择结构中，因为一般是在符合某种情形时才需要跳到下一次循环。

③ pass：空语句。是为了保持程序结构的完整性，不做任何事情，一般用作占位语句。

 注意事项：

① 循环头行尾有冒号"："，缺失报语法错误。循环体相对于循环头缩进，表示是循环头的子层次。

② 在循环体中，语句的先后位置必须符合逻辑，否则会影响结果。

③ 遇到下列两种情况，退出 while 循环：

• 循环条件表达式的结果为 False（正常结束）；

• 循环体内遇到 break 语句（中断结束）。

另外，如果函数的函数体中有循环结构，可以利用函数的返回语句 return 起到跳出函数体中的循环的作用。

具体来说，在循环体中应该有使循环条件变化的变量以便能退出循环（正常结束），或者循环体中有 break 语句以能强制退出循环。

④ 在 while 循环之前常需要对循环用到的一些变量，特别是使循环条件变化的变量进行初始化。

⑤ 注意循环结构中 else 子句的执行条件。因为循环条件表达式不成立而正常结束时则执行 else 子句，如果循环是因为执行了 break 语句而导致循环中断结束则不会执行 else 子句。常用于执行区别循环正常结束与中断结束时需要实现的不同功能或不同的提示。else 子句可省略。

⑥ 注意循环结构中的 else 子句和分支结构 if 语句中 else 的区别。

while循环结构设计三要素如下：

① 初始化语句：循环控制变量赋初值或其他循环中用到的变量的初始化。一般在循环结构前完成。

② 循环条件表达式：判断能否进入循环体的条件，是一个结果为True或False的表达式。

③ 使条件迭代语句：通常是循环控制变量的改变，且朝着循环结束条件的方向变化，从而使得循环可以正常结束。否则要有与if语句结合的break语句强制退出循环。

【例 3-11】 编写程序：计算10以内的奇数并显示结果。

程序代码：

```
a=1
while a<10:
    print(a)
    a+=2
print("Good bye!")
```

问题分析：此例在循环前先对循环条件变量a进行了初始化1，再调用while循环。循环体执行的操作是输出a的值，再加2来实现输出奇数的功能，直到a从初始化的1累加到11，令循环条件表达式a<10的结果为False，不再进入循环体，结束循环，继续执行while循环结构的后续程序语句print("Good bye!")输出"Good bye!"。此例虽简单，但能很好地帮助理解while循环的运行机制。

【例 3-12】 编写程序，用下面的公式计算 π 的近似值，直到最后一项的绝对值小于10^{-6}为止。

$$\frac{\pi}{4} \approx 1-\frac{1}{3}+\frac{1}{5}-\frac{1}{7}+\frac{1}{9}-\cdots$$

问题分析：此题目在算法设计时先要推理总结出每一项符号与前一项相反，分母呈奇数递增，分子为1固定不变的规律，因而可以通过循环结构来实现。而事先不知道循环的次数，只能由所加项的绝对值的变化情况来决定循环的次数与何时退出循环。这种情形就只能用循环结构中的条件循环while语句实现。

程序代码：

```
import math
n=1                          #变量自增值
t=1                          #每项值
total=0                      #π/4的值
flag=1                       #标记位，用于定正负号
while math.fabs(t)>=1e-6:    #当每项值的绝对值大于1e-6时进行计算
    total=total+t
    #为下一次循环做准备：
    flag=-flag
    n=n+2
    t=flag*1.0/n
print("π={}".format(total*4))
```

思考：通过此例理解条件循环while语句的适用场合。

【例3-13】 编写程序：用辗转相除法求两个正整数的最大公约数、最小公倍数。

"辗转相除法"求两个正整数的最大公约数的算法如下：

① 将两数中大的那个数放在m中，小的放在n中。

② 求出m被n除后的余数r。

③ 若余数为0则执行步骤⑦；否则执行步骤④。

④ 把除数作为新的被除数；把余数作为新的除数。

⑤ 求出新的余数r。

⑥ 重复步骤③~⑤。

⑦ 输出n，n即为最大公约数。

问题分析： 在辗转相除法中③~⑤步的迭代过程就可通过循环结构实现，以余数r为0作为循环的结束条件，适于用while语句实现。算法中注意先分出两个数的大小，以大数为被除数，以小数为除数再进行辗转相除。

程序代码：

```python
m=int(input("请输入一个正整数:"))
n=int(input("请输入另一个正整数:"))
temp=m*n
if m<n:
    m,n=n,m
r=m%n
while r:
    m=n
    n=r
    r=m%n

print("最大公约数是{}，最小公倍数是{}".format(n,temp//n))
```

3.5.2 遍历循环：for in循环的一般形式

for循环又称遍历循环。是针对容器型的组合对象或可迭代对象进行的循环，这两类对象都是由多元素组成的数据集类型的对象。通过取出对象中的一个元素后执行循环体，遍历所有元素后循环结束。实际应用中常会有要求指定循环次数的情形，利用for循环中针对内置可迭代函数range()对象的循环就可很方便地实现，把这种针对range()的for循环称为计数循环。

语法：

```
for <元素变量> in 组合对象或可迭代对象:    #可为字符、列表、元组、文件等组合对象或可迭代对象
    <语句块A>
[else:                                      #可选项，break退出循环时不执行
    <语句块B>]
```

实现的功能： 由遍历对象的每个元素控制的循环运行方式。对每次循环，元素变量依次代表着组合对象中的一个元素值或可迭代对象产生的一个值，执行循环体，直到元素变量代表完（遍历）每一个元素值，循环结束。与while语句一样，如果有else子句则执行一次else分支语句段。若以执行循环体中的break语句而强制中断退出循环时，则不执行else分支语句段。

for循环的流程图如图3-8所示。

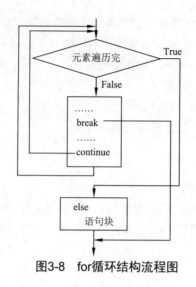

图3-8　for循环结构流程图

> **注意事项：**
>
> ① in后的对象可以是组合对象或可迭代对象。序列对象可以是字符、列表、元组或者文件等。可迭代对象是依次（时间上）出现一个值。因此可迭代对象从经历多次执行的时间段上来看也相当于产生了由多元素组成的数据集，是时间换空间的做法。例如range函数等。
>
> ② 与while循环一样，循环头行尾有冒号"："，缺失报语法错误。循环体相对于循环头缩进，表示是循环头的子层次。
>
> ③ 与while循环类似，循环体中同样可以有break、continue、pass语句。break、continue语句一般与if分支语句结合。
>
> ④ 遇到下列两种情况，退出for循环：
>
> • 遍历完对象中的每一个元素（正常结束）。
>
> • 循环体内遇到break语句（中断结束）。
>
> 另外，如果函数的函数体中有循环结构，可以利用函数的返回语句return起到跳出函数体中循环的作用。遇到break语句或return语句时，退出循环的情形与while循环类似。
>
> ⑤ else子句可没有。若有，执行条件与while循环类似，只有循环是正常结束时才执行else子句，因执行break语句中断退出循环时不执行else子句。

【例3-14】 编写程序：输出水果列表对象中有哪些水果。

问题分析：此例的循环遍历对象为列表，是组合数据类型中的一种，属容器类对象。

程序代码：

```
fruits=['lemon','apple','mango']   #为列表，是组合数据类型对象中的一种
for ft in fruits:
    print('元素:',ft)
print('Good bye!')
```

【例3-15】 编写程序：判断用户输入的字符串中是否含有指定字符e。

问题分析：此例通过遍历字符串对象中的每个字符判断是否含有指定字符，适于用遍历循

环for语句实现，注意else子句的应用场景。也可利用in运算判断字符串中是否含有指定字符。

程序代码：

```
user_string=input("请输入一个字符串: ")
for letter in user_string:
    if letter=="e":
        print("字符串{0}中有字母e".format(user_string))
        break
    else:
        print("字符串{0}中没有字母e".format(user_string))
```

【例 3-16】编写程序，解决以下问题。

4个人中有一人做了好事，已知有三个人说了真话，请根据下面对话判断是谁做的好事。

甲说：不是我；

乙说：是丙；

丙说：是丁；

丁说：丙胡说。

问题分析：此例采用的思路是用遍历法来解决问题。先把每个人的陈述以条件表达式的形式来描述，利用循环结构遍历所有人，对每个人判断是否符合三人陈述为真的情形，如果符合，则是此人做了好事。

程序代码：

```
for num in ['甲','乙','丙','丁']:
    if(num!='甲')+(num=='丙')+(num=='丁')+(num!='丁')==3:
        print(num,"做了好事! ")
```

思考：此例是推理类题中的典型题目。需要理解并掌握此类题的解题思路。

☕ **说明：**

穷举法是计算机解决问题的常用算法：通过循环实现遍历（枚举）出每种情形再判断是否符合条件。

3.5.3 遍历循环中的计数循环：for in range()循环

在实际应用中经常会用到按指定次数或按序列对象元素的索引号来循环执行循环体，这就要用到Python内置的可迭代函数range()作为可迭代对象进行for循环。

语法：

```
for 取值变量 in range([start,]end[,step]):    #range()为可迭代对象
    语句块A
[else:                                        #可选项，break退出循环时不执行
    语句块B]
```

下面首先来介绍一下Python内置的可迭代函数range()函数。

语法：range([start], end, [step])

功能：用于生成从start开始到end的前一个值的整数序列，序列值间隔为step。具体来说，start和end是左闭右开区间，即 [start,end)，其中：

start决定序列的起始值（可省略，默认值为0）。

end代表序列的终值（不可省略。半开区间，不包括end的值，即最后一个产生的是终值的前一个值）。

step代表序列的步长（可省略，默认值是1）。当终值小于起始值时，步长也可以为负值。例如：

```
>>> list(range(0,10,2))
[0,2,4,6,8]
>>> list(range(2,11))
[2,3,4,5,6,7,8,9,10]
>>> list(range(6))
[0,1,2,3,4,5]
>>> list(range(10,3,-2))
[10,8,6,4]
```

for in range()循环实现的功能是：由遍历内置的可迭代函数range()产生的整数序列的每个元素控制的循环运行方式。对每次循环，取值变量代表着range()函数依次产生的整数值，执行循环体，直到range()函数产生的值结束，循环结束。else子句的执行情形与for循环的一般情形相同。

【例3-17】 编写程序：输出1~100之间能被7整除但不能同时被5整除的所有整数。

问题分析：本例算法上是针对1~100之间的每个数都做相同的判断是否能被7整除但不能同时被5整除的操作，在算法实现上适于用for in range语句遍历1~100，循环体中嵌套分支结构if语句实现整除判断的功能。

程序代码：

```
for i in range(1,101):
    if i%7==0 and i%5!=0:
        print(i,end=' ')
```

【例3-18】 编写程序：判断用户输入的数是否为素数。

素数为除了1和它自身外，不能被其他自然数整除的大于1的自然数。

问题分析：求素数的算法适于用计数循环实现，注意此例中break语句和else子句的应用场景。

程序代码：

```
n=int(input("请输入大于1的自然数："))
for i in range(2,n):
    if  n%i==0:
        print("{} 不是素数".format(n))
        break
else:
    print("{} 是素数".format(n))
```

思考：循环结构while语句和for in语句何时以及如何使用break语句和else子句？

for循环和while循环的应用场景不同，具体区别如下：

for循环一般用于循环次数提前可确定的情况，具体来说主要用于计数循环以及遍历组合对象、文件等。例如，遍历字符串、列表、元组、集合、字典、文件等组合对象，或可迭代对象，典型的如range()函数对象用于计数循环。

while循环一般用于循环次数难以提前确定的情况。例如，需要按情形的变化是否符合条件来决定能否进入循环的应用，就只能用while循环实现。也可用于循环次数提前可确定的情况。

也就是说用for循环能实现的也能用while循环实现。在while循环的循环体中增加一个变量作为计数器就可实现遍历计数的效果。

除了以上通过循环头的情形判断实现的正常循环控制机制外，for循环和while循环都还可以通过在循环体语句段中加break语句来强制跳出整个循环继续后续程序语句的执行。也可以加continue语句结束本次循环的执行（即循环体中此语句之后的后续语句不执行）直接跳到下一次循环的执行。一般来说都是当符合某条件时才执行break或continue语句，也就是会有分支结构语句的配合。

在循环结构中要防止死循环的出现，所谓死就是循环进入循环后一直无法符合循环退出条件，也执行不到强制退出循环语句break，循环一直在执行，无法退出的情形。

3.5.4　循环结构的嵌套

在设计程序时while循环和for循环的嵌套以及与if分支结构的嵌套就形成了复杂的逻辑关系，能够实现复杂算法，解决复杂问题。对开始时理不清思路的复杂问题，可先把大问题分解成小的功能模块，画出流程图，再进行算法设计和程序实现。

在使用循环嵌套时，应注意以下几点：

① 循环嵌套不能交叉，即在一个循环体内必须完整地包含另一个循环结构。

② 注意内外层循环间的逻辑关系，特别是内层循环与外层循环变量间的关系。

③ 多重循环程序执行时，外层循环每执行一次，内层循环都需要循环执行多次。能放到外循环的尽量不要放到内循环以提高运行效率。

④ 外层循环和内层循环控制变量避免同名，以免造成混淆。

⑤ 在写程序时注意内外层循环体的范围和不同的缩进层次。

⑥ 在嵌套循环结构中，嵌套的层数可以是任意的。

【例3-19】理解循环嵌套中内循环与外循环间的逻辑关系。

程序代码：

```
i=0
while i<2:
    for j in range(3):
        print("i=",i,"j=",j)
    i=i+1
```

问题分析：此例程序中，外循环的循环体执行了2次，在每次外循环中内循环的循环体执行了3次，内循环的循环体共执行了2×3=6次。

执行结果：

```
i=0    j=0
i=0    j=1
i=0    j=2
i=1    j=0
i=1    j=1
i=1    j=2
```

思考：分析由三种流程控制结构相互组合、嵌套形成的复杂程序时可用这种跟踪程序执行过程中变量的变化过程来确定变量的作用，明晰语句的功能，理清程序架构和逻辑关系以及程序实现的功能。这也是程序调试纠正逻辑错误的常用手段。

【例 3-20】编写程序：输出九九乘法表。

问题分析:对此类按行列格式化输出多数据的题目，利用外循环决定输出的是第几行，利用内循环决定输出当前行的第几列，内外循环的配合决定了输出的是哪一项，内循环的循环体实现的是当前项的内容。注意字符串的格式化输出决定了输出时项的格式、列向的对齐方式。外循环的print()决定了一行在什么时候换行。

程序代码：

```
for i in range(1,10):
    for j in range(1,i+1):
        print("{}×{}={:<2}".format(j,i,i*j),end="    ")
    print()
```

运行结果如图3-9所示。

```
1×1=1
1×2=2    2×2=4
1×3=3    2×3=6    3×3=9
1×4=4    2×4=8    3×4=12   4×4=16
1×5=5    2×5=10   3×5=15   4×5=20   5×5=25
1×6=6    2×6=12   3×6=18   4×6=24   5×6=30   6×6=36
1×7=7    2×7=14   3×7=21   4×7=28   5×7=35   6×7=42   7×7=49
1×8=8    2×8=16   3×8=24   4×8=32   5×8=40   6×8=48   7×8=56   8×8=64
1×9=9    2×9=18   3×9=27   4×9=36   5×9=45   6×9=54   7×9=63   8×9=72   9×9=81
```

图3-9　运行结果图

【例 3-21】编写程序：实现用户登录验证。正确的用户名为liuqiang，密码为123456。用户正确输入用户名和密码，提示"登录成功"，否则提示"用户名或密码错！"。有三次登录机会，仍输入错误，则提示"您已登录出错超过三次，再见！"

程序代码：

```
stdname="liuqiang"
stdpass="123456"
for i in range(1,4):
    username=input("请输入用户名: ")
    userpass=input("请输入密码: ")
    if username==stdname and userpass==stdpass:
        print("登录成功! ")
        break
    else:
        print('用户名或密码错!')
else:
    print("您已登录出错超过三次，再见! ")
```

问题分析：在此例的程序中三次登录机会是通过计数循环for in range实现的。程序实现中有两个else子句，注意它们的对应关系：前一个是分支if语句结构中的，后一个是计数循环for语句结构中的。还要注意，break语句只用来中断循环。

【例 3-22】编写程序实现：由用户指定行数，按指定形式（见图3-10）输出星号图。

问题分析：对按行列格式输出多数据类题目，除了可采用大循环决定行，小循环决定列的通用实现方法，对于显示的数据相同间隔一致的情形，还可利用字符串的重复运算符"*"简化每行行首空格的输出和行中各数据的输出。注意输出时print()函数的end参数的设置。

图3-10　运行结果图

程序代码：

```
line=int(input("请输入行数："))
for i in range(1,line+1):
    print(" "*(line-i),end="")
    print("* "*i)
```

思考： 可以利用字符串的center()方法进一步简化上例程序代码，想一想如何通过修改代码实现。

【例 3-23】 编程解决百钱买百鸡问题：假设公鸡5元一只，母鸡3元一只，小鸡1元三只，现在有100块钱，想买100只鸡，问有多少种买法？

问题分析： 此例可以利用计算机程序常用的穷举法，通过循环结构把公鸡、母鸡、小鸡的数量所有情况都列举一遍来判断符合条件否，符合就是买法之一，循环完则所有的情况都筛查了一遍。这种循环的多层嵌套需要注意它们间的层次关系。

程序代码：

```
for a in range(0,101):
    for b in range(0,101):
        for c in range(0,101):
            if a*5+b*3+c/3==100 and a+b+c==100:
                print("公鸡：{0}只，母鸡：{1}只，小鸡：{2}只".format(a,b,c))
```

3.6 程序调试

编写完程序代码后，运行时难免会出错，这就需要纠错，也就是进入程序调试修改阶段。一个程序的开发过程中，常会经过执行测试-调试修改的多次反复。学会调试纠错是程序设计者必须掌握的能力。Python程序的错误分为语法错误、逻辑错误、运行错误（又称异常）。

3.6.1 语法错误

Python 的语法错误又称解析错误，是在程序设计中不符合Python的语法规则引起的。相对比较好检测和纠错，因为当程序中有语法错误时，程序运行会直接停止，并给出错误提示。以下是Python IDLE集成开发平台的程序编辑模式下运行程序时语法分析器给出的语法错误提示：弹出"SyntaxError"语法错误对话框提示并以红色背景标示出错误位置，如图3-11所示。

注意纠错时有时需要根据提示再结合自己的分析判断，例如提示的错误之处有可能是前一行代码引起的。

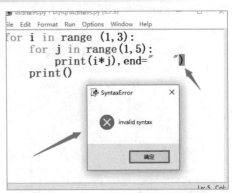

图3-11 Python IDLE 的语法错误提示

3.6.2 逻辑错误

逻辑错误是由算法不正确引起的运行结果不正确。一般程序可以正常运行，只是结果出错，因为无错误提示，纠错会麻烦些。需要理清程序设计思路和逻辑关系。

虽然麻烦，多数的集成开发平台都提供了程序调试工具用来观察程序的运行过程，以及运行过程中变量（局部变量和全局变量）值的变化等，帮助用户快速找到引起运行结果异常的原因，提高解决逻辑错误的效率。下面介绍如何利用Python的IDLE集成开发平台的调试工具调试Python程序。

在保证程序没有语法错误的前提下，使用 IDLE 调试程序的基本步骤如下：

① 打开 Python Shell，即交互模式，选择Debug → Debugger命令，弹出 Debug Control 对话框，同时 Python Shell 窗口中显示[DEBUG ON]，表示已经处于调试状态，如图3-12所示。

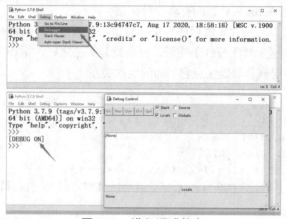

图3-12　进入调试状态

② 选择File → Open命令，打开要调试的程序文件，向程序中需要测试的代码添加断点。断点的作用是，当程序执行至断点位置时，会暂停执行，用于跟踪观察程序运行到当前状态时变量（局部变量和全局变量）值的变化。

添加断点的方法是：在想要添加断点的行上右击，在弹出的快捷菜单中选择Set BreakPoint命令。添加了断点的代码行其背景会变成黄色。可以同时在程序中多个位置加断点。

删除已添加断点的方法是：选中已添加断点的行并右击，然后在弹出的快捷菜单中选择Clear Breakpoint命令，如图3-13所示。

图3-13　给程序添加断点

③ 添加完断点之后，在打开的程序文件中选择Run → Run Module命令执行程序，这时Debug Control 对话框中将显示初始进入程序调试状态时程序的执行信息（注意此时还未运行到断点）。勾选 Globals 复选框，将显示全局变量，Debug Control默认只显示局部变量。如图3-14所示。

以下是Debug Control对话框中各选项的说明：

Stack——显示堆栈调用层次。

Locals——查看局部变量。

Source——跟进源代码。

Globals——查看全局变量。

④ 应用Debug Control对话框中的调试工具栏各按钮进行相应的程序测试。以下是各调试按钮的功能：

Go——运行至断点处暂停，若未设置断点则直接运行至结束。

Step——逐句运行调试，若遇到函数会进入。

Over——逐过程调试，遇到函数不会进入。

Out——若正在函数中运行，退出该函数。

Quit——直接结束此次调试。

图3-15是单击Go按钮运行至断点时的程序调试状态。

通过应用这5个按钮，可以跟踪查看程序执行过程中各个变量值的变化，直至程序运行结束。程序调试完毕后，可以关闭 Debug Control 窗口，此时在 Python Shell 窗口中将显示[DEBUG OFF]，表示已经结束调试。

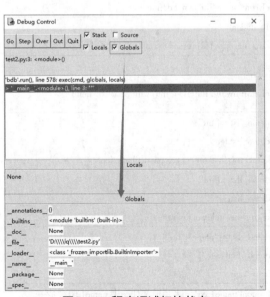

图3-14　程序调试初始状态

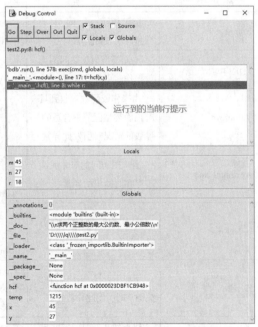

图3-15　运行至断点时的程序调试状态

3.6.3　运行错误（异常）

即便Python 程序的语法是正确的，在运行程序的时候，也有报错。这类运行期间检测到的错误称为运行错误，又称异常。当程序运行时，发生了未处理的异常，Python将终止执行程序，并以堆栈回溯（Traceback，又称向后追踪）的形式给出错误提示信息。

【例 3-24】 执行下面程序，观察显示的运行错误信息。

程序代码：

```
while True:
    print(a)
```

程序运行中断并显示错误提示信息：

```
Traceback(most recent call last):
    File "D:/lq/test1.py",line 2,in <module>
        print(a)
NameError:name 'a' is not defined
```

一般来说，异常的错误提示信息包括三部分：

① traceback 出错的向后追踪信息，即定位信息，包括指出是哪个文件的哪一行代码抛出了错误，上面第2行错误信息就是定位信息。

② 错误的类型：指出该错误属于哪一类型。上面第4行中冒号前面的NameError就是错误的类型。

③ 错误描述：指出具体出现了什么错误。上面第4行中冒号后面的，就是错误描述。

常见的异常类型、说明及举例见表3-2（忽略了traceback的定位信息部分）。

表 3-2　Python 常见的异常类型

异 常 类 型	说　　明	举　　例
NameError	尝试访问一个未定义的变量时引发此异常	>>>liu NameError: name 'liu' is not defined
TypeError	不同类型数据之间的无效操作时引发此异常	>>> 1+'student' TypeError: unsupported operand type(s) for +: 'int' and 'str'
ValueError	当操作或函数接收到具有正确类型但值不合适的参数的情况时引发此异常	int("hello") ValueError: invalid literal for int() with base 10: 'hello'

AttributeError	当试图访问的对象属性不存在时抛出的异常	>>> demo_list = ['liu']
		>>> demo_list.len
		AttributeError: 'list' object has no attribute 'len'

IndexError	索引超出序列范围会引发此异常	>>> demo_list = ['liu']
		>>> demo_list[3]
		IndexError: list index out of range

KeyError	字典中查找一个不存在的关键字时引发此异常	>>> demo_dict={"name":"liu"}
		>>> demo_dict["age"]
		KeyError: 'age'

FileNotFoundError	找不到文件时引发此异常	>>> f=open('name1.txt','r') # 当前文件夹中 name1.txt 不存在 FileNotFoundError: [Errno 2] No such file or directory: 'name1.txt'
ZeroDivisionError	除法运算中除数为 0 引发此异常	>>> b = 1/0 ZeroDivisionError: division by zero

续表

异 常 类 型	说 明	举 例

UnboundLocalError	试图访问在函数或方法的局部变量，但却没有先定义此变量（没有先把值分配给它）时引发此异常	>>> def add(a, b):
		　print(total)
		total = a + b
		>>> add(1,2)
		UnboundLocalError: local variable 'total' referenced before assignment

AssertionError	当 assert 关键字后的条件为假时，程序运行会停止并抛出断言异常	>>> assert 2>6 AssertionError

通过表3-2中对常见异常类型的说明、实例及具体中断报错时的错误描述提示，可以协助用户快速地找到程序中对应错误原因并予以纠错。与语法错误的纠错类似，注意纠错时有时需要根据提示再结合自己的分析判断，例如，提示的错误之处有可能是前一行代码引起的。

3.7　程序异常处理

因为程序运行出现异常会中断程序的运行并报错，必须做一些处理，让程序可以继续运行下去，增强程序的健壮性和人机交互的友好性，称为异常处理。

针对因用户原因或程序运行现场环境等因素可能引起的异常，在程序设计时可以先做预判断再利用分支结构以规避异常的出现。或者通过加入异常处理机制捕获程序运行过程中产生的异常，进行相应的处理，以保证程序的正常运行。

3.7.1　规避出现异常

可以利用if语句分支结构对产生异常情形的条件进行判断并作为分支处理以规避异常的出现。

先分析可能出现的异常情形，在程序设计阶段通过使用if语句分支结构区分出异常执行流程和正确执行流程，从而避免程序在执行时因出现异常而意外中断。使用if语句分支结构进行异常处理的关键是分析出异常的产生条件或正确流程的约束条件，以便应用到if语句的分支条件中。

【例 3-25】编程实现：用户输入摄氏温度值，转换成华氏温度。摄氏度转换为华氏度的公式为：$°F = 9 × °C / 5 + 32$。

问题分析：本例程序可通过if语句的分支结构对用户输入的数据进行有效性判断，如果用户输入的字符串包含除"."外的非数字形字符、"."在字符串头尾、"."多于一个，则执行提醒用户"输入错误！"的分支。从而确保执行转换华氏温度功能的程序代码分支的用户输入数据可正确转换为浮点数，避免出现异常报错而导致程序中断执行。

程序代码：

```
c=input("请输入摄氏温度值: ")
if(not c.replace('.','').isdigit()) or c.count(".")>1 or(c.count(".")==1
and c.strip(".")!=c):
    print("输入错误! ")
else:
```

```
f=float(c)*9 / 5+32
print("{}℃对应的华氏温度为{}℉".format(c,f))
```

3.7.2 捕获程序异常：try-except-else-finally

可以利用异常处理机制try except对程序执行时出现的异常进行捕获并执行相应的处理。

1. try-except语句结构

语法：

```
try:
    <可能产生异常的代码块>
except Error1 [as e1]:
    <发生Error1异常时的处理代码块>
[except Error2 [as e2]:
    <发生Error2异常时的处理代码块>
except (Error3,Error4,...) [as e3]:
    <发生Error3,Error4,... 各异常时的处理代码块>
    ...
except [Exception [as en]]:
    <发生其他异常时的处理代码块>]
```

实现的功能：

① 首先执行 try 中的代码块，如果执行过程中出现异常，系统会自动生成一个异常类型，并将该异常提交给 Python 解释器，此过程称为捕获异常。

② 当 Python 解释器收到异常对象时，会寻找能处理该异常对象的 except 块，如果找到合适的 except 块，则把该异常对象交给该 except 块处理，这个过程称为处理异常。如果 Python 解释器找不到处理异常的 except 块，则程序运行终止，Python 解释器也将退出。如果程序发生的异常经 try 捕获并由 except 处理，则程序可以继续执行。

③ 当函数执行出现异常，会将异常传递给函数的调用一方，如果传递到主程序，仍然没有异常处理，程序才会被终止。这个过程称为异常的传递。

 注意事项：

① try 块有且仅有一个，但 except 代码块可以有多个，且每个 except 块都可以同时处理多种异常。

② 只有这个异常在 except 语句的异常列表中，才会被捕捉，而且只针对对应 try 子句中的异常。except 中的处理语句可以为空，系统也会认为该异常被处理了。

③ 只执行最先匹配的一个 except 分支，之后若还有匹配分支则不执行了。

各部分的含义如下：

- Error1、Error2、Error3 和 Error4…都是具体的异常类型。显然，一个 except 块可以处理一种或多种异常。
- 各个except分支后都可加参数"as 标识符"，表示给异常类型起一个别名，别名中存放着产生异常的信息。这样做的好处是方便在 except 块中调用产生的异常信息。
- except [Exception [as en]]分支中的Exception也可称为通配异常，代指程序可能发生的所有异常情况，其通常用在最后一个 except 块。Exception可省略。若省略了则不可加别名。

语法中，[]括起来的部分表示可以省略。

 注意：

　语法上的错误跟异常处理无关，必须在程序运行前就修正。

【例3-26】编程实现：由用户输入两个数，进行除法运算。

问题分析：本例利用对try 块中代码段可能产生的两个确定异常ValueError和ZeroDivision Error进行了捕获并提示。对可能产生的不明确的其他异常也进行捕获并利用别名参数显示产生的异常信息。用以防止程序执行过程中产生的异常引起程序执行中断。

程序代码：

```
try:
    value1=int(input("输入被除数："))
    value2=int(input("输入除数："))
    result=value1 / value2
    print("您输入的两个数相除的结果是:",result)
except ValueError:
    print('必须输入整数')
except ZeroDivisionError:
    print('除数不能为 0')
except Exception as e:
    print("程序发生了异常:",e)
print("谢谢您的参与！")
```

2. try-except-else语句结构

在原本的try except结构的基础上，Python异常处理机制还提供了一个 else 分支。

语法：

```
try:
    <可能产生异常的代码块>
except <Error1> [as <e1>]:
    <发生Error1异常时的处理代码块>
[except <Error2> [as <e2>]:
    <发生Error2异常时的处理代码块>
except (<Error3>,<Error4>,...) [as <e3>]:
    <发生Error3,Error4,... 各异常时的处理代码块>
    ...
except [Exception [as <en>]]:
    <发生其他异常时的处理代码块>]
else:
    <没有异常时执行的代码块>
```

实现的功能：

只有当 try 块没有捕获到任何异常时，才会执行else分支的代码块。这通常用于try中的代码段执行成功后的操作。

【例3-27】由用户输入数据进行除法运算。

问题分析：此例采用try-except-else语句结构捕获程序执行过程中产生的异常，将用于显示结果的语句放在了else分支中。放在else分支中的代码，是 try 块中的子句正确执行时，也就是对try块中的子句没有捕获到except分支指定的异常情况时，才需要执行的后续代码。

> **注意事项：**
> ① 如果使用 else 子句，那么必须放在所有 except 子句之后。
> ② 使用 else 子句比把所有语句都放在 try 子句中要好，这样可以避免一些意想不到，而 except 又无法捕获的异常。

程序代码：

```
try:
    m=int(input("请输入第一个整数："))
    n=int(input("请输入第一个整数："))
    if m<n:m,n=n,m
    r=m%n
    while r !=0:
        m=n
        n=r
        r=m%n
except ValueError:
    print('必须输入整数')
except ZeroDivisionError:
    print('除数不能为 0')
else:
    print("最大公约数为：",n)
```

3. try-finally语句结构

Python 异常处理机制还提供了一个 finally 分支，用来执行无论有没有发生异常都会执行的代码块。通常用来为 try 块中的程序做扫尾清理工作。

语法：

```
try:
    <可能产生异常的代码块>
except <Error1> [as <e1>]:
    <发生Error1异常时的处理代码块>
[except <Error2> [as <e2>]:
    <发生Error2异常时的处理代码块>
except (<Error3>,<Error4>,...) [as <e3>]:
    <发生Error3,Error4,... 各异常时的处理代码块>
...
except [Exception [as <en>]]:
    <发生其他异常时的处理代码块]>
else:
    <没有异常时执行的代码块>
finally:
    <无论有没有发生异常都执行的代码块>
```

实现的功能：

无论 try 块是否发生异常，最终都要进入 finally 语句，并执行其中的代码块。

基于 finally 语句的这种特性，在某些情况下，当 try 块中的程序打开了一些物理资源（文件、数据库连接等）时，由于这些资源必须手动回收，而回收工作通常放在 finally 块中。

Python 垃圾回收机制，只能回收变量、类对象占用的内存，而无法自动完成类似关闭文件、数据库连接等工作。

> **注意事项：**
>
> ① 和 else 语句不同，finally 只要求和 try 搭配使用，而至于该结构中是否包含 except 以及 else，对于 finally 不是必需的。而 else 必须和 try except 搭配使用。
>
> ② 当 try 子句中发生异常并且没有被 except 子句处理（或者它发生在 except 或 else 子句中）时，它会在 finally 子句执行后重新引发。当 try 语句中有任何通过 break，continue 或 return 语句表示的其他子句时，finally 子句也会在它们之后执行。

【例 3-28】 向文件写入数据。

问题分析：

此例中进行了异常捕获，程序不出现异常则通过else分支显示"写入文件完成"，无论有没有出现异常都通过finally分支执行打开的文件的关闭操作，回收了文件，并显示"谢谢你的参与！"。提示：使用with语句结构也可以达到有效清理回收文件的目的。它属于预定义的标准清理行为，无论系统是否成功地使用了它，一旦不需要它了，那么这个标准的清理行为就会执行。

程序代码：

```
try:
    fp=open("lq.txt","w")
    for i in range(5):
        value=int(input("请输入整数："))**2
        fp.write(str(value)+"\n")
except ValueError:
    print("需要输入整数")
except Exception as e:
    print(e)
else:
    print("写入文件完成")
finally:
    fp.close()
print("谢谢你的参与！")
```

3.7.3 抛出指定异常：raise语句

在程序设计过程中可以用raise语句抛出一个指定的异常。有些时候，可以根据程序的逻辑流程或功能要求在程序设计过程中主动抛出一个异常，并用异常处理机制中的except子句进行相应的处理。

语法：

```
raise [<exceptionName> [(<reason>)]]
```

实现的功能：

抛出指定名称的异常，以及异常信息的相关描述。如果可选参数全部省略，则会把当前错误原样抛出；如果仅省略<reason>，则在抛出异常时，将不附带任何异常描述信息。

 注意：

exceptionName 为指定抛出的异常名称。它必须是一个异常的实例或者是异常的类（也就是 Exception 的子类）。reason 为指定的异常描述信息，可以不指定。

raise 语句有如下三种常用的形式：

① raise：引发当前上下文中捕获的异常（如在 except 块中），若没有当前上下文中捕获的异常则引发 RuntimeError 异常。

② raise 异常类名称：引发指定名称类型的异常。

③ raise 异常类名称（描述信息）：在引发指定类型的异常的同时冒号后指明异常的描述信息。

【例 3-29】 raise语句不同形式的异常报错情形。

程序代码：

```
>>> raise
Traceback(most recent call last):
    File "<pyshell#1>",line 1,in <module>
        raise
RuntimeError:No active exception to reraise
>>>
>>> raise ZeroDivisionError
Traceback(most recent call last):
    File "<pyshell#3>",line 1,in <module>
        raise ZeroDivisionError
ZeroDivisionError
>>>
>>> raise ZeroDivisionError("除数不能为零")
Traceback(most recent call last):
    File "<pyshell#5>",line 1,in <module>
        raise ZeroDivisionError("除数不能为零")
ZeroDivisionError:除数不能为零
>>> raise Exception("x值不能小于8")
Traceback(most recent call last):
    File "<pyshell#7>",line 1,in <module>
        raise Exception("x值不能小于8")
Exception:x值不能小于8
>>>
>>> raise B("出错了！")
Traceback(most recent call last):
    File "<pyshell#8>",line 1,in <module>
        raise B("出错了！")
NameError:name 'B' is not defined
```

问题分析：注意此例最后的raise语句用的异常名称不是一个异常的实例或者是异常的类，因而没有正确抛出raise指定的异常。

【例 3-30】 raise语句应用实例。

问题分析：本例程序执行时在try块中通过raise语句抛出了ValueError异常，再通过except捕获该异常，在子句中利用print()函数输出该个错误的信息。

程序代码：

```
try:
    n=28
    if n>10:
        raise ValueError("n不能大于10。n的值为: {}".format(n))
except ValueError as e:
print(e)
```

运行结果：

```
n不能大于10。n的值为: 28
```

3.7.4　触发固定异常：assert断言

assert断言，顾名思义，断定这样是对的，如果错了，那一定是有问题，提示异常。assert语句用于判断一个表达式，在表达式条件为 false 时触发异常。

断言可以在条件不满足程序运行的情况下直接返回错误，而不必等待程序运行后出现崩溃的情况。

语法：

```
assert <expression> [,<arguments>]
```

实现的功能：

判断表达式是否为True（成立），如果为True，放行，程序继续往下执行；如果为False，触发AssertionError异常。

 注意事项：

expression 为需要判断的表达式。表达式可以有一个也可以有多个，以逗号分隔。arguments 为指定的异常信息，可以不指定。

assert语句等价于：

```
if not expression:
    raise AssertionError(arguments)
```

【例 3-31】 assert语句触发AssertionError异常的情形示例。

程序代码：

```
>>> a=8
>>> assert a>10,"a应该大于10"
Traceback(most recent call last):
    File "<pyshell#2>",line 1,in <module>
        assert a>10,"a应该大于10"
AssertionError:a应该大于10
```

assert 语句常用于检查用户的输入是否符合规定，还经常用作程序初期测试和调试过程中的辅助工具。

【例 3-32】按照要求输入数学成绩。

问题分析：

此例try语句结构通过捕获ValueError异常并提示限定了用户输入整型数据。通过try语句块中的assert语句触发AssertionError异常并捕获、提示限定了用户输入数据的值在0～100的范围内。

程序代码：

```
try:
    mathmark=int(input("请输入数学分数："))
    assert 0 <=mathmark <=100
except ValueError:
    print("请输入整数！")
except AssertionError:
    print("输入分数范围应该是在0-100间！")
else:
    print("数学考试分数为：",mathmark)
```

习 题

一、单选题

1. 以下关于分支结构的描述错误的是（　　）。

   A. if 语句中条件部分可以使用任何能够产生 True 和 False 的表达式

   B. if 语句中进入分支的条件判断只与本分支的条件表达式有关，与其他分支条件无关

   C. 多分支结构用于设置多个判断条件以及对应的多条执行路径

   D. if 语句中语句块执行与否依赖于条件判断

2. 以下关于 Python 循环结构的描述错误的是（　　）。

   A. 遍历循环中的遍历结构可以是字符串、文件、组合数据类型和 range() 函数等

   B. break 用来结束当前当次语句，但不跳出当前的循环体

   C. continue 只结束本次循环

   D. Python 通过 for、while 等保留字构建循环结构

3. 以下关于 Python 控制结构的描述错误的是（　　）。

   A. 每个 if 条件后要使用冒号

   B. 在 Python 中，没有 switch-case 语句

   C. Python 中的 pass 是空语句，一般用作占位语句

   D. elif 可以单独使用

4. 以下关于循环结构的描述错误的是（　　）。

   A. 遍历循环的循环次数由遍历结构中的元素个数体现

   B. 非确定次数的循环次数是根据条件判断来决定的

   C. 非确定次数的循环用 while 语句实现，确定次数的循环用 for 语句实现

   D. 能用 while 语句实现的循环结构都可以用 for 语句实现

5. 以下关于分支和循环结构的描述错误的是 (　　　)。

    A. 在 Python 的分支和循环语句中使用 x<=y<=z 表达式是合法的

    B. 分支结构中的各分支使用冒号标记

    C. while 循环如果设计不当会出现死循环

    D. 二分支结构的 <表达式 1> if <条件> else <表达式 2> 形式，适合用来控制程序分支

6. s="abcdef",以下关于循环结构的描述，错误的是 (　　　)。

    A. 表达式 for i in range(len(s)) 的循环次数与 for i in s 的循环次数是一样的

    B. 表达式 for i in range(len(s)) 的循环次数与 for i in range(0,len(s)) 的循环次数是一样的

    C. 表达式 for i in range(len(s)) 的循环次数与 for i in range(1,len(s)+1) 的循环次数是一样的

    D. 表达式 for i in range(len(s)) 与 for i in s 的循环中，i 的值是一样的

7. for 或者 while 与 else 搭配使用时，关于执行 else 语句块描述正确的是 (　　　)。

    A. 仅循环非正常结束后执行（以 break 结束）

    B. 仅循环正常结束后执行

    C. 总会执行

    D. 永不执行

8. 以下程序的输出结果是 (　　　)。

```
for i in range(3):
  for s in "abcd":
    if s=="c":
        break
    print(s,end="")
```

    A. abcabcabc   B. aaabbbccc   C. aaabbb   D. ababab

9. 以下关于异常处理的描述，错误的是 (　　　)。

    A. Python 通过 try、except 等保留字提供异常处理功能

    B. ZeroDivisionError 是一个变量未命名错误

    C. NameError 是一种异常类型

    D. try 异常语句可以与 else 和 finally 语句配合使用

10. 执行以下程序，如果输入 2，输出结果是 (　　　)。

```
la='python'
try:
    s=eval(input('请输入整数: '))
    ls=s*la
    print(ls)
except:
    print('请输入整数')
```

    A. la   B. 请输入整数   C. pythonpython   D. python

二、程序填空题

1. 程序要求：输入一个年份，输出是否为闰年。闰年条件：能被 4 整除但不能被 100 整除，或者能被 400 整除的年份都是闰年。

【代码】

```
y=input("请输入一个年份: ")
year=int(y)
if    (1)    and year%100!=0:
    print(year,"是闰年")
elif    (2)
    print(year,"是闰年")
else:
    print(year,"    (3)    ")
```

2. 程序要求：用户输入一个正整数 n，求阶乘之和：1+2!+3!+…+n!。

【代码】

```
n=int(input("请输入一个正整数: "))
total=0
    (1)
for    (2)    in range(1,    (3)    ):
    a=a*i
    total=total+a
print("阶乘之和为: ",    (4)    )
```

3. 程序要求：输入五位数，判断是否为回文数。回文数的定义：设 a 是一任意自然数，如果 a 的各位数字反向排列所得自然数与 a 相等，则 a 称为回文数。

【代码】

```
a=input("请输入五位数:")
n=len(a)
for i in    (1)    (1,n//2):
    (2)    a[i-1]!=a[-i]:
        print(a,"不是回文数.")
        (3)
    (4)
    print(a,"是回文数.")
```

4. 程序要求：输出右向正三角形排列星号，运行结果如图 3-16 所示。

请输入上半部（含最长行）的行数：6

```
*
**
***
****
*****
******
*****
****
***
**
*
```

图 3-16　运行结果图

【代码】

```
try:
    n=int(input("请输入上半部（含最长行）的行数: "))
```

```
    ＿＿(1)＿＿
    print("输入数据出错！")
else:
    ＿＿(2)＿＿
    while i<2*n:
        if i<=n:
            a="*"*i
            print(a)
        else:
            a="*"*＿＿(3)＿＿
            print(a)
        ＿＿(4)＿＿
```

三、编程题

1. 编写程序，求自然对数 e 的近似值，直到最后一项的绝对值小于 10^{-5} 为止。近似公式为：

$$e=1+1/1!+1/2!+1/3!+\cdots+1/n!$$

2. 由用户输入项数，输出斐波那契数列（Fibonacci sequence）的前 n 项。斐波那契数列是指从 1,1 开始，后面每一项等于前面两项之和，即 1，1，2，3，5，8，…。

3. 鸡兔同笼问题。用户输入鸡和兔子的总数和腿的总数，求有多少只鸡和多少只兔子。

4. 输出所有的"水仙花数"。所谓"水仙花数"是指一个三位数，其各位数字立方和等于该数本身。例如：153 是一个"水仙花数"，因为 $153=1^3 + 5^3 + 3^3$。

5. 输出由 1、2、3、4 这四个数字组成的每位数都不相同的所有三位数。要求每行输出不超过 10 个数据。

6. 输入若干个成绩，求所有成绩的平均分。每输入一个成绩后询问是否继续输入下一个成绩，回答"y"就继续输入下一个成绩，回答"n"就停止输入成绩。

提示：可用异常处理机制检测输入成绩的有效性，可用分支结构检测询问是否继续输入的有效性。

第4章

组合数据类型

本章概要

　　本章主要介绍组合数据类型中的四种重要的数据：列表、元组、字典、集合。从可变与不可变、有序和无序分析了各类数据的特点和应用。并结合案例，根据实际应用情况的需求，利用不同的数据解决问题。

学习目标

◎ 了解组合数据类型基本概念。

◎ 掌握序列类型数据的特点和方法。

◎ 掌握映射类型数据的特点和方法。

◎ 掌握集合数据的特点和方法。

　　组合数据是Python应用的重要基础，学会灵活运用组合数据，才更能体会Python数据处理的强大功能。

4.1　组合数据概述

　　第2章对Python中单一的基本数据类型（布尔类型、整型、浮点类型、字符串类型）做了介绍，并且讲解了通过函数（如int()、bool()、float()、str()等）将一种数据对象转换为另一种基本类型。

　　在日常生活中使用的网站、移动应用中存在大量同时处理多个数据的情况，需要将多个数据有效组织起来并统一表示，这种能够表示多个数据的类型称为组合数据类型。换句话说，应用的数据依赖于一定的数据结构进行存储，其中的数据以一种特定的形式保存在数据结构中，在需要的时候被展现。而这些存储大量数据的容器，在Python中称为内置数据结构,常见的有列表、元组、字符串、字典、集合，也常称为组合数据。

4.1.1　初识组合数据

　　Python中，组合数据类型分为三类，分别是序列、映射和集合，其中，序列类型又包含字符串、列表和元组三种数据类型。每种数据结构都有自己的特点，并且有着独到的用处。序列类型是一个元素向量，元素之间存在先后关系，通过序号访问，元素之间不排他。集合类型是一个元素集合，元素之间无序，相同元素在集合中唯一存在。映射类型是"键-值"数据项的组合，每个元素是一个键值对，表示为(key, value)。

先来认识一下组合数据类型——列表、元组、字典和集合。

某用户预订了商品编号为"ID0010230"、单价为15.68元，数量为36，可将这3个不同类型的简单数据组织成一个复合数据类型——元组。记作：

```
BookInfo0=("ID0010230",15.68,36)
```

另一用户预订了商品编号为"ID2315937"、单价为20元，数量为2，可记作：

```
BookInfo1=("ID2315937",20,2)
>>> BookInfo0=("ID0010230",15.68,36)          #元组
>>> type(BookInfo0)
<class 'tuple'>                                #返回元组类型
>>> BookInfo1=("ID2315937",20,2)
```

可以按订单产生的先后顺序组成一个列表（列表里的项是有顺序编号的）：

```
>>> BookList=[BookInfo0,BookInfo1]            #列表
>>> type(BookList)
<class 'list'>                                 #返回列表类型
```

也可以汇总为集合：

```
>>> BookSet={BookInfo0,BookInfo1}             #集合
>>> type(BookSet)
<class 'set'>                                  #返回集合类型
>>> BookSet
```

若记录商品的编号和价格对应的信息，可以采用字典：

```
>>> goods={"ID0010230":15.68,"ID2315937":20}  #字典
>>> type(goods)
<class 'dict'>                                 #返回字典类型
```

4.1.2　常见组合数据类型

Python中常见的数据结构可以统称为容器（container）。序列［如列表（list）、元组（tuple）和字符串］、映射［如字典（dict）以及集合（set, frozenset）］是三类主要容器，有些图书中将组合数据类型统一称为序列，并从是否有序角度可将其分为有序序列和无序序列；从元素是否可变角度可将其分为可变序列和不可变序列，详细信息见表4-1。

表4-1　组合数据的分类

数 据 结 构	有 序 序 列	无 序 序 列	可 变 序 列	不 可 变 序 列
字符串	●			●
列表	●		●	
元组	●			●
字典		●	●	
集合		●	△	△

表4-1中的△号表示集合既有可变集合set又有不可变集合frozenset。

4.2 序列类型——列表与元组

4.2.1 序列通用操作及操作符

序列中的每个元素都有自己的编号。Python中有许多内建的序列。其中列表和元组是最常见的类型，其他还包括字符串、range等对象。

Python 3.x中所有序列都可以进行某些特定的操作，这些操作包括：索引（indexing）、分片（sliceing）、序列相加（adding）、乘法（multiplying）、成员资格、长度、最小值和最大值，详细信息见表4-2和表4-3。

表4-2 序列型组合数据的通用操作及操作符

通用操作及操作符	作　用
x in s	如果 x 是序列 s 的元素，返回 True，否则返回 False
x not in s	如果 x 是序列 s 的元素，返回 False，否则返回 True
s + t	连接两个序列 s 和 t
s*n 或 n*s	将序列 s 复制 n 次
s[i]	索引，返回 s 中的第 i 个元素，i 是序列的序号
s[i: j] 或 s[i: j: k]	切片，返回序列 s 中第 i 到 j 以 k 为步长的元素子序列

表4-3 序列型组合数据的通用操作函数

通用操作函数	作　用
len(s)	返回序列 s 的长度，即元素个数
min(s)	返回序列 s 的最小元素，s 中元素需要可比较
max(s)	返回序列 s 的最大元素，s 中元素需要可比较
s.index(x) s.index(x, i, j)	返回序列 s 从 i 开始到 j 位置中第一次出现元素 x 的位置
s.count(x)	返回序列 s 中出现 x 的总次数
map(func,s)	根据提供的 func 函数对指定序列 s 做映射，第一个参数 func 以参数序列 s 中的每一个元素调用 func 函数，返回包含每次 func 函数返回值的新列表
all(s)	用于判断给定的可迭代参数对象 s 中的所有元素是否都为 TRUE，如果是返回 True，否则返回 False
any(s)	判断给定的可迭代参数对象 s 是否全部为 False，是则返回 False，如果有一个为 True，则返回 True
enumerate(s)	将一个可遍历的数据对象 s（如列表、元组或字符串）组合为一个索引序列，同时列出数据和数据下标，一般用在 for 循环中

1. 索引

第2章中已经介绍了字符串的索引操作。索引有两种方式：正向索引和反向索引。对于所有有序序列中的数据来讲，都是通过索引值定位、访问序列中每一个位置的元素。正向索引，索引值自左向右，索引值从0开始编号；反向索引，索引值自右向左，从-1开始编号。一般形式为：

序列对象名[索引值]

例如：

```
>>> BookInfo0=("ID0010230",15.68,36)
>>> BookInfo0[1]
15.68
>>> BookInfo0[3]              #索引值超出了范围
Traceback(most recent call last):
    File "<pyshell#2>",line 1,in <module>
        BookInfo0[3]
IndexError:tuple index out of range
```

> **注意：**
>
> 当索引超出了范围时，Python 会报一个 IndexError 的错误。在编程时要确保通过索引访问序列元素时不要越界。通常可通过内置函数 len() 确定索引值的最大值。例如：
>
> ```
> >>> index_max=len(BookInfo0)-1       #正向索引值最大值为：元素个数-1
> >>> print(index_max)
> 2
> ```

2. 切片

序列的索引用来对单个元素进行访问，但若需要对一个范围内的元素进行访问，使用序列的索引进行操作就相对麻烦了，这时需要有一个可以快速访问指定范围元素的实现方式。Python中提供了切片的实现方式，所谓切片，就是通过冒号相隔的两个索引值指定索引范围。一般形式为：

序列对象名[起点：终点：步长]

进行切片时，切片的起点索引值和终点索引值都需要指定，用这种方式取连续的元素是没有问题的，但是若要取序列中不连续的元素，就须提供另外一个参数——步长。在该参数没有设置时，步长隐式设置值为1，表示连续获取元素。如果步长设定为2，表示每间隔一个元素取一个。如果步长设定为负数，则代表反向获取，即从右向左取数据。例如：

```
>>> films="哈登,乔治,恩比德,詹姆斯,库里"
>>> file_lst=films.split(',')
>>> print(file_lst)
['哈登','乔治','恩比德','詹姆斯','库里']
>>> file_lst[1:5]            #连续获取
['乔治','恩比德','詹姆斯','库里']
>>> file_lst[::2]            #间隔一个获取
['哈登','恩比德','库里']
>>> file_lst[4:1]           #正向获取时起点索引值大于终点索引值时，取到的是空数据
[]
>>> file_lst[4:1:-1]        #逆序连续获取
['库里','詹姆斯','恩比德']
>>> file_lst[1:4:-1]        #反向获取时起点索引值小于终点索引值时，取到的是空数据
[]
```

3. 求序列元素个数len

序列可以容纳任何数据对象，所以要分清楚数据和元素的概念，尤其在不同的类型数据嵌套使用时。例如：

```
>>> BookList=[("ID0010230",15.68,36),("ID2315937",20,2)]#列表里嵌套了元组
>>> len(BookList)            #列表包含两个元组类型的元素
2
>>> len(BookList[0])         #BookList[0]为元组，所以求元组中的元素个数
3
```

4.2.2　列表

列表（List）是Python内置的一种序列类型数据，是一种能以序列形式保存任意数目的不同Python对象的数据类型。列表是将数据对象写在方括号之间、用逗号分隔开的数据容器。列表的特点如下：

① 列表中的每一个数据元素都是可变的，可以随时对其中的数据元素进行添加和删除操作。

② 列表中的元素都是有序的，可通过索引实现对元素的访问和修改。

③ 列表可以容纳Python中的任意一种数据对象，列表内的元素不必全是相同的数据类型。

1. 列表的创建与访问

（1）列表的创建

列表用符号"["和"]"界定，多个数据对象之间用逗号分隔。

【例4-1】利用列表分别存储5名学生的年龄和姓名，并输出对应的姓名和年龄。

问题分析：可将学生年龄分别存储在变量age1、age2、age3、age4、age5中，而姓名存放在user1、user2、user3、user4、user5中，这样数据之间关联性不大，操作也不方便。在学习了列表后，可将这5名学生的年龄和姓名分别保存在一个列表中，利用索引值实现他们的信息对应，索引值相同的就是同一个学生信息。

程序代码：

```
#创建列表
userAge=[21,22,23,24,25]
userName=["汪伟","李治","陈东","王冰","韩悦"]
#使用循环遍历列表元素
for i in  zip(userName,userAge):
    print(i)
```

运行结果如图4-1所示。

也可以创建一个没有任何初始值的列表，即空列表，后面可通过列表的操作对其添加数据。比如创建一个学生姓名的空列表：

```
>>> userName=[]                    #创建空列表
```

也可以通过list()函数将元组或字符串等对象转化为列表，直接使用list()函数会返回一个空列表：

```
('汪伟',  21)
('李治',  22)
('陈东',  23)
('王冰',  24)
('韩悦',  25)
```

图4-1　运行结果图

```
>>> userName=list()
>>> userName
[]                                 #显示空列表
```

```
>>> ls2=list("Hello Shanghai")          #将字符串转为列表
>>> ls2
['H','e','l','l','o',' ','S','h','a','n','g','h','a','i']
```

列表元素可以为不同的数据类型，因此还可以将学生的姓名和年龄都存储在一个列表中：

```
>>> userInfo1=["汪伟",21,"李治",22,"陈东",23,"王冰",24,"韩悦",25]
```

也可以通过列表的基本操作，将两个列表连接起来，赋值给另一个列表对象：

```
>>> userInfo2=userAge+username          #列表的连接
>>> userInfo2
[21,22,23,24,25,'汪伟','李治','陈东','王冰','韩悦']
```

列表是允许嵌套的，也就是列表中的元素同样是列表，利用列表的嵌套可以组成多维列表。例如：

```
>>> userInfo3=[userAge,userName]          #构建嵌套列表
>>> userInfo3
[[21,22,23,24,25],['汪伟','李治','陈东','王冰','韩悦']]
```

（2）列表的访问

列表访问可以通过索引的方式取得单个元素，也可以通过遍历循环读取所有元素。

```
>>> userInfo1=["汪伟",21,"李治",22,"陈东",23,"王冰",24,"韩悦",25]
>>> userInfo1[3]                          #索引访问单个元素
22
>>> userInfo1[2:4]                        #切片访问部分元素
['李治',22]
>>> for i in userInfo1:                   #遍历所有元素
    print(i)
```

【例 4-2】 利用嵌套列表userInfo3存储数据，将学生姓名和年龄对应输出。

问题分析：列表userInfo3采用的是列表嵌套的存储方式存储了学生姓名子列表和年龄子列表。在获取数据时，可通过逐层索引的方式获取。userInfo3[0]代表取出userAge子列表，userInfo3[0][1]是取userAge子列表中第二个数据。

程序代码：

```
userAge=[21,22,23,24,25]
userName=["汪伟","李治","陈东","王冰","韩悦"]
print("姓名","年龄",sep=" ")
userInfo3=[userAge,userName]
for i in range(len(userAge)):
    print(userInfo3[1][i],userInfo3[0][i],sep=" ")
```

姓名	年龄
汪伟	21
李治	22
陈东	23
王冰	24
韩悦	25

图4-2　运行结果图

运行结果如图4-2所示。

思考：userInfo1、userInfo2和userInfo3三个列表的不同。对于这些信息，还可创建什么形式的列表，这种结构有哪些优势？

2. 列表数据的增加、删除和修改

（1）利用切片操作对列表数据的增加、删除和修改（见表4-4）

【例 4-3】 在列表userInfo3数据的基础上，增加、删除和修改学生信息。为列表userInfo3

增加学生对应的学号信息[1101,1102,1103,1104,1105]；修改"王冰"的姓名为"王斌"；删除学号为1102的学生所有信息。

表4-4　切片法的增加、删除和修改

操　作	描　述
ls[i] = x	修改列表 ls 第 i 个元素为 x
ls[i: j: k] = lt	用列表 lt 中元素替换 ls 切片所对应元素子列表 ls[:0]=lt 在列表 ls 头部增加 lt 列表元素 ls[1:3]=lt 将列表 ls 中切片 [1:3] 部分元素替换为 lt 列表元素
del ls	删除列表 ls
del ls[i]	删除列表 ls 中第 i 个元素
del ls[i: j: k]	删除列表 ls 中第 i 到第 j 以 k 为步长的元素

问题分析：程序先创建了三个列表分别存储年龄、姓名、学号，其中学号列表设定为空列表。然后将三个子列表放置在列表userInfo3中，实现嵌套列表结构。然后使用切片增加数据方法，将学号列表数据增加到userNo列表中。修改和删除数据，利用了列表的有序性，先需要通过函数index找到其对应的索引，然后进行修改和删除操作。

程序代码：

```
userAge=[21,22,23,24,25]
userName=["汪伟","李治","陈东","王冰","韩悦"]
userNo=[]
userInfo3=[userNo,userAge,userName]

#用切片为学号列表头部增加元素
userNo[:0]=[1101,1102,1103,1104,1105]
print(userInfo3)

#修改学生姓名
id=userName.index("王冰")
userName[id]="王斌"
print(userInfo3)

#删除学号1102的学生信息
id=userNo.index(1102)
for item in userInfo3:
    del item[id]
print(userInfo3)
```

思考：考虑一下如果在列表中间或尾部用切片法追加数据，应该如何表示？

（2）利用列表对象的方法对列表进行增加、删除和修改

列表数据类型还有很多方法，表4-5是列表对象方法的清单。

表4-5　列表常用对象方法

函数或方法	描　述
ls.append(x)	在列表 ls 末尾最后增加一个元素 x，相当于 a[len(a):] = [x]

函数或方法	描　　述
ls.extend(lt)	使用 lt 列表中的所有元素扩展列表 ls，相当于 a[len(ls):] = lt
ls.insert(i,x)	在给定位置插入一个元素。第一个参数是要插入元素的索引，ls.insert(0, x) 表示插入列表头部
ls.clear()	删除列表 ls 中所有元素
ls.remove(x)	删除列表 ls 中出现的第一个元素 x，如果没有这样的元素，则抛出 ValueError 异常
ls.pop([i]) ls.pop()	删除列表 ls 中第 i 位置的元素并返回它，如果不指定 index 则默认为 –1，即 ls.pop() 表示删除并返回列表最后一个元素
ls.copy()	生成一个新列表，赋值 ls 中所有元素。返回列表的一个浅拷贝，等价于 a[:]
list.index(x[, start[, end]])	返回列表中第一个值为 x 的元素从零开始的索引。如果没有这样的元素将抛出 ValueError 异常
list.count(x)	返回元素 x 在列表中出现的次数
list.sort(key=None, reverse=False)	对列表中的元素进行排序，默认为升序，若要降序，则设置 reverse=True
ls.reverse()	将列表 ls 中的元素反转

使用函数时注意参数的含义及函数功能的不同点，比如append()和entend()这两个方法看起来都是增加元素，但实际上是不同的。方法append()只接收一个参数，但是这个参数可以是任意数据类型，比如列表和元组等，而且只是将这个数据追加到原列表后面作为一个独立元素存在。

方法extend()也是只接收一个参数，不同的是这个参数必须是一个列表，而且会把这个列表的每个元素拆分出来，依次追加到原列表后面。

【例 4-4】 用列表对象方法实现例4-3的功能。

问题分析：这里通过遍历循环for语句，利用对象方法append()将多个数值加入到列表中，删除操作也是通过循环，利用pop()方法一次删除一个数据。

程序代码：

```
userAge=[21,22,23,24,25]
userName=["汪伟","李治","陈东","王冰","韩悦"]
userNo=[]
userInfo3=[userNo,userAge,userName]

#将学号逐个添加到userNo列表中
for i in range(1101,1106):
    userNo.append(i)
print(userInfo3)

#修改学生姓名
id=userName.index("王冰")
userName[id]="王斌"
print(userInfo3)
```

```
#删除学号1102的学生对应所有信息
id=userNo.index(1102)
for item in userInfo3:
    item.pop(id)
print(userInfo3)
```

（3）列表排序

对于排序可以选择手写排序算法，也可以选择Python提供的更简便且强大的函数或对象方法：列表方法sort()和内置函数sorted()，但注意使用排序函数时，列表中的每个元素类型必须相同才可以进行排序，否则将会报错。比如：

```
>>> userInfo1=["汪伟",21,"李治",22,"陈东",23,"王冰",24,"韩悦",25]
>>> userInfo1.sort()
Traceback(most recent call last):
    File "<pyshell#1>",line 1,in <module>
        userInfo1.sort()
TypeError:'<' not supported between instances of 'int' and 'str'
```

列表方法sort()和内置函数sorted()的使用有所区别。sort()方法可以在原列表的基础上进行排序，同时改变原列表的数据顺序。sorted()函数可以对几乎任何数据结构排序，同时返回一个新的排序后的数据结构，而且不会改变原数据结构的序列。比如：

```
>>> fruit=["banana","pear","orange","apple"]
>>> fruit.sort()
>>> print(fruit)
['apple','banana','orange','pear']
>>> fruit=["banana","pear","orange","apple"]
>>> sorted(fruit)
['apple','banana','orange','pear']
>>> print(fruit)
['banana','pear','orange','apple']
```

如果希望元素能按特定方式进行排序可以自定义比较方法。sort()方法有两个可选参数——key和reverse。注意，不管使用sort()还是使用sorted()，默认都是升序排序。如果想按照降序排序，需要设定参数reverse = True，比如fruit.sort(reverse = True)。例如：

```
>>> fruit=["banana","pear","orange","apple"]
>>> fruit.sort(key=len)              #按照字符串的长度进行排序，默认升序
>>> print(fruit)
['pear','apple','banana','orange']
>>> fruit.sort(key=len,reverse=True)  #按照字符串的长度进行排序，设定为降序
>>> print(fruit)
['banana','orange','apple','pear']
```

【例 4-5】生成10个[1000,2000]之间的随机整数，并存放在列表中，最后按降序排列，并输出其中最大值。

问题分析：这里利用了随机函数库，使用随机函数randint(a,b)产生一个a至b之间的整数。利用for循环多次调用append()方法实现列表数据的增加。由列表的有序性，可采用列表的sort()方法实现数据的排序。

程序代码：

```
import random
num_list=[]                              #生成空列表
for i in range(10):
    num=random.randint(1000,2000)        #生成随机整数
    num_list.append(num)                 #列表元素追加
num_list.sort(reverse=True)              #降序排序
print(num_list)
print("随机最大值为{}".format(max(num_list)))
```

4.2.3　元组

元组（tuple）也是一种序列组合数据类型，同样可以存储不同类型的数据，我们常理解成一个轻量级的列表，但因为元组一旦初始化就不能更改，因此在列表中存在的增加、删除、修改数据的对象方法和排序等操作均不可以使用在元组上，但是序列型数据的通用操作（如索引和切片等）都可以使用。

那不可变的元组有什么意义？因为tuple不可变，所以代码更安全，常用来作为参数传递给函数调用，或者从函数调用那里获得参数时，保护其内容不被外部接口修改。

1. 元组的创建和访问

（1）元组的创建

如何定义一个元组？Python中使用小括号界定一个元组，括号内的所有元素用逗号分隔。

```
>>> fruit1=("banana","pear","orange","apple")        #定义元组
```

也可以使用tuple()函数将其他类型的数据（如字符串、列表等）转为元组类型。

```
>>> fruit2=tuple("apple")
>>> print(fruit2)                    #注意字符串转元组时是将每个字符作为一个元素
('a','p','p','l','e')
```

注意，如果定义的是只有一个元素的tuple，例如：

```
>>> tup1=(1)
>>> type(tup1)
<class 'int'>
```

Python规定，这种情况下定义的不是tuple，而是一个整型变量tup1，值为1。所以只有一个元素的tuple定义时必须加一个逗号，用来消除歧义，以免误解为数学计算意义上的括号。例如：

```
>>> tup1=(1,)
>>> type(tup1)
<class 'tuple'>
```

（2）元组的访问

元组的访问和列表一样，可采用索引、切片和遍历方式进行。但是不能通过赋值对元组数据修改，因为元组是不可变数据类型。例如：

```
>>> fruit1[1]
'pear'
>>> fruit1[0:3]
```

```
('banana','pear','orange')
>>> fruit1[2]="kiwi"                 #不可进行赋值操作
Traceback(most recent call last):
    File "<pyshell#9>",line 1,in <module>
        fruit1[2]="kiwi"
TypeError:'tuple' object does not support item assignment
```

2. 元组的操作

元组作为序列型组合数据类型，和列表一样，序列数据的通用操作符和内置函数（见表4-2和表4-3）都可以使用，如访问元组、索引和截取等操作。

元组对象不可变性导致类似列表中的增加、删除、查找数据方法不可以用，也就是说append()、insert()、extend()、pop()、remove()、sort()都不可使用。

元组中的元素值是不允许修改的，但可以对元组进行连接组合，元组连接组合的实质是生成一个新的元组，并非是修改了原本的某一个元组。例如：

```
>>> fruit1=("banana","pear","orange","apple")
>>> fruit2=fruit1[0:2]+("water melon","kiwi")+fruit1[3:]        #生成新元组
>>> fruit2
('banana','pear','water melon','kiwi','apple')
```

元组中的元素值是不允许删除的，但可以使用del语句删除整个元组。例如：

```
>>> del fruit1
>>> print(fruit1)
Traceback(most recent call last):
    File "<pyshell#8>",line 1,in <module>
        print(fruit1)
NameError:name 'fruit1' is not defined
```

以上示例元组被删除后，输出变量会有异常信息，输出结果显示fruit1没有定义，即该元组已经不存在了。

元组和列表数据都有各自的特点，在使用时应根据情况使用，当然也可以通过函数list()和tuple()进行类型转换。

【例 4-6】输入一个十进制整数，输出其对应的十六进制表示形式。

问题分析：十进制转十六进制的算法为"除16取余法"，即每次将整数部分除以16，余数为该位权上的数，而商继续除以16，余数又为上一个位权上的数，这个步骤一直持续下去，直到商为0为止，最后读数时，从最后一个余数起，一直到最前面的一个余数。而十六进制的符号固定为0~9、a~f，为了防止符号被修改，因此将这些符号固定放置在一个元组数据X中：

```
X=('0','1','2','3','4','5','6','7','8','9','a','b','c','d','e','f')
```

余数为0，则对应取X中索引值为0的符号，余数为13，则对应取出X[13]，即'd'。

程序代码：

```
base=('0','1','2','3','4','5','6','7','8','9','a','b','c','d','e','f')
num=int(input("输入十进制整数:"))
numx=num
mid=[]
while True:
    if numx==0:
```

```
        break
    numx,rem=divmod(numx,16)
    mid.append(base[rem])
result=''.join(mid[::-1])
print("{}的十六进制表示为：0x{}".format(num,result))
```

4.2.4 推导式

推导式（Comprehensions）又称解析式，是Python的一种独有特性。推导式是可以从一个数据序列构建另一个新的数据序列的结构。解析式可用于修改可迭代对象、过滤可迭代对象。列表推导式使用非常简洁的方式快速生成满足特定需求的列表，代码具有非常强的可读性。列表推导式的一般形式：

```
[expression for item in iterable]  #[表达式 for 元素 可迭代对象]
```

也可以多层嵌套：

```
[expression for expr1 in sequence1 if condition1
            for expr2 in sequence2 if condition2
            for expr3 in sequence3 if condition3
            ...
            for exprN in sequenceN if conditionN]
```

例如：

```
>> aList=[x*x for x in range(10)]
```

相当于

```
>>> aList=[]
>>> for x in range(10):
        aList.append(x*x)
```

列表解析式返回的结果是列表，列表的内容是表达式执行的结果，上述aList=[0, 1, 4, 9, 16, 25, 36, 49, 64, 81]。

列表解析式中还可以带有条件，即if关键字，甚至多个if嵌套，格式如下：

```
[expression for item in iterable if condition1]
```

等价于：

```
ret=[]
for item in iterable:
    if condition1:
ret.append(exper)
```

对于有多个for与if的情况，就是多个for语句相当于逐层for嵌套，for关键字要写在前面，后面可以用for或if进行嵌套。

```
>>> vec=[[1,2,3],[4,5,6],[7,8,9]]
>>> [num for elem in vec for num in elem]
[1,2,3,4,5,6,7,8,9]
```

在这个列表推导式中有2个循环，其中第一个循环可以看作外循环，执行得慢；而第二个循环可以看作内循环，执行得快，等价于：

```
>>> vec=[[1,2,3],[4,5,6],[7,8,9]]
>>> result=[]
>>> for elem in vec:
        for num in elem:
            result.append(num)
```

【例 4-7】将列表[1, 2, 3]和[3, 1, 4]中的不相等数字配对，输出所有的配对可能。

程序代码：

```
for x in [1,2,3]:
    for y in [3,1,4]:
        if x!=y:
            print((x,y),end='')
```

说明：

该代码可用下面一句替代：

```
[(x,y) for x in [1,2,3] for y in [3,1,4] if x!=y]
```

4.3　字典与集合

4.3.1　字典

字典是Python中唯一的映射类型，映射是数学上的一个术语，指两个元素集之间元素相互"对应"的关系，生活中有很多这种数据关系，比如化学物质名称和其对应的分子式如图4-3所示。

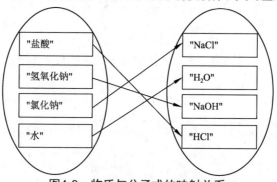

图4-3　物质与分子式的映射关系

映射类型区别于序列类型，序列类型以数组的形式存储，通过索引的方式获取相应位置的值，一般索引值与对应位置存储的数据是毫无关系的。例如：

```
>>> a=["盐酸","氢氧化钠","氯化钠","水"]
>>> b=["HCl","NaOH","NaCl","H₂O"]
```

这两个列表分别存放的是物质名称和分子式，而它们在列表中的索引和相对的值是没有任何关系的，可以看出，唯一有联系的就是两个列表中索引号相同的元素有对应关系，如果要实现通过物质名称查找对应的分子式的功能，只能间接通过物质名称的查找定位获取分子式。即通过a.index("氢氧化钠")获取物质名称在物质列表中的索引值，然后再利用该索引值获取分子式列表中相同位置的分子式。

```
>>> print('"氢氧化钠"的分子式为{}'.format(b[a.index("氢氧化钠")]))
"氢氧化钠"的分子式为NaOH
```

因此映射关系型的数据对可采用字典数据表示，Python中对字典进行了构造，可以轻松查到某个特定的键（类似拼音或笔画索引），从而通过键找到对应的值（类似具体某个字），其中物质名称称为字典的键，而对应的分子式称为对应的值，这一对数据称为一个键值对，字典就有很多个键值对所构成的。

```
>>> a={"盐酸":"HCl","氢氧化钠":"NaOH","氯化钠":"NaCl","水":"H₂O"}   #定义字典a
>>> type(a)
<class 'dict'>              #返回字典类型
>>> a["盐酸"]               #求字典中键"盐酸"的值
'HCl'                      #返回字典中键"盐酸"的值
>>> a["盐酸"]+'+'+a["氢氧化钠"]+"="+a["氯化钠"]+'+'+a["水"]
'HCl+NaOH=NaCl+H₂O'        #返回化学反应方程式
```

字典数据的特征如下：
- 字典对象是可变的，能存储任意个数的Python对象字典中的数据，但必须是以键值对的形式出现。
- 逻辑上讲，键不可重复，值可重复。
- 字典中的键（key）是不可变数据，也就是无法修改；而值（value）是可变数据，可以修改，可以是任何数据对象。
- 字典数据是无序的。

1. 字典的创建

简单地说，字典就是用大括号（{}）包裹的键值对的集合，每一对键值对组合又称项。使用过程中需注意以下几点：
- 键与值用冒号":"分开；
- 项与项用逗号","分开；
- 字典中的键必须是唯一的不可变数据类型，而值可以不唯一。

在Python中，数字、字符串和元组都被设计成不可变类型，而常见的列表以及集合（set）都是可变的，所以列表和集合不能作为字典的键。

创建字典的一般格式为：

```
d={key1:value1,key2:value2}
```

例如：

```
>>> aDict={}                    #创建空字典
>>> type(aDict)
<class 'dict'>
>>> bDict={"盐酸":"HCl","氢氧化钠":"NaOH","氯化钠":"NaCl","水":"H₂O"}
#直接创建键值对集合
>>> type(bDict)
<class 'dict'>
```

也可以用dict函数创建空字典。

```
>>> aDict=dict()               #函数创建空字典
>>> aDict
{}
```

或者使用dict()函数将其他映射（如其他字典）或者（键/值）这样的序列转换为字典。

```
>>> blst=[("盐酸","HCl"),("氢氧化钠","NaOH")]
>>> bDict=dict(blst)
>>> print(bDict)
{'盐酸':'HCl','氢氧化钠':'NaOH'}
```

还可以使用参数中设定关键字参数来创建字典。例如：

```
>>> adict=dict(name='allen',age=40)
>>> print(adict)
{'name':'allen','age':40}
```

在一个字典中，不允许同一个键出现两次，即键不能相同。创建字典时如果同一个键被赋值两次或以上，则最后一次的赋值会覆盖前一次的赋值。字典中的键必须为不可变的，可以用数字、字符串或元组充当，但不能用列表，输入如下：

```
>>> student={['name']:'小萌','number':'000'}
Traceback(most recent call last):
    File "<pyshell#11>",line 1,in <module>
        student={['name']:'小萌','number':'000'}
TypeError:unhashable type:'list'
```

在字典中，可以使用元组做键，因为元组是不可变的。但不能用列表做键，因为列表是可变的，使用列表做键，运行时会提示类型错误。

2. 字典的操作

字典的基本操作在很多方面与序列（sequence）类似，也支持修改、删除等操作。下面进行具体讲解。

（1）字典键对应的值的获取

一般形式如下：

```
字典名[键名]
```

但如果键不存在，则会引发KeyError。例如：

```
>>> bDict["水"]                      #获取"水"对应的分子式'H2O'
```

（2）添加/更新一个键值对

字典是可变的，因此可以向原有字典添加键值对，即使键在字典中并不存在，也可以为它赋一个值，这样字典就会自动建立新的项。例如，可以添加"碳酸钙"及其化学式的键值对：

```
>>> bDict={"盐酸":"HCl","氢氧化钠":"NaOH","氯化钠":"NaCl","水":"H2O"}
>>> bDict["碳酸钙"]="CaCO3"        #添加一个键值对
>>> print(bDict)       #新增后，字典输出的数据顺序会发生变化，因为字典的无序性
{'盐酸':'HCl','氢氧化钠':'NaOH','氯化钠':'NaCl','水':'H2O','碳酸钙':'CaCO3'}
```

如果键在字典中已经存在，那该操作就会对已有的键值对进行更新修改。例如：

```
>>> bDict["盐酸"]="HCl2"           #更新已有的键值对
>>> print(bDict)
{'盐酸':'HCl2','氢氧化钠':'NaOH','氯化钠':'NaCl','水':'H2O','碳酸钙':'CaCO3'}
```

（3）字典元素的删除

此处的删除指的是显式删除，显式删除一个字典用del命令。例如：

```
>>> bDict={"盐酸":"HCl","氢氧化钠":"NaOH","氯化钠":"NaCl","水":"H₂O"}
>>> del bDict["盐酸"]
>>> print(bDict)                #打印删除盐酸之后的字典
{'氢氧化钠':'NaOH','氯化钠':'NaCl','水':'H₂O'}
```

除了删除键值对，也可以删除整个字典，删除后该字典就不存在了。

```
>>> del bDict                   #删除整个字典
>>> print(bDict)                #字典已不存在，则报错误
Traceback(most recent call last):
    File "<pyshell#10>",line 1,in <module>
        print(bDict)
NameError:name 'bDict' is not defined
```

3. 字典对象的常用内置方法

字典对象提供了一系列内置方法来访问、添加、删除其中的键、值、键值对。对象方法的描述见表4-6。

表 4-6　字典对象的常用内置方法

函数或方法	描　　述
adict.keys()	返回一个包含字典所有键的 dict_keys 对象
adict.values()	返回一个包含字典所有值的 dict_keys 对象
adict.items()	返回一个包含所有项（键，值）的 dict_items 对象
adict.clear()	删除字典中所有项或元素
adict.pop(key[,default])	和 get 方法相似。如果字典中存在 key，删除并返回 key 对应的 value；如果 key 不存在，且没有给出 default 值，则引发 keyerror 异常
adict.get(key[,default = None])	返回字典中 key 对应的值，若 key 不存在字典中，则返回 default 值（default 的默认值为 None）
adict.setdefault(key, default=None)	和 get() 方法相似，但如果字典中不存在 Key 键，由 adict[key] = default 为其赋值
adict.copy()	返回一个字典浅拷贝的副本
adict.update(bdict)	将字典 bdict 的键值对添加到字典 adict 中

（1）利用对象方法遍历字典数据

运用for循环遍历字典，默认是对键的遍历，代码如下：

```
bDict={"盐酸":"HCl","氢氧化钠":"NaOH","氯化钠":"NaCl","水":"H₂O"}
for key in bDict: #输出所有的键，即物质名称
    print(key,end=",")
```

遍历字典使用字典的其他方法，分别可实现对字典的键、值以及键值对的遍历。例如：

```
bDict={"盐酸":"HCl","氢氧化钠":"NaOH","氯化钠":"NaCl","水":"H₂O"}
for key in bDict.keys():        #输出所有的键，即物质名称
    print(key,end=",")
print()
for value in bDict.values():    #输出所有的值，物质分子式
    print(value,end=",")
print()
```

```
for key,value in bDict.items():        #输出所有的键值对，物质名与分子式
    print(key,value,end=",")
```

（2）利用对象方法获取字典的值

前面利用"字典名[键]"的方式获取对应的值，这里可以采用get方法实现，两者的区别在于前者当键不存在时会报错误，而采用get方法的，如果键不存在，则返回设定的默认值。

```
>>> bDict={"盐酸":"HCl","氢氧化钠":"NaOH","氯化钠":"NaCl","水":"H₂O"}
>>> bDict.get("盐酸")                    #键存在，直接返回对应值
'HCl'
>>> equ=bDict.get("碳酸钙","CaCO₃")      #键不存在时，返回默认值
>>> print(equ)
CaCO₃
>>> bDict["碳酸钙"]                       #键不存在时报错
Traceback(most recent call last):
    File "<pyshell#3>",line 1,in <module>
        bDict["碳酸钙"]
KeyError:'碳酸钙'
```

（3）字典数据的更新和删除

由于字典的无序性，不能通过位置进行删除，只能通过查找键，从而删除对应的键值对，对象方法dict.pop(key[,default])就是通过键，先返回对应的值，然后将对应的键值对项移除。

```
>>> bDict.pop("水")        #返回对应的值
'H₂O'
>>> print(bDict)          #打印删除水和其分子式后的字典
{'盐酸':'HCl','氢氧化钠':'NaOH','氯化钠':'NaCl'}
```

前面采用直接对键值获取的方法，实现对键值对的更新（修改或增加），这里可以利用update()方法实现利用一个字典更新另一个字典，如果有键重复，则对原有的键值进行覆盖更新。

```
>>> bDict.update({"碳酸钙":"CaCO3","二氧化碳":"CO₂"})
>>> print(bDict)
{'盐酸':'HCl','氢氧化钠':'NaOH','氯化钠':'NaCl','碳酸钙':'CaCO₃','二氧化
碳':'CO₂'}
```

（4）字典排序

字典是无序的数据，没有sort()方法。如果要对数据进行排序，可先将字典转为列表，然后可利用列表的方法sort()进行排序，并可设定排序关键字以及升序降序方式。例如：

```
>>>  adic={'盐酸':'HCl','氢氧化钠':'NaOH','氯化钠':'NaCl','碳酸钙':'CaCO₃','二
氧化碳':'CO₂'}
>>> alst=list(adic.items())
>>> alst.sort(key=lambda x:x[1],reverse=True)    #设定排序关键字为化学式
>>> alst
[('氢氧化钠','NaOH'),('氯化钠','NaCl'),('盐酸','HCl'),('碳酸钙','CaCO₃'),('二
氧化碳','CO₂')]
```

（5）字典解析式

字典解析也需要一个大括号，并且要有两个表达式：一个生成key，一个生成value；两个表达式之间使用冒号分隔，返回结果是字典。例如：

```
>>> print({str(x):x for x in range(5)})
{'0':0,'1':1,'2':2,'3':3,'4':4}
```

等价于：

```
ret={}
for y in range(4):
    ret[str(y)]=y
```

【例4-8】 现已知某公司一月和三月的员工工资，并且三月还新增加了两个员工。现将这些工资信息存放在字典数据中，先需要统计每位员工这两个月的工资总数，并输出图4-4所示的报表。原始数据如下：

```
Feb={"Alice":3000,"Bob":3500,"Rose":3200}       #一月
Mar={"Alice":3400,"Bob":2500,"Rose":3300}       #三月
Mar_new={"Mike":3000,"Jack":4000}               #三月新增员工工资
```

	Alice	Bob	Rose	Mike	Jack
一月工资	3000	3500	3200	0	0
三月工资	3400	2500	3300	3000	4000
工资总数	6400	6000	6500	3000	4000

图4-4 运行结果

程序代码：

```
Feb={"Alice":3000,"Bob":3500,"Rose":3200}
Mar={"Alice":3400,"Bob":2500,"Rose":3300}
Mar_new={"Mike":3000,"Jack":4000}
staff=Feb.copy()
Mar.update(Mar_new)
for i in Mar:
    if i not in Feb:
        staff[i]=Mar.get(i,0)
    else:
        staff[i]=staff[i]+Mar.get(i,0)
print("{:14}".format(" "),end="")
for name in staff:
    print("{:10}".format(name),end=" ")
print()
print("一月工资",end="")
for name in staff:
    print("{:10}".format(Feb.get(name,0)),end=" ")
print()
print("三月工资",end="")
for name in staff:
    print("{:10}".format(Mar.get(name,0)),end=" ")
print()
print("工资总数",end="")
for item in staff.items():
    print("{:10}".format(item[1]),end=" ")
```

4.3.2 集合

集合则更接近数学上集合的概念。可以通过集合判断数据的从属关系，有时也可以通过集合把数据结构中重复的元素减掉。集合（set）属于Python无序可变序列，使用一对大括号作为定界符，元素之间使用逗号分隔，同一个集合内的每个元素都是唯一的，元素之间不允许重复。

集合中只能包含数字、字符串、元组等不可变类型（或者说可哈希）的数据，而不能包含列表、字典、集合等可变类型的数据。

1. 集合的创建

用花括号括起一些元素，元素之间直接用逗号分隔，这就是集合。可以使用大括号{}或set()函数创建集合。例如：

```
>>> numbers={1,2,3,4,5,3,2,1,6}
>>> numbers
{1,2,3,4,5,6}            #set集合中输出的结果自动将重复数据清除了
```

 注意:

创建一个空集合必须用 set() 而不是 {}，因为 {} 用来创建空字典。

集合是无序的，不能通过索引下标的方式从集合中取得某个元素。例如：

```
>>> numbers={1,2,3,4,5}
>>> numbers[2]
Traceback(most recent call last):
    File "<pyshell#6>",line 1,in <module>
        numbers[2]
TypeError:'set' object does not support indexing
```

创建集合还可用set(obj)方法将其他数据对象（字符串、列表或元组）转为集合类型。例如：

```
>>> a=" abc"              #字符串转集合，生成去掉重复字符后的字符集合
>>> set(a)
{'c','b','a'}
>>> b=[1,1,3,2,4,2]       #列表转集合，可实现列表数据的去重
>>> set(b)
{1,2,3,4}
>>> c={'a':1,'b':2}       #字典转集合，只会将字典中的键生成集合
>>> set(c)
{'b','a'}
```

2. 集合的操作

集合中提供了一些集合运算符号，以及操作的对象方法，如添加、删除、是否存在等。集合运算和操作见表4-7。

表4-7　集合对象的常用运算和方法

操作符或方法	描　　述
S | T	并，返回一个新集合，包括在集合 S 和 T 中的所有元素
S.union(T)	

操作符或方法	描　　述
S – T S.difference(T)	差，返回一个新集合，包括在集合 S 但不在 T 中的元素
S & T S.intersection(T)	交，返回一个新集合，包括同时在集合 S 和 T 中的元素
S ^ T S.symmetric_difference(T)	补，返回一个新集合，包括集合 S 和 T 中的非相同元素
S <= T 或 S < T	返回 True/False，判断 S 和 T 的子集关系
S >= T 或 S > T	返回 True/False，判断 S 和 T 的包含关系
S.add(x)	如果 x 不在集合 S 中，将 x 增加到 S
S.update(S1)	将集合 S1 中所有元素添加到集合 S 中
S.discard(x)	移除 S 中元素 x，如果 x 不在集合 S 中，不报错
S.remove(x)	移除 S 中元素 x，如果 x 不在集合 S 中，产生 KeyError 异常
S.clear()	移除 S 中所有元素
S.pop()	随机删除并返回 S 的一个元素，若 S 为空产生 KeyError 异常
S.copy()	返回集合 S 的一个副本，浅拷贝
len(S)	返回集合 S 的元素个数
x in S	判断 S 中元素 x，x 在集合 S 中，返回 True，否则返回 False
x not in S	判断 S 中元素 x，x 不在集合 S 中，返回 True，否则返回 False
set(x)	将其他类型变量 x 转变为集合类型

（1）数据增加

在集合中，使用add()方法为集合添加元素。例如：

```
>>> numbers=set([1,2])
>>> print(f'numbers变量为:{numbers}')
numbers变量为:{1,2}
>>> numbers.add(3)
>>> print(f'增加元素后, numbers变量为:{numbers}')
增加元素后, numbers变量为:{1,2,3}
```

但要注意集合中数据必须为不可变数据，所以不能向集合添加列表对象，否则会报错。集合还提供了update()方法实现多个元素的追加，即将另一个集合中所有元素加入到原集合，以实现集合的数据更新。如果其中存在重复元素，会自动进行去重操作。

```
>>> numbers.update({4,3,2,5})
>>> print(f'增加多个元素后, numbers变量为:{numbers}')
增加多个元素后, numbers变量为:{1,2,3,4,5}
```

（2）数据删除

集合对象实现数据的删除有多个函数，但用法各有不同。clear()方法用于删除集合所有元素，最后返回一个空集合。和del命令不一样，del是删除集合对象。

```
>>> numbers.clear()
```

```
>>> numbers
set()
```

集合对象方法pop()是无参函数，实现随机删除并返回集合中的一个元素，若集合为空产生KeyError异常；而remove(x)是指定元素，由于其无序性，因此指定待删除的元素值x，如果x不存在，则产生KeyError异常，因此一般会提前用in判断该元素是否存在，从而避免出现错误提示。对应的discard(x)也是删除指定元素，但不同点是，如果该元素不存在，不会报异常错误。

（3）集合的数学计算

由于集合中的元素不能出现多次，这使得集合在很大程度上能够高效地从列表或元组中删除重复值，并执行取并集、交集等常见的的数学操作。Python 集合有一些让你能够执行这些数学运算的方法，还有一些给你等价结果的运算符。集合运算时并不会改变原来的集合数据，而是产生并返回一个新的集合数据。

比如运算符"|"表示dataScientist和dataEngineer的并集，是属于dataScientist或dataEngineer或同时属于二者元素的集合。可以使用union方法找出两个集合中所有唯一的值。代码如下：

```
>>> dataScientist=set(['Python','R','SQL','Git','Tableau','SAS'])
>>> dataEngineer=set(['Python','Java','Scale','Git','SQL','Hadoop'])
>>> dataScientist|dataEngineer              #运算符实现集合并集运算
{'Tableau','Git','SAS','Scale','Python','R','SQL','Hadoop','Java'}
>>> dataScientist.union(dataEngineer)       #对象方法实现集合并集运算
{'Tableau','Git','SAS','Scale','Python','R','SQL','Hadoop','Java'}
>>> dataScientist                           #原集合数据不改变
{'Tableau','Git','SAS','Python','R','SQL'}
>>> dataScientist|=dataEngineer
#等价于dataScientist|dataEngineer，操作的结果是赋值给dataScientist
>>> dataScientist
{'Tableau','Git','SAS','Scale','Python','R','SQL','Hadoop','Java'}
```

前面列表、元组都可以嵌套，也就是列表的元素可以是另一个列表，但集合中通常不能包含集合等可变的值，因为集合的元素必须为不可变元素。在这种情况下，可以使用一个不可变集合（frozenset）。除了值不可以改变，即意味着用户不能向其中添加元素或者删除其中的元素，不可变集合和可变集合很相似。

【例 4-9】学生点名系统中现有某班级所有学生学号的集合stu1，采用随机函数生成已到学生学号，并存入到absent集合中，请利用集合的运算求出缺勤同学学号及缺勤人数，运行结果如图4-5所示。

点到学生为：
{'1106'，'1102'}
缺勤学生学号为：
{'1103'，'1101'，'1104'，'1105'}
缺勤人数为4

图4-5　集合应用运行案例结果

程序代码：

```
import random
stu_total=['1101','1102','1103','1104','1105','1106']
stu_pre=set()
num=random.randint(0,6)
for i in range(num):
    ind=random.randint(0,len(stu_total)-1)
    stu_pre.add(stu_total[ind])
```

```
print("点到学生为：")
print(stu_pre)
print("缺勤学生学号为：")
stu_absent=set(stu_total)-stu_pre
print(stu_absent)
print("缺勤人数为{}".format(len(stu_absent)))
```

4.4 综合应用

【例4-10】 某个公司采用公用电话传递数据，数据是四位整数，在传递过程中是加密的，加密规则如下：每位数字都加上5，然后用和除以10的余数代替该数字，再将第一位和第四位交换，第二位和第三位交换。请输出加密后的数据。

程序代码：

```
a=int(input("输入四个数字:"))
aa=[]
while(a):
    aa.append(a%10)
    a=a//10
aa.reverse()              #逆序列表
print(aa)
for i in range(4):
    aa[i]+=5
    aa[i]%=10
for i in range(2):        #前后交换
    aa[i],aa[3-i]=aa[3-i],aa[i]
for i in range(4):
    print(aa[i],end="")
```

运行结果如图4-6所示。

【例4-11】 待排序列表arr=[6,3,8,2,9,1]，编写冒泡排序算法，并对这个列表进行升序排序。

```
请输入一个四位数：1234
加密后的数为： 9876
>>>
```

图4-6 运行结果

问题分析：冒泡排序的逻辑依次比较相邻的两个数，如果逆序（和目标顺序相反），则交换两个数，这样每次都可以把最大数放最后，或最小数放最前面。即在第一趟：首先比较第1个和第2个数，将小数放前，大数放后；然后比较第2个数和第3个数，将小数放前，大数放后，如此继续，直至比较最后两个数，将小数放前，大数放后，这样换到最后一个数必然是最大的一个。然后再从头开始冒次大的那个数，使倒数第2个数成为次大。如此重复，直至全部数组排序完成。冒泡排序的时间复杂度（平均）为$O(n2)$，空间复杂度为$O(1)$，为稳定性排序算法。

程序代码：

```
arr=[6,3,8,2,9,1]
alen=len(arr)
temp=None
for i in range(alen):            #遍历数组
```

```
    for j in range(0,alen-1-i): #每次遍历从0到(倒数第1，倒数第2，…)
        if arr[j]>arr[j+1]:#如果当前值大于后面的值，则替换，目的是把大的数向后交换
            temp=arr[j]
            arr[j]=arr[j+1]
            arr[j+1]=temp

print(arr)
```

【例 4-12】构建一个简易的学生成绩管理系统。实现学生成绩信息的录入和显示。执行结果如图4-7和图4-8所示。

```
1 录入学生信息
2 显示所有学生信息
0 退出系统

请选择：1
请输入ID（如 1001）：1001
请输入名字：张三
请输入英语成绩：98
请输入Python成绩：87
请输入C语言成绩：89
是否继续添加？（y/n）:y
请输入ID（如 1001）：1002
请输入名字：李红
请输入英语成绩：99
请输入Python成绩：87
请输入C语言成绩：90
是否继续添加？（y/n）:n
学生信息录入完毕！！！
```

图4-7　运行输入界面

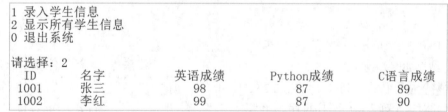

图4-8　运行显示所有学生信息

ID	名字	英语成绩	Python成绩	C语言成绩
1001	张三	98	87	89
1002	李红	99	87	90

问题分析：这里将问题划分成了三个子模块（自定义函数），一个为insert()，完成学生信息的录入；一个为show_student()，完成学生信息的显示。然后在函数main()中通过菜单对程序的运行进行控制。

该程序的数据结构复杂，采用了列表里嵌套字典的数据存储结构。首先将输入的每个学生信息保存在字典stdent中，然后将每个学生字典信息stdent存入大的列表studentList中。因此for info in studentList遍历语句中的info就是字典类型，info.get("id")就是获取对应学生的学号id。

程序代码：

```
def insert(studentList):
    mark=True
    while mark:
        id=input("请输入ID（如 1001）: ")
```

```
        if not id:
            break
        name=input("请输入名字: ")
        if not name:
            break
        try:
            english=int(input("请输入英语成绩: "))
            python=int(input("请输入Python成绩: "))
            c=int(input("请输入C语言成绩: "))
        except:
            print("输入无效，不是整型数值，重新录入信息")
            continue                          #******#
        stdent={"id":id,"name":name,"english":english,"python":python,"c":c}
                                  #将输入的学生信息保存到字典
        studentList.append(stdent)            #******#
        inputMark=input("是否继续添加？(y/n):")
        if inputMark=="y":
            mark=True
        else:
            mark=False
    print("学生信息录入完毕！！！")
def show_student(studentList):
    if not studentList:
        print("(o@.@o) 无数据信息(o@.@o) \n")
        return
    format_title="{:^6}{:^12}\t{:^8}\t{:^10}\t{:^10}"
    print(format_title.format("ID","名字","英语成绩","Python成绩","C语言成绩"))
    format_data="{:^6}{:^12}\t{:^12}\t{:^12}\t{:^12}"
    for info in studentList:
        print(format_data.format(info.get("id"),info.get("name"),\
str(info.get("english")),str(info.get("python")),str(info.get("c"))))
def main():
    studentList=[]
    ctrl=True
    while(ctrl):
        print('''1 录入学生信息\n2 显示所有学生信息\n0 退出系统\n''')
        option=input("请选择：")
        if option in ['0','1','2']:          #******#
            if option=='0':
                print('您已退出学生成绩管理系统！')
                ctrl=False
            elif option=='1':
                insert(studentList)
            elif option=='2':
                show_student(studentList)   #******#
if __name__=="__main__":
    main()
```

习 题

一、单选题

1. 执行下面操作后，list2 的值是（　　　）。

```
list1=['a','b','c']
list2=list1
list1.append('de')
```

  A.　['a', 'b', 'c']　 B.　['a', 'b', 'c', 'de']

  C.　['d', 'e', 'a', 'b', 'c']　 D.　['a', 'b', 'c', 'd', 'e']

2. 已知 aList = [3, 4, 5, 6, 7, 9, 11, 13, 15, 17] 则 aList[1::2] 的结果为（　　　）。

  A.　[4, 6, 9, 13, 17]　 B.　[3, 4, 5, 6, 7]　 C.　[3, 4]　 D.　[3,6,11,17]

3. 下列关于元组的操作正确的是（　　　）。

  A.　已知元组 a=(1,2,'a')，执行 max(a) 可得元组中最大值

  B.　创建只有一个元素的元组，可以表示为 tup=(1)

  C.　已知数据 a=[(1,2,3),(4,5,6)]，可执行 a[1][2]=7 实现数据的修改

  D.　已知 tup=('physics','chemistry',1997,2000)，则 tup[1][2] 获取的是 'e' 字符

4. 已知元组数据 tup=(" 合格 "," 良好 "," 优秀 ")，lst=[60,76,98,50]，则执行语句 list(zip(tup, lst)) 后结果为（　　　）。

  A.　[(' 合格 ', 60), (' 良好 ', 76), (' 优秀 ', 98)]

  B.　[' 合格 ', 60, ' 良好 ', 76, ' 优秀 ', 98]

  C.　(' 合格 ', 60), (' 良好 ', 76), (' 优秀 ', 98)

  D.　[(' 合格 ', 50), (' 良好 ', 76), (' 优秀 ',60)]

5. 执行下列代码后的结果为（　　　）。

```
lst="abbbcdde"
dic={}
for i in lst:
    dic[i]=dic.get(i,0)+1
print(dic)
```

  A.　{a: 1, b: 3, c: 1, d: 2, e: 1}

  B.　{'a': 1, 'b': 2, 'c': 3, 'd': 4, 'e': 5}

  C.　{'a': 1, 'b': 3, 'c': 1, 'd': 2, 'e': 1}

  D.　{'a': 2, 'b': 2, 'c': 3, 'd': 1, 'e': 2}

6. 已知 dic={" 健康 ":20," 发烧 ":22," 咳嗽 ":12}，则 print(dic[" 乏力 "]) 的结果为（　　　）。

  A.　输出 None　 B.　报错 KeyError　 C.　输出 20　 D.　输出 0

7. 以下不能创建一个字典的语句是（　　　）。

  A.　dict = {}　 B.　dict = {(4,5,6):'dictionary'}

  C.　dict= {4:6}　 D.　dict = {[4,5,6]:'dictionary'}

8. 关于字典 d={'a':97,'b':98,'c':99,1:100} 中数据的删除描述正确的是（　　　）。

  A.　del d['a'] 是仅删除关键字 'a'

　　B.　del d 是删除所有键值对

　　C.　d.clear() 是删除所有键值对

　　D.　d.pop('a') 的返回值是 {'b': 98, 'c': 99, 1: 100}

9. 下列关于列表的描述正确的是（　　　）。

　　A. 列表是有序的可变数据，因此可以进行排序

　　B. 列表和元组的操作函数完全一致

　　C. 对列表 [(1,2),(3,4)] 遍历时，是遍历其中的每个数据

　　D. 列表 [1,2,3,4]+[3,4,5] 运算会进行自动去重操作，得到结果为 [1,2,3,4,5]

二、程序填空题（请在空白处补充完整程序代码，使其实现功能）

1. 程序功能：一个列表存放着某单位 6 名员工的信息（姓名、基本工资、奖金）。请找出基本工资与奖金差距最小的员工并输出。

【代码】

```
Ls=[['Holland',6000,2000],['Robbie',5500,3100],
    ['Watson',11000,5200],['Ronan',9000,2600],
    ['Lawrence',5000,2000],['Alex',12000,8000]]
min=abs(Ls[0][1]-Ls[0][2])
minIndex=0
for i in range(1,len(Ls)):
    if    (1)    < min:
        min=abs(Ls[i][1]-Ls[i][2])
         (2)
print("最小差距为{}的{}".format(Ls[minIndex][0],min))
```

2. 程序功能：生成包含 1000 个随机字符的字符串，统计每个字符的出现次数，并输出出现次数最多的前 10 个字符及次数。

【代码】

```
import string
import random
x=string.ascii_letters+string.digits+string.punctuation
y=[   (1)    for i in range(1000)]
z=''.join(y)
d=dict()                    #使用字典保存每个字符出现次数
for ch in z:
    d[ch]=   (2)
lst_d=list(d.items())
lst_d.sort(key=   (3)   ,reverse=True)
for i in range(10):
    print(lst_d[i])
```

3. 某餐饮外卖平台用户的购物车模块中存储了一天内用户的购买菜品信息。现需统计各菜品的销售数量情况，并将其购买次数降序输出。

【代码】

```
cart={"1101":["水煮鱼","毛血旺"],
```

```
        "1102":["麻婆豆腐","清炒虾仁","水煮鱼"],
        "1103":["锅包肉","炒青菜"],
        "1104":["口水鸡","炒青菜"],
        "1105":["炒青菜","锅包肉","水煮鱼"],
        "1106":["麻婆豆腐","锅包肉","炒青菜"]}
sta={}
for key,values in(1):
    for i in values:
        sta[i]=(2)+1
sta_list=list(sta.items())
sta_list.sort(key=lambda x:x[1],(3))
for item in sta_list:
    print("{}被购买{}次".format((4)))
```

4. 程序功能：输入身份证号，判断身份证号是否合法。判断规则如下：

```
#将前面的身份证号码17位数分别乘以不同的系数
#从第一位到第十七位的系数分别为：7 9 10 5 8 4 2 1 6 3 7 9 10 5 8 4 2
#将这17位数字和系数相乘的结果相加
#用加出来和除以11，看余数是多少
#余数只可能有0 1 2 3 4 5 6 7 8 9 10这11个数字
#其分别对应的最后一位身份证的号码为1 0 X 9 8 7 6 5 4 3 2
#通过上面得知如果余数是2，就会在身份证的第18位数字上出现罗马数字X
#如果余数是10，身份证的最后一位号码就是2
```

【代码】

```
factor=(7,9,10,5,8,4,2,1,6,3,7,9,10,5,8,4,2)
last=("1","0","X","9","8","7","6","5","4","3","2")
while ___(1)___:
    id=input('请输入身份证号，0则退出')
    if id=='0':
        ___(2)___
    if len(id)!=18:
        print('输入位数不对，请重新输入')
        continue
    else:
        sum=0
        for i in range(17):
            sum+=int(id[i])*factor[i]
        m=sum%11
        lastchar=id[-1]
        lastchar=lastchar.upper()
        if lastchar==___(3)___:
            print(id,'为合法身份证号码，',end='')
            if int(id[-2])%2==0:
                print('为女性')
            else:
                print('为男性')
```

```
            （4）
        print(id,'为非法号码')
```

三、编程题

1. 生成 20 个 [100,200] 的随机整数，将其中重复的数值删除。

2. 模拟歌手决赛现场最终成绩的计算过程。输入评委人数，然后每个评委评分为 0~100 之间，如果不是这个范围，请重新输入评分。最后去掉最高分，去掉最低分，求出该歌手的得分，运行结果如图 4-9 所示。

```
请输入评委人数：4
请输入第1个评委的分数：87
请输入第2个评委的分数：98
请输入第3个评委的分数：120
分数错误
请输入第3个评委的分数：76
请输入第4个评委的分数：95
去掉一个最高分98.0
去掉一个最低分76.0
最后得分91.0
```

图4-9　评委程序结果图

3. 已知奶茶店的种类和价格对应的字典数据，键值对格式："奶茶名：价格"。

{" 原味冰奶茶 ":3," 香蕉冰奶茶 ":5," 草莓冰奶茶 ":5," 蒟蒻冰奶茶 ":7," 珍珠冰奶茶 ":7}

请设计一个程序实现奶茶的购买和计价功能。输入购买的奶茶名和数量，自动计算金额。可实现多次购买，并计算输出最后的总价，运行结果如图 4-10 所示。

```
0----原味冰奶茶
1----香蕉冰奶茶
2----草莓冰奶茶
3----蒟蒻冰奶茶
4----珍珠冰奶茶
请输入奶茶名：原味冰奶茶
请输入购买数量：2
是否继续购买？1；是 2；否
(输入1或2):1
请输入奶茶名：香蕉冰奶茶
请输入购买数量：1
是否继续购买？1；是 2；否
(输入1或2):2
您共需要付11元
*****************************************
做一枚有态度、有思想的奶茶馆（傲娇脸）!
         祝您今日购物愉快！
             诚挚欢迎您再次光临！
*****************************************
```

图4-10　奶茶店运行图

第 **5** 章

函数和模块化编程

本章概要

　　本章主要讲解函数的定义、函数参数和参数传递、变量作用域、匿名函数和递归函数等内容。函数的使用可以使程序的逻辑更清晰、具有良好的可读性和可维护性。利用函数还可以方便地把每一个功能封装在一个函数中，实现模块化编程。Python的模块主要包括标准库、自定义模块和开源模块。本章最后还简单介绍了jieba库和matplotlib库的基本使用。

学习目标

◎掌握函数的定义和调用方法。

◎理解函数的参数传递过程。

◎了解函数变量的作用域。

◎了解匿名函数lambda及其使用方法。

◎理解函数递归的定义和使用方法。

◎理解模块化编程思想。

　　函数（function）概念是17世纪德国数学家莱布尼茨（Leibniz）首先提出的，最初莱布尼茨用"函数"一词表示变量x的幂，如x^2，x^3，...，后来他又用函数表示在直角坐标系中曲线上一点的横坐标、纵坐标。1718年，莱布尼茨的学生、瑞士数学家贝努利把函数定义为"由某个变量及任意的一个常数结合而成的数量"。意思是凡变量x和常量构成的式子都称为x的函数，如$y=kx+b$就是函数。

　　在软件开发过程中，一个完整的程序可以看作一个整体，是为了完成某个特定的任务而设计的一组指令集合，但随着程序规模的增大，将语句简单地罗列起来，会使程序的复杂度过高而难以阅读和维护，而如果将功能上相对独立、并可能被反复执行的代码提炼出来，用一个名称来代替，不仅可以减少总的代码量，而且可以使整个程序的结构更具模块化，更易于阅读和维护，这种可重用的程序代码段在Python中称为函数。

　　Python中的函数可分为如下几类：内置函数（如len()、str()等，可直接使用）、标准库函数（如math、random等，可以通过import语句导入后使用）、第三方库函数（下载、安装后，通过import语句导入后使用）、用户自定义函数。本章所涉及的主要是用户自定义函数。

5.1 函数的定义和调用

函数是程序模块化的基础，使用函数具有如下优点：

① 实现结构化程序设计。通过把程序分割为不同的功能模块可以实现自顶向下的结构化设计。

② 减少程序的复杂度。简化程序的结构，提高程序的可阅读性。

③ 实现代码的复用。一次定义多次调用，实现代码的可重用性。

④ 提高代码的质量。分割后子任务的代码相对简单，易于开发、调试、修改和维护。

⑤ 协作开发：大型项目分割成不同的子任务后，团队多人可以分工合作，同时进行协作开发。

⑥ 实现特殊功能。例如递归函数就可以实现许多复杂的算法。

5.1.1 函数的定义

以函数 $y=f(x)$ 为例，给定一个 x，就有唯一的 y 可以求出来。例如，$y=4x+1$，当 $x=2$ 时，$y=9$；当 $x=5$ 时，$y=21$。而在编程语言中，函数就不再是一个表达式了，它是能实现特定功能的语句组，可以通过函数名表示和调用。

Python中，函数的定义使用 def 关键字，一般格式如下：

```
def 函数名(<参数列表>):
    函数体
    return <返回值列表>
```

说明：

① def 是 Python 的关键字，用来定义函数。

② 函数名是符合 Python 命名规则的任意有效标识符，函数名后面的括号和冒号必不可少。

③ 参数列表可以是 0 个、1 个或多个，调用该函数时用于接收传递给它的参数值，多个参数之间用逗号隔开。

④ 函数体是函数要实现的功能的程序语句组，相对于 def 需要有缩进。

⑤ return 产生函数返回值，其中多条返回语句可被接收。如果没有 return 语句，则会自动返回 None。

【例 5-1】定义一个欢迎登录的界面函数。

程序代码：

```
def printmenu():              #欢迎登录界面的函数
    print("欢迎使用登录管理系统")
    print("="*20)
```

程序分析：代码中的printmenu是函数名，括号里面是空，意思是这个函数是无参数的，函数体部分包含2行语句：print("欢迎使用登录管理系统")和print("="*20)，函数没有return语句，执行完毕后会返回结果None。

说明：函数名的命名规则与变量的命名规则一样，即只能由数字、字母和下划线构成，不能以数字开头，不能使用关键字，且尽量使用有意义的单词或单词组。

【例5-2】 定义一个计算价格的函数。

程序代码：

```
def save_money(price,discount_price): #计算优惠价的函数
    balance=price*discount_price
    return balance
```

程序分析：代码中的save_money是函数名，price和discount_price是两个参数。函数体部分执行的是balance = price* discount_price，最后函数返回的是balance的值。

Python支持函数的嵌套定义，即在一个函数体内可以包含另外一个函数的完整定义，定义在其他函数内的函数称为内部函数。

【例5-3】 定义一个嵌套函数。

程序代码：

```
def fun1():
    def fun2():
        print("world")
    print("Hello")
```

程序分析：fun1函数中定义了一个函数fun2，fun2即为内部函数。

【例5-4】 编写函数，计算并输出斐波那契数列的前n项。

问题分析：斐波那契数列（Fibonacci sequence）又称黄金分割数列，因数学家莱昂纳多·斐波那契（Leonardoda Fibonacci）以兔子繁殖为例子而引入，故又称"兔子数列"，指的是这样一个数列：0、1、1、2、3、5、8、13、21、34、55、89、144、233、377、610、987、1597、2584……，这个数列第1项是0，第2项是第一个1，从第3项开始，每一项等于前两项之和。

程序代码：

```
def fib(n):
    a,b=0,1
    for i in range(n):
        a,b=b,a+b
    return a
```

5.1.2 函数的调用

函数是一段实现具体功能的代码，通过函数名进行调用，函数调用时，括号中给出与函数定义时数量相同的参数，而且这些参数必须具有确定的值，这些值会被传递给预先定义好的函数进行处理。

Python程序中函数的使用要遵循先定义后调用的规则，所以将函数的定义放在程序的开头部分，函数的调用位于函数定义之后。

调用函数的基本格式如下：

```
函数名(实际参数列表)
```

例如：调用例5-1中已定义的printmenu ()函数，方法如下：

```
printmenu()
```

执行结果如下：

```
欢迎使用登录管理系统
```

```
=====================
>>>
```

【例 5-5】 利用例5-2中已定义的save_money()函数，输入价格，计算折扣后的实际应付价格。

程序代码：

```
price=float(input("输入价格: "))
discount_price=float(input("输入折扣额: "))
print("实际价格是: %.2f元"%save_money(price,discount_price))
```

运行结果：

```
输入价格: 128
输入折扣额: 0.85
实际价格是: 108.80元
```

对于嵌套定义的函数，在定义和调用时同样也要遵循先定义后调用的规则，每个函数的调用都要出现在函数定义之后。

【例 5-6】 利用例5-3中已定义的嵌套函数，调用并观察输出结果。

程序代码：

```
def fun1():
    def fun2():
        print("fun2函数...:world")
    print("fun1函数...:Hello")
    fun2()
fun1()
```

运行结果：

```
fun1函数...:Hello
fun2函数...:world
```

程序分析：主程序中调用了函数fun1()，所以函数fun1()的定义出现在它之前；在函数fun1()中又定义了另一个函数fun2()，那么函数fun2()的调用也必须在它的定义之后。由于主程序中只定义了函数fun1()，所以也只能调用函数fun1()，在未调用函数fun1()之前，函数fun2()没有定义，不能调用函数fun2()，即内部函数不能被外部函数直接使用，因而以下写法是错误的。

```
def fun1():
    def fun2():
        print("fun2函数...:world")
    print("fun1函数...:Hello")
fun2()
fun1()
```

返回的错误信息如图5-1所示。

```
Traceback (most recent call last):
  File "C:/Users/pc/Desktop/book-code/t2.py", line 5, in <module>
    fun2()
NameError: name 'fun2' is not defined
>>>
```

图5-1　执行出错信息提示

【例 5-7】 利用例5-4中已定义的求斐波那契数列函数，从键盘输入一个整型数值*n*，计算并输出斐波那契数列的前*n*项值。

程序代码：

```
def fib(n):
    a,b=0,1
    for i in range(n):
        a,b=b,a+b
    return a
n=int(input("输入n:"))
for i in range(n):
    print(fib(i),end=" ")
```

运行结果：

```
输入n:10
0 1 1 2 3 5 8 13 21 34
```

【例 5-8】 定义判断闰年的函数并输入年份，验证结果。

问题分析：闰年是历法中的名词，是为了弥补因人为历法规定造成的年度天数与地球实际公转周期的时间差而设立的。补上时间差的年份为闰年，分为普通闰年和世纪闰年。闰年共有366天（1月~12月分别为31天、29天、31天、30天、31天、30天、31天、31天、30天、31天、30天、31天）。通常判断某年是否为闰年，有以下两种情况。

• 能被400整除（世纪闰年）；

• 能被4整除但不能被100整除（普通闰年）；

程序中首先定义一个判断闰年的函数，然后输入一个年份，如果是闰年，返回True否则返回False。

程序代码：

```
def leap_year(year):
    if year%4==0:
        if year%100==0:
            if year%400==0:
                print('{}年是闰年'.format(year))
            else:
                print('{}年不是闰年'.format(year))
        else:
            print('{}年是闰年'.format(year))
    else:
        print('{}年不是闰年'.format(year))
y=int(input('请输入年份: '))
leap_year(y)
```

运行结果1：

```
请输入年份: 2020
2020年是闰年
```

运行结果2：

```
请输入年份: 2021
2021年不是闰年
```

5.1.3 函数的形参和实参

在用def关键字定义函数时，函数名后面括号中的变量称为形式参数，简称形参；在函数调用时提供的值或者变量称为实际参数，简称实参。形式参数在函数定义时可以没有值或设置默认值，但函数调用时使用的实际参数必须有具体的值，这个值将会传递给函数定义中的形式参数。

【例5-9】 函数参数应用示例。

程序代码：

```
def add(x,y):
    sum=x+y
    print("sum:%d"%sum)
add(12,8)
```

程序分析： add()函数定义时要求两个形式参数x和y，那么调用这个函数时也按顺序给出两个值12和8，在调用函数时，将按照顺序将12和8分别传递给函数定义中的两个参数x和y，计算出两个数的和，然后输出。

【例5-10】 从键盘输入一个整数，然后定义一个计算整数阶乘的函数，最后调用函数并输出计算结果。

程序代码：

```
def factorial(n):
    result=1
    for i in range(2,n+1):
        result=result*i
    return result
number=int(input())
print(factorial(number))
```

程序分析： factorial函数定义中的参数n是形参，函数调用中的参数number是实参，具体值由输入语句number = int(input()) 指定，执行调用函数语句后，将输入的数值传递给n，然后执行函数factorial()中的语句体，计算后得到的结果由return语句返回，并利用输出语句print(factorial(number))输出最终的计算结果。

5.1.4 默认参数和不定长参数

函数的默认参数就是缺省参数，即当调用函数时，如果没有为某些形参传递对应的实参，则这些形参会自动使用默认参数值，使用默认参数可以降低使用函数的难度。

Python定义带有默认值参数的函数，其语法格式如下：

```
def 函数名(…,形参名,形参名=默认值):
    代码块
```

在定义带有默认值参数的函数时，默认值参数必须出现在函数形参列表的最后，任何一个默认值参数右边都不能再出现非默认值参数，即必选参数在前，默认参数在后。

【例5-11】 函数参数应用示例。

程序代码：

```
def StudentInfo(name,sex="男"):          #参数sex的默认参数值为"男"
    print("姓名：%s,性别:%s"%(name,sex))
```

```
StudentInfo("汪峰")              #这里没有给sex传实参值，但因为有默认参数，所以不会出错
StudentInfo("王娜","女")        #给sex传了实参，则不再使用默认参数
```

运行结果：

```
姓名：汪峰,性别:男
姓名：王娜,性别:女
```

一般情况下在定义函数时，函数参数的个数是确定的，然而某些情况下是不能确定参数个数的，如果需要一个函数能处理比当初声明时更多的参数，这些参数就称为不定长参数，描述方式是在参数前面加上"*"或者"**"。

【例 5-12】函数参数应用示例。

程序代码：

```
def fun(x,y,*args):
    print(x)
    print(y)
    print(args)
print(fun(1,2,3,4,5))
```

运行结果：

```
1
2
(3,4,5)
None
```

程序分析：执行程序代码，1和2分别赋值给x、y，剩下的参数以元组的形式赋值给args。

【例 5-13】函数参数应用示例。

程序代码：

```
def fun(x,y,*args,**kwargs):
    print(x)
    print(y)
    print(args)
    print(kwargs)
print(fun(1,2,3,4,5,name="Alice",score=96))
```

运行结果：

```
1
2
(3,4,5)
{'name':'Alice','score':96}
None
```

程序分析：执行时，1和2分别赋值给x、y，而3、4、5以元组的形式赋值给args，其余参数则以字典的形式赋值给kwargs。

5.1.5　位置参数和关键字参数

位置参数是指在调用函数时根据函数定义的参数位置来传递参数，在Python中，实参默认采用位置参数的形式传递给函数，即调用函数时输入的实际参数的数量和位置都必须和定义函

数时保持一致。

【例 5-14】函数参数应用示例。

程序代码：

```
def division(num1,num2): #计算两数之商
    print(num1/num2)
division(8,2)
```

程序分析：

程序代码定义了一个计算两数之商的函数division()，然后调用这个函数。在调用division()函数时传入实际参数8和2，根据实际参数和形式参数的位置关系，8被传递给形式参数num1，2被传递给形式参数num2。

如果在调用函数时，指定的实际参数的数量和形式参数的数量不一致，Python解释器会抛出TypeError异常，并提示缺少必要的位置参数。

例如，如果调用函数division()的代码修改为：

```
division(8)
```

则执行结果出错，返回的错误信息如图5-2所示。

```
TypeError: division() missing 1 required positional argument: 'num2'
>>>
```

图5-2 执行出错信息提示

通过TypeError异常信息可以知道，division()函数需要2个参数，但缺少一个num2参数。

使用位置参数传值时，如果函数中存在多个参数，记住每个参数的位置及其含义并不是一件容易的事，此时可以使用关键字参数进行传递。关键字参数传递是通过"形式参数=实际参数"的格式将实参与形参相关联，是根据形式参数的名称进行参数传递的。

【例 5-15】函数参数应用示例。

程序代码：

```
def test(name,score):
    print('姓名:{},成绩:{}'.format(name,score))
test('Alice',score=95)
```

运行结果：

```
姓名:Alice,成绩:95
```

程序分析： 在使用关键字参数调用函数时，实参的传递顺序可以与形参列表中形参的顺序不一致，因为Python解释器能够用参数名匹配参数值，这样当一个函数的很多参数都有默认值，而我们只想对其中一小部分带默认值的参数传递实参时，就可以直接通过关键字参数的方式进行实参传递，而不必考虑这些带默认值的参数在形参列表中的实际位置。

例如，上例中的test()函数的调用语句也可以修改为：

```
test(score=95,name='Alice')
```

执行后结果是一样的。

5.1.6 函数的返回值

Python中，用 def 语句创建函数时，可以用 return 语句指定需要返回的值，该返回值可以

是任意类型。使用return语句的语法格式如下：

```
return 返回值
```

return 语句的作用是结束函数调用，将return后面返回值作为函数的输出，如果一个函数没有return语句，返回值是None。

【例 5-16】 定义一个求圆面积的函数并调用验证其结果。

程序代码：

```
import math
def CalCircleArea(r):
    return math.pi*r*r
r1=float(input("input radius:"))
print("%.2f"%CalCircleArea(r1))
```

运行结果：

```
input radius:3
28.27
```

函数中可以同时包含多个return语句，但只要有一个得到执行，就会直接结束函数的运行。

【例 5-17】 编写函数，比较两个整数的大小并输出大数。

程序代码：

```
def max_ex(x,y):
    if x>y:
        return x
    elif x<y:
        return y
    else:
        return 'equal'
print(max_ex(28,56))
```

程序分析： 程序执行时，28和56分别传给变量x和y，因为28<56，执行语句return y，返回56，函数结束，转去直接执行print(max_ex(28,56))，输出结果56。

如果想利用函数将多个值从函数返回，可以采用如下方式：

```
def fmod(x,y):
    a=x//y
    b=x%y
    return a,b
print(fmod(28,5))
```

从形式上看，函数fmod()返回了两个值，但实际上，这两个值是以元组的形式返回的，而元组可以看作一个对象。

函数的值只能返回一次，也就是说在一个函数中，return语句可以有多条，但只有一条能被执行到，一旦某个return语句被执行后，其后的所有语句都不再执行，直接终止函数的调用，将这个return后面的值返回给调用函数处。一般来说，多个return需要与分支语句if组合使用，如前面比较两个整数大小的函数。

5.1.7　函数变量的作用域

变量的作用域是指变量的有效范围，即定义一个变量后，在哪些地方可以使用该变量。在不同位置定义的变量，它的作用域是不一样的，按作用域的不同可以分为局部变量和全局变量。

1. 局部变量（Local Variable）

在一个函数中定义的变量就是局部变量（包括形参），它的作用域仅限于函数内部，在函数之外就不能使用了。

【例 5-18】函数局部变量应用示例。

程序代码：

```
def demo():
    x=100
    print("demo函数内部：x=",x)
demo()
print("demo函数外部 x=",x)
```

运行结果如图5-3所示。

```
demo函数内部：x= 100
Traceback (most recent call last):
  File "C:/Users/pc/Desktop/book-code/5_局部变量.py", line 5, in <module>
    print("demo函数外部 x=",x)
NameError: name 'x' is not defined
>>>
```

图5-3　执行出错信息提示

程序分析： 从图5-3所示的输出结果可以看出，如果试图在函数demo外部访问在其内部定义的变量x，Python解释器会报错，错误类型是NameError，提示没有定义要访问的变量。这是因为在函数内部定义的变量，都会存储在一块分配的临时存储空间，而在函数执行完毕后，这块临时存储空间随即会被释放并回收，该空间中存储的变量也就无法再被使用。

2. 全局变量（Global Variable）

在所有函数外定义的变量是全局变量，在所有函数中都可以使用。全局变量在运行过程中会一直存在，并一直占用内存空间。

【例 5-19】函数局部变量和全局变量综合应用示例1。

程序代码：

```
def demo():
    x=100
    print("demo函数内部：x=",x)
x=200
demo()
print("demo函数外部:x=",x)
```

程序分析：

在上述代码中，第4行，在demo函数外定义了一个全局变量x并将其赋值为200，第2行，在demo函数中定义了一个局部变量x并将其值赋值为100，而不是修改全局变量x的值。

运行结果：

```
demo函数内部：x=100
demo函数外部:x=200
```

无论是局部变量，还是全局变量，都需要使用标识符命名，如果重名，依然是不同的两个对象，分配的内存地址也是不同的。

【例 5-20】 函数局部变量和全局变量综合应用示例2。

程序代码：

```
def demo():
    x=100
    print("demo函数内部，局部变量x的内存地址：{}".format(id(x)))
    print("demo函数内部，局部变量x的值：{}".format(x))
x=200
demo()
print("demo函数外部，全局变量x的内存地址：{}".format(id(x)))
print("demo函数外部，全局变量x的值：{}".format(x))
```

运行结果：

```
demo函数内部，局部变量x的内存地址：1524004976
demo函数内部，局部变量x的值：100
demo函数外部，全局变量x的内存地址：1524008176
demo函数外部，全局变量x的值：200
```

程序分析：

代码中，局部变量x和全局变量x的名字相同，但内存地址不同，因而是两个不同的对象。变量必须在其作用范围内使用，如果想要在函数内部使用全局变量的值，则需要使用global关键字。例如：

```
def demo():
    global x
    print("函数内部使用全局变量x的值：{}".format(x))
x=500
demo()
```

运行结果：

```
函数内部使用全局变量x的值：500
```

5.2 匿名函数和递归函数

5.2.1 匿名函数

匿名函数是一种不使用def定义的函数形式，其作用是能快速定义一个简短的函数，在Python中，使用lambda关键字创建匿名函数，一般格式如下：

```
lambda 参数列表：表达式
```

相当于函数定义：

```
def fun(参数列表)：
    return 表达式
```

需要注意的是lambda表达式不需要return来返回值，表达式本身的计算结果就是函数的返回值。例如：

```
fun=lambda x,y,z:x+y+z
print(fun(2,3,4))    #输出9
```

使用lambda函数可以省去函数的定义，即不需要先声明一个函数后再使用，可以在写函数的同时直接使用函数。例如，上述匿名函数也可以改写成以下普通函数形式：

```
def fun(x,y,z):
    sum=x+y+z
    return sum
print(fun(2,3,4))
```

lambda的设计是为了满足简单函数的场景，lambda是单个的表达式，不是一个代码块，仅能封装有限的逻辑，当需要做一些简单的重复操作时，可以使用lambda匿名函数来处理；而当需要处理一些比较复杂的问题时，还是需要使用def来定义函数，且def定义的函数也更方便代码的复用。

5.2.2 递归函数

递归函数是指在一个函数内部通过调用本身来求解一个问题。在进行问题分解时，如果发现分解之后待解决的子问题与原问题有着相同的特性和解法，只是在问题规模上与原问题相比有所减少，此时就可以设计递归函数进行求解。

递归的过程可以分为两个阶段：回推和递推。回推就是根据所要求解的问题找到最基本的问题解，这个过程需要系统栈保存临时变量的值；递推是根据最基本问题的解得到所求问题的解，这个过程是逐步释放栈的空间，直到得到问题的解。

【例5-21】利用递归函数计算整数n的阶乘。

问题分析：

计算n!的递归公式为：

$$f(n)=\begin{cases} 1 & n=0,1 \\ n*f(n-1) & n>1 \end{cases}$$

当n>1时，求n!的问题可以转化为n*(n-1)!的新问题。

比如，假设n=5，回推过程可以描述如下：

第1部分：5*4*3*2*1 n*(n-1)!

第2部分：4*3*2*1 (n-1)*(n-2)!

第3部分：3*2*1 (n-2)*(n-3)!

第4部分：2*1 (n-3)*(n-4)!

第5部分：1 (n-4)*(n-5)!

根据这个最基本的已知条件，可以得到2!、3!、4!、5!，这个过程就是递推，可以看出，回推的过程是将一个复杂的问题变为一个简单的问题，递推的过程是由简单的问题得到复杂问题解的过程。

程序代码：

```
def factorial(n):
    if(n==1):
        return 1          #递归终止的条件
    else:
```

```
        return(factorial(n-1)*n)
print(factorial(6))        #输出720
```

每个递归函数必须包括以下两个主要部分。

① 程序结束条件：用于结束程序，返回函数值，不再进行递归调用。例如，求n阶乘问题的结束条件就是n=1。

② 递归过程：每次进入更深一层递归时，问题规模相比上次递归都应有所减少，相邻两次重复之间有紧密的联系，通常前一次的输出就作为后一次的输入。

【例5-22】 改写例5-4，编写递归函数实现斐波那契数列问题。

程序代码：

```
def fib(n):
    if n>=3:
        return fib(n-1)+fib(n-2)
    else:
        return 1
print(fib(10))        #输出55
```

【例5-23】 编写递归函数，计算2个整数的最大公约数。

问题分析： 最大公约数又称最大公因数、最大公因子，是指两个或多个整数共有约数中最大的一个。求最大公约数有多种方法，常见的有欧几里得算法、质因数分解法、短除法、更相减损法等。而用于计算最大公约数问题的递归方法就是欧几里得算法，其描述如下：

如果a>b，则a和b的最大公约数等于b和a%b的最大公约数。

因此可以使用递归函数实现问题的求解，具体过程如下：

结束条件：find_max_common_divisor(a,b)=a

递归过程：find_max_common_divisor(b,a%b)

每次递归，a%b严格递减，所以逐渐收敛于0。

程序代码：

```
def find_max_common_divisor(a,b):
    if a<b:
        a,b=b,a
    if a%b!=0:
        temp=b
        b=a%b
        a=temp
        return find_max_common_divisor(a,b)
    else:
        return b
print("最大公约数: ",end='')
print(find_max_common_divisor(319,377))
```

运行结果：

最大公约数：29

【例5-24】 编程完成快速排序算法。

问题分析： 快速排序是一种分而治之思想在排序算法上的典型应用。本质上来看，快速排序是在冒泡排序基础上的递归分治法，是通过多次比较和交换实现排序，其排序过程如下：

① 首先设定一个分界值，通过该分界值将所有数据分成左右两部分。

② 将大于或等于分界值的数据集中到数列右边，小于分界值的数据集中到数列的左边。此时，左边部分中各元素都小于或等于分界值，而右边部分中各元素都大于或等于分界值。

③ 左边和右边的数据进行独立排序。对于左侧的所有数据，又可以取一个分界值，将该部分数据分成左右两部分，同样在左边放置较小值，右边放置较大值。右侧的数据也同样做类似处理。

④ 重复上述过程，可以看出，这是一个递归定义。通过递归将左侧部分排好序后，再递归排好右侧部分的顺序。当左、右两个部分的数据排序完成后，整个数列的排序也就完成了。

程序代码：

```python
import random
def quick_sort(array):
    if len(array)<=1:
        return array
    #划分成两部分(左边部分都比右边部分小)
    idx=random.randint(0,len(array)-1)
    key=array[idx]              #用一个数做为划分的标准
    left=[n for n in array if n <=key]
    right=[n for n in array if n>key]
    left=quick_sort(left)       #左边部分递归
    right=quick_sort(right)     #右边部分递归
    return left+right           #连接左右两部分
num=int(input("输入个数："))
arraylist=[]
for i in range(num):
    n=random.randint(1,100)
    arraylist.append(n)
print("原数: ",arraylist)
array=quick_sort(arraylist)
print("排序: ",array)
```

运行结果：

```
输入个数：10
原数：[6,63,68,35,58,65,34,8,57,88]
排序：[6,8,34,35,57,58,63,65,68,88]
```

注意：由于随机函数每次产生的数据不同，所以运行结果会有不同。

递归函数在使用时必须保证整个内存和运算消耗控制在一定范围内，因为递归会有栈的内存分配，这是一种资源的消耗，递归层次过多会导致栈的溢出。所以一般在递归函数中需要设置终止条件。sys模块中，函数getrecursionlimit()和setrecursionlimit()用于获取和设置最大递归次数。例如：

```python
>>> import sys
>>> sys.getrecursionlimit()        #获取最大递归次数：1000
>>> sys.setrecursionlimit(200)     #设置最大递归次数为200
```

5.3 模块化编程

模块化编程是指在设计较复杂的程序时，先按照功能划分为若干小程序模块，每个小程序模块完成一个确定的子功能，并在这些模块之间建立必要的联系，以功能块为单位进行程序设计，实现其求解算法的方法，即通过模块的互相协作完成整个功能的程序设计方法。模块化的目的是降低程序复杂度，使程序设计、调试和维护等操作简单化。通过定义函数的形式将功能封装起来，就可以实现程序设计的模块化。

Python语言具有庞大的计算生态，编程时可以尽量利用开源代码和第三方库作为程序的部分或全部模块，像搭积木一样编写程序。模块本质上就是.py结尾的Python文件，例如文件名test.py对应的模块名就是test。Python本身内置了很多非常有用的模块，只要安装完成后，这些模块就可以使用了。

Python的模块主要包括标准库、自定义模块、开源模块。

5.3.1 标准库

Python中内置了大量的标准库，如time库（提供了各种与时间相关的函数）、random模块（可以用于生成随机数）、OS模块（提供了多数操作系统的功能接口函数）、math库（提供了许多数学运算函数）、Tkinter库（Python默认的图形界面接口）等。标准库是随Python安装包一起发布的，用户不需要安装就可以随时使用。在使用某个模块中的函数时，遵循先导入，后使用的规则。在Python中用关键字import导入某个模块。例如：

```
>>> import random                    #导入random库
>>> print(random.randint(1,10))      #产生1~10之间的一个随机整数
```

5.3.2 自定义模块

用户根据问题需求自己定义的函数，如果需要经常调用时，就可以定义一个模块，将常用的函数写入模块中，下次使用时直接导入模块就可以使用了。

把计算任务分离成不同模块的程序设计方法称为模块化编程，使用模块可以将计算任务分解成大小合理的子任务，并实现代码的重用功能。

【例5-25】定义一个计算球体体积的函数。

程序代码：

```
import math
def volume_c(r):
    v=4/3*math.pi*r**3
    return v
if __name__=='__main__':
    r=float(input("r:"))
    print(volume_c(r))
```

利用该函数，作为自定义的模块，保存成s.py文件，这样就可以被其他程序所调用。

```
#sa.py
import s
print(s.volume_c(3))
```

程序分析：

当s.py直接运行时，它的__name__属性为__main__会执行分支语句中的输入和输出部分，当s.py作为模块的角色被导入到文件sa.py中时，它的__name__属性为模块名，此时不执行if分

支语句中的输入和输出部分。用这样的方法编写程序，可以使自己的程序方便地被其他程序作为模块导入。

【例 5-26】 创建模块ex1.py，在模块中简单定义了算术加减运算。

程序代码：

```
def menu():
    print("===简单加减运算===")
def add(x,y):
    return x+y
def sub(x,y):
    return x-y
if __name__=='__main__':   #如果独立运行时，则执行测试代码
    menu()
    print("25+46=",add(25,46))
print("25-46=",sub(25,46))
```

创建文件ex2.py，调用上述 ex1模块。

```
import ex1
ex1.menu()
print(ex1.add(156,70))
print(ex1.sub(156,70))
```

在解决比较复杂问题时，把复杂问题分解成单独模块进行开发设计是必不可少的，一般来说，模块化设计应该遵循以下几个主要原则：

① 模块之间的黏合性要小，与其他模块的联系尽可能简单，每个模块具有各自的相对独立性。

② 模块的规模要恰当，不能太大，也不能太小，既要兼顾可读性，也要注意控制编程的复杂度。

③ 在进行多层次任务分解时，需注意对问题进行抽象化。采用逐级递进、逐步细化的方式进行。

5.3.3　开源模块

Python的一大优势就是有丰富且方便使用的第三方库，即开源模块。例如，Pillow库（Python图形库）、numpy库（存储和处理大型矩阵）、BeautifulSoup库（xml和html的解析库）等。第三方库是由全球开发者开发和维护的，目前已超过12万个，应用领域覆盖信息技术的所有领域，使用之前需要先安装。在Python中，无论是Windows、Linux还是Mac，都可以通过pip包管理工具安装第三方库。

1. jieba库

jieba是一个用Python开发的分词库，对中文有着很强大的分词能力，在自然语言处理中表现得比较高效，同时，jieba还支持繁体分词和自定义分词。

可以通过pip安装jieba库，格式如下：

```
pip install jeba
```

（1）jieba的3种模式

jieba拥有3种分词模式，分别是精确模式、全模式和搜索引擎模式，能够满足很多中文自然语言处理的分词需求。

① 精确模式：试图把句子最精确地切开，不存在冗余单词，适合文本分析。

② 全模式：把句子中所有可以成词的词语都扫描出来，速度非常快，但是有冗余，不能处理歧义。

③ 搜索引擎模式：在精确模式的基础上，对长词再次切分，提高召回率，适用于搜索引擎分词。

（2）jieba库常用函数

jieba库常用函数见表5-1。

表 5-1　jieba 库常用函数

函　　数	描　　述
jieba.cut(s)	精确模式，返回一个可迭代的数据类型
jieba.cut(s,cut_all = True)	全模式，输出文本 s 中所有可能单词
jieba.cut_for_search(s)	搜索引擎模式，适合搜索引擎建立索引的分词结果
jieba.lcut(s)	精确模式，返回一个列表类型
jieba.lcut(s,cut_all = True)	全模式，返回一个列表类型
jieba.lcut_for_search(s)	搜索引擎模式，返回一个列表类型
jieba.add_word(w)	向分词词典中增加新词 w

例如：

```
>>> import jieba
#精确模式
>>> jieba.lcut('机器学习是研究怎样使用计算机模拟或实现人类学习活动的科学')
#全模式
>>> jieba.lcut('机器学习是研究怎样使用计算机模拟或实现人类学习活动的科学',cut_all=True)
#搜索引擎模式
>>> jieba.lcut_for_search('机器学习是研究怎样使用计算机模拟或实现人类学习活动的科学')
```

运行结果见表5-2。

表 5-2 程序执行结果

精 确 模 式	全 模 式	搜索引擎模式
[' 机器', '学习', '是', '研究', '怎样', '使用', '计算机', '模拟', '或', '实现', '人类', '学习', '活动', '的', '科学']	[' 机器', '学习', '是', '研究', '怎样', '使用', '用计', '计算', '计算机', '算机', '模拟', '或', '实现', '人类', '人类学', '学习', '活动', '的', '科学']	[' 机器', '学习', '是', '研究', '怎样', '使用', '计算', '算机', '计算机', '模拟', '或', '实现', '人类', '学习', '活动', '的', '科学']

使用jieba库对中文文档进行分析统计的过程通常包含以下几个主要步骤：

① 加载要分析的文本，分析分本内容。

② 对数据进行筛选和处理。

③ 创建列表显示和排序，统计分析并输出结果。

【例5-27】编写程序，统计一个文件（假设文件名为1.txt）中出现次数最多的前5个词语。

程序代码：

```
import jieba
with open("1.txt",encoding='utf-8') as f:
    content=f.read()
words=jieba.lcut(content)          #使用精确模式对文本进行分词
counts={ }                         #存储词语及其出现的次数
for word in words:
    if len(word)==1:               #单个词语不计算在内
        continue
    else:
        counts[word]=counts.get(word,0)+1   #遍历所有词语，每出现一次其对应的值加1
items=list(counts.items())         #将键值对转换成列表
items.sort(key=lambda x:x[1],reverse=True) #根据词语出现的次数进行从大到小排序
for i in range(5):
    word,count=items[i]
    print("{0:<10}{1:>6}".format(word,count))
```

2. matplotlib库

在各个领域经常用各种数值类指标描述数据的整体状态，为了更形象地描述数据的意义，经常用绘图的方法对数据中的信息进行直观的呈现。matplotlib就是一个应用十分广泛的、高质量的Python 2D绘图库，它能让用户轻松地将数据图形化，并且提供多样化的输出格式。matplotlib使用前首先要安装，成功安装后用import导入即可使用。

如果想利用matplotlib绘制简单曲线图，需要导入matplotlib库中绘制曲线库的子库pyplot，一般起别名为plt，语法格式如下：

```
import matplotlib.pyplot as plt
```

绘制曲线的关键函数有两个：一个函数是plot(x,y)，作用是根据坐标x，y值绘图；另一个函数是show()，作用是将缓冲区的绘制结果在屏幕上显示出来。

例如，绘制通过点(1,1)、(2,2)、(3,3)的直线，程序代码如下：

```
import matplotlib.pyplot as plt     #调用绘图库matplotlib中的pyplot子库，并起别名为plt
x=[1,2,3]                                      #构建x坐标的列表
y=[1,2,3]                                      #构建y坐标的列表
#画直线，设置颜色，线条宽度，线条风格
plt.plot(x,y,color="red",linewidth=2.5,linestyle="--")
plt.title("绘制直线",fontproperties="SimHei")     #设置标题，设置中文字体
plt.xlabel(u'x 轴',fontproperties='SimHei')       #增加x轴标签
plt.ylabel(u'y 轴',fontproperties='SimHei')       #增加y轴标签
plt.show()                                        #显示创建的绘图对象
```

执行后结果如图5-4所示。

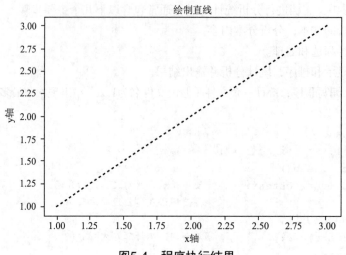

图5-4　程序执行结果

习　题

一、单选题

1. 以下关于 return 语句的描述正确的是（　　）。

    A. 函数中最多只有一个 return 语句　　　　B. return 只能返回一个值

    C. 函数必须有一个 return 语句　　　　D. 函数可以没有 return 语句

2. 下列说法中错误的是（　　）。

    A. 在一个函数中定义的变量就是局部变量

    B. 局部变量的作用域是从定义位置到函数结束位置

    C. 在所有函数外定义的变量就是全局变量

    D. 全局变量的作用域是从定义位置到程序结束位置

3. 以下选项不是函数作用的是（　　）。

    A. 复用代码　　　　B. 增强代码可读性

    C. 降低编程复杂度　　　　D. 提高代码执行速度

4. 下列说法中错误的是（　　）。

    A. 当调用函数时，如果没有为某些形参传递对应的实参，则这些形参会自动使用默认参数值

    B. 在使用关键字参数调用函数时，实参的传递顺序与形参列表中形参的顺序必须一致

    C. 当普通实参传递给形参后，如果在函数体中对形参值做修改，则该修改并不会影响实参，即实参值不会改变

    D. 如果实参是列表等对象时，可在函数体中通过形参修改实参列表中对应元素的值

5. 下面代码的执行结果是（　　）。

```
def area(r,pi=3.14159):
    return  pi*r*r
area(pi=3.14,r=4)
```

A. 出错   B. 50.24   C. 无输出   D. 39.4384

6. 阅读代码，以下说法中错误的是：（   ）。

```
def func(a,b):
    c = a**2 + b
    b = a
    return c
a = 11
b = 22
c = func(a,b) + a
print(c)
```

    A. 执行该函数后，变量 a 的值为 11   B. 执行该函数后，变量 b 的值为 22

    C. 执行该函数后，变量 c 的值为 44   D. 该函数名称为 func

7. 阅读程序，运行代码，输出结果是（   ）。

```
s=lambda   x,y:(x>y)*x+(x<y)*y
p=lambda   x,y:(x>y)*y+(x<y)*x
a=10
b=20
print(s(a,b),end=',')
print(p(a,b))
```

    A. 20,10   B. 10,10   C. 10,20   D. 20,20

8. 阅读程序，运行代码，输出结果是（   ）。

```
def test_param(num1,num2,*args):
    print(args)
test_param(100,200,300,400,500)
```

    A.（100,200,300）   B.（200,300,400）

    C.（300,400,500）   D.（100,200）

9. 阅读程序，运行代码，输出结果是（   ）。

```
num1=1
def sum(num2):
    global num1
    num1=90
    return num1+num2
print(sum(10))
```

    A. 102   B. 100   C. 22   D. 12

二、程序填空题

1. 函数 Sum 的功能是求多个数的和并返回，数据个数不限。请将程序填写完整。

【代码】

```
def Sum(*args):
    s=0
    for i in    (1)   :
        s+=i
```

```
        return ___(2)___
print(Sum(1,2,3,4,5))
```

2. 程序功能：判断输入的字符串中包含的数字、字母和其他类型字符的个数并输出。请将程序填写完整。

【代码】

```
def func(str):
    i=0                      #数字个数
    j=0                      #字母个数
    k=0                      #其他类型字符个数
    for x in ___(1)___:
        if ___(2)___:
            i+=1
        elif x<='z' and x>='a' ___(3)___ x<='Z' and x>='A':
            j+=1
        else:
            k+=1
    list1=[i,j ,k]
    return list1
str="gfvja56451238/;.12"
list=___(4)___
print("数字,字母,其他字符的个数分别为:")
for item in___(5)___:
    print(item)
```

3. 程序功能：判断输入的数据是否是完全数。完全数是指一个数恰好等于它的因子之和，如6=1+2+3，6就是完全数。请将程序填写完整。

【代码】

```
def judge(n):
    ___(1)___
    for i in range(1,n):
        if ___(2)___:
            sum+=i
    if sum==___(3)___:
        print(n,"是完数! ")
    else:
        print(n,"不是完数! ")
n=___(4)___(input("请输入一个数: "))
judge(n)
```

4. 程序功能：输入3个数，判断能否构成三角形，如果可以构成三角形，计算并输出三角形面积；不能构成，则输出相应提示（三角形面积采用海伦公式求解）。请将程序填写完整。

【代码】

```
a=float(input())
b=float(input())
c=float(input())
```

```
if ___(1)___ :
    p=(a+b+c)/2
    area =___(2)___
    print('{:.2f}'___(3)___)
___(4)___ :
    print('不能构成三角形')
```

5. 函数功能：查找序列元素的最大值和最小值。给定一个序列，返回一个元组，其中元组第一个元素为序列最大值，第二个元素为序列最小值。请将程序填写完整。

【代码】

```
def check(___(1)___):
    mmax=mmin =___(2)___
    for item in num[1:]:
        if item>mmax:
            mmax=item
        elif item < mmin:
            mmin=item
    return___(3)___
listA=[1,2,3,56,-1]
print(check(___(4)___))
```

三、编程题

1. 编程模拟微信发红包的过程，具体数值可利用随机函数 random() 产生。

2. 定义一个判断素数的函数，再定义一个判断回文数的函数，编写程序，调用函数，输出三位数中的所有回文素数。（注：回文素数是指一个数既是素数又是回文数。例如，131，既是素数又是回文数）。

3. 编写根据身份证号判断性别的函数。

注：中国公民身份证号码是特征组合码，由 17 位数字本体码和一位校验码组成。排列顺序从左至右依次为：六位数字地址码，八位数字出生日期码，三位数字顺序码和一位数字校验码。其中顺序码表示在同一地址码所标识的区域范围内，对同年、月、日出生的人员编定的顺序号。顺序码中第 17 位奇数分给男性，偶数分给女性。

4. 编程实现以下功能：输入 2 个字符串，判断一个字符串是否是另一个字符串的前缀，如果是，则输出是前缀的那个字符串，如果两个字符串互相都不为前缀，则输出 'no'。

要求判断一个字符串是否是另一个字符串前缀的功能用函数实现。

5. 编写程序实现以下功能：输入若干个整数（输入 0 结束），将不能被 3 整除的数相加，并将求和结果输出。要求判断一个整数 n 是否能被另一个整数 m 整除的功能用函数实现。

6. 编写函数，统计《Python 之禅》中每行的单词数。

在 Python 交互式解释器中输入 import this 就会显示 Tim Peters 的 *The Zen of Python*（《Python 之禅》），它描述了 Python 编程和设计的指导原则。要求：将 Python 之禅保存成文本文件；再编写函数，统计并输出文件中的单词数。

第6章

文件

本章概要

本章主要介绍Python中的文件操作，首先介绍了Python内置的打开文件的open()函数和关闭文件的close()函数，使用上下文管理器with-as如何进行文件操作，接着详细介绍了文本文件和二进制文件的不同操作方法，最后介绍了os模块的使用。

学习目标

◎ 了解文件对象。

◎ 掌握文件打开模式和关闭方法。

◎ 掌握文本文件和二进制文件的读写操作。

◎ 了解CSV文件和JSON文件。

◎ 了解文件目录。

程序运行时，所有处理结果都存放在内存中，程序执行结束或关闭后，内存中的这些数据也会随之消失，这些数据就无法再次访问了。I/O编程可以将内存中的数据以文件的形式保存到外存（如硬盘、U盘等）中，从而实现数据的长期保存和可重复利用。同时，也可以利用os模块方便地使用与操作系统相关的功能为文件读写操作提供辅助支持。

6.1 文件概述

文件是存储在外部介质上的数据集合。一个文件需要有唯一的文件标识，方便用户根据标识找到唯一确定的文件，以便用户对文件的识别和引用。操作系统以文件为单位，对数据进行管理，若想找到存放在外部介质上的数据，必须先按照文件名找到指定文件，再从文件中读取数据。文件标识由3部分内容组成：文件路径、主文件名和文件扩展名。例如C:\Python3.7\python.exe。

I/O在计算机中是指Input/Output，也就是相对于内存Stream（流）的输入和输出，Input Stream（输入流）是指数据从外（磁盘、网络）流进内存，Output Stream是数据从内存流出到外面（磁盘、网络）。程序运行时，数据都是在内存中驻留，由CPU来执行，涉及数据交换的地方（通常是磁盘、网络操作）就需要IO接口。

在变量、序列和对象中存储的数据是暂时的，程序结束后就会丢失，为了能够长时间保存程序中的数据，需要将程序中的数据保存到磁盘文件中。Python提供了内置的文件对象和对文件、目录进行操作的内置模块，通过这些技术可以很方便地将数据保存到文件中，以达到长时间保存数据的目的。

6.2 文件的打开和关闭

按照数据在磁盘上存储时的组织形式不同，文件可以分为文本文件和二进制文件两类。文本文件（又称ASCII文件），是基于字符编码的文件，该文件中一个字符占用一个字节，存储单元中存放单个字符对应的ASCII码，可以直接阅读和理解文件内容。文件扩展名是txt、docx、csv、ini等的文件都属于文本文件。由于文本文件中的每个字符都要占用一个字节的存储空间，并且在存储时需要进行二进制和ASCII码之间的转换，因此使用这种方式既消耗空间，也浪费时间。

数据如果在内存中是以二进制形式存储的，如果不加转换地输出到外存，则输出文件就是一个二进制文件。二进制文件实际上是存储在内存中数据的映像，又称映像文件。由于数据是以二进制形式存储，需要用特定的应用软件打开。如扩展名是jpeg、exe等的文件都是二进制文件。使用二进制文件存放数据时，需要的存储空间相对来说更少，并且不需要进行转换，既节省时间，又节省空间。但这种存放方法不够直观，需要经过转换后才能看到存放的信息。

不论是哪种类型的文件，文件的操作一般都包括以下3个基本步骤：

① 打开文件，获取文件对象。

② 通过操作文件对象对文件内容进行读或写等操作。

③ 关闭文件。

6.2.1 文件的打开

在Python中，想要操作文件需要先创建或者打开指定的文件并创建文件对象，这可以通过内置的open()函数实现。open()函数的基本语法如下：

```
File=open(file_name[,Mode][,Encoding][,Buffering])
```

各个参数的意义如下：

File：被创建的文件对象，如果不在当前路径，需指出具体路径。

file_name：file_name变量是一个包含要访问的文件名称的字符串值。

Mode：定义了打开文件的模式——只读、写入、追加等。可取值见表6-1。

表 6-1 mode 的参数值及说明

打开模式	说 明
'r'	只读模式（默认模式），如果文件不存在，则报错；如果文件存在，则正常读取
'w'	覆盖写模式，如果文件不存在，则新建文件，然后写入；如果文件存在，则先清空文件内容，再写入
'x'	创建写模式，如果文件存在，则报错；如果文件不存在，则新建文件，然后写入内容，比 w 模式更安全
'a'	追加写模式，如果文件不存在，则新建文件，然后写入；如果文件存在，则在文件的最后追加写入
'b'	二进制文件模式，如 rb、wb、ab，以 bytes 类型操作数据
't'	文本文件模式
'+'	与 r/w/x/a 一同使用，在原功能基础上增加同时读写功能

文件模式可以组合使用，如"r+"以读写方法打开文件，"rb"以只读方式打开二进制文件。文件默认以文本模式打开，mode参数是非强制的，如果省略，则默认文件访问模式为只读（r）。一旦创建了文件对象，就可以使用文件对象属性得到该文件的一些信息。

Buffering：可选参数，用于设置访问文件时采用的缓冲模式，值为0表示表达式不缓存；值为1表示表达式缓存，默认为缓存模式。

Encoding：可选参数，用于标明打开文本文件时，采用何种字符编码处理数据。缺省表示使用当前操作系统默认的编码类型（中文Windows10默认为GBK编码，Mac和Linux等一般默认编码为ASCII编码），当使用二进制模式打开文件时，encoding参数不可以使用。

UTF-8（8-bit Unicode Transformation Format）是一种针对Unicode的可变长度字符编码，又称万国码。UTF-8具有1~6个字节编码Unicode字符，包含全世界所有国家需要要用到的字符。Python 3.x推荐使用UTF-8编码，创建文本文件时，建议指定使用UTF-8编码，以方便其他程序访问该文件。

例如：

```
>>> f1=open("file1.txt","r")  #创建或打开文件file1.txt
>>> f2=open("file2.dat","xb") #创建文件file2.dat，若file2.dat已存在，则导致
FileExistsError
>>> f3=open("file1.dat","ab") #创建或打开file1.dat，附加模式
```

打开文件时，如果文件名错误或文件不存在，open()函数就会抛出一个IOError的错误，并且给出错误和详细的信息告诉文件不存在。例如：

```
>>> f=open("test1.txt","r")   #假设当前路径下没有test1.txt文件
```

执行后显示结果如图6-1所示。

```
>>> f = open("test1.txt","r")
Traceback (most recent call last):
  File "<pyshell#0>", line 1, in <module>
    f = open("test1.txt","r")
FileNotFoundError: [Errno 2] No such file or directory: 'test1.txt'
>>>
```

图6-1 程序执行结果

文件操作容易产生异常，而且最后需要关闭打开的文件，因此使用try-except-finally语句，在try语句块中执行文件相关操作，使用except捕获可能发生的异常，在finally语句块中确保关闭打开的文件。例如：

```
try:
    f=open(file,mode)            #打开文件
    #操作打开的文件
except:                          #捕获异常
    #发生异常时执行的操作
finally:
    f.close()                    #关闭打开的文件
```

在执行过程中，需要注意的是，假设文件在目录中已经存在，如果还以"w"模式打开，那么原来文件中的内容就会被清空。例如：

假设文件test11.txt的内容是：hello world，执行以下语句

```
>>> f=open("test11.txt","w")
```

再次打开文件test11.txt，发现原来内容已被清除。

6.2.2 文件的关闭

文件读写操作完成后，需要及时关闭。一方面，文件对象会占用操作系统的资源；另一方面，操作系统对同一时间能打开的文件对象的数量是有限制的，而且如果不及时关闭文件，还可能会造成文件中数据的丢失，因为将数据写入文件时，操作系统不会立刻把数据写入磁盘，而是先把数据放到内存缓冲区。当关闭文件时，操作系统会把没有写入磁盘的数据全部写到磁盘上。关闭文件可以使用文件对象的close()方法实现。

close()方法的语法格式如下：

```
file.close()
```

在文件关闭后便不能对其进行读写操作，但文件关闭后文件对象还是存在的，使用file.closed()可以查看文件对象是否是关闭状态，如果文件对象已关闭，file.closed()的值为True，否则为False。例如：

```
f1=open("file1.txt","w",encoding='utf-8')
print("文件名:",f1.name)
print("文件模式: ",f1.mode)
print("是否关闭: ",f1.closed)
f1.close()
```

执行后结果显示如下：

```
文件名: file1.txt
文件模式: w
是否关闭: False
```

6.2.3 with语句和上下文管理器

打开文件后，需要及时关闭，如果忘记关闭可能会带来意想不到的问题。而且，如果在打开文件时抛出了异常，那么将导致文件不能被及时关闭。为了简化操作，更好地避免此类问题发生，Python还提供了with语句，可以实现在处理文件时，无论是否抛出异常，都能保证with语句执行完毕后关闭已经打开的文件。

with语句是Python提供的一种简化语法，适用于对资源进行访问的场合。其基本语法格式如下：

```
with Expression as Target:
    with-body
```

参数说明：

Expression：用于指定一个表达式，这里可以是打开文件的open()函数。

Target：用于指定一个变量，并且将expression的结果保存到该变量中。

with-body：用于指定with语句体，其中可以是执行with语句后相关的一些操作语句。如果不想执行任何语句，可以直接使用pass语句代替。

例如：假设当前目录下有文件1.txt，打开并显示文件内容的方法如下：

```
with open('1.txt','r',encoding='utf-8') as f:
    for line in f:       #对文件进行逐行遍历
        print(line)
```

运行时首先执行with后面的open代码；执行完成后，将代码的结果通过as保存到f中；然后在下面实现真正要执行的操作；在操作完成后，文件就会在使用完后自动关闭。

使用with-as的上下文管理器方式，代码最后就不需要再用f.close()关闭文件，因为一旦代码离开隶属with-as的缩进代码范围，文件f的关闭操作会自动执行，即使上下文管理器范围内的代码因错误异常退出，文件f的关闭操作也会正常执行，可以避免因忘记f.close()语句而导致的异常发生。

6.2.4　文件缓冲

文件缓冲区是用以暂时存放读写期间的文件数据而在内存区预留的一定空间。通过磁盘缓存实现，磁盘缓存本身并不是一种实际存在的存储介质，它利用主存中的存储空间暂存从磁盘中读出（或写入）的信息。主存也可以看作辅存的高速缓存，因为辅存中的数据必须复制到主存方能使用；反之，数据也必须先存在主存中，才能输出到辅存，如图6-2所示。

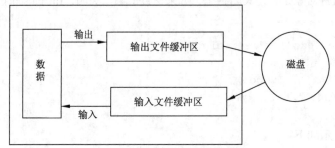

图6-2　缓冲文件系统读取过程

一个文件的数据可能出现在存储器层次的不同级别中，例如，一个文件数据通常被存储在辅存中（如硬盘），当其需要运行或被访问时，就必须调入主存，也可以暂时存放在主存的磁盘高速缓存中。大容量的辅存常常使用磁盘，磁盘数据经常备份到磁带或可移动磁盘组上，以防止硬盘故障时丢失数据。

根据应用程序对文件的访问方式，即是否存在缓冲区，对文件的访问可以分为带缓冲区的文件操作和非缓冲区的文件操作。

- 带缓冲区的文件操作：高级标准文件I/O操作，将会在用户空间中自动为正在使用的文件开辟内存缓冲区。
- 非缓冲区的文件操作：低级文件I/O操作，读写文件时，不会开辟对文件操作的缓冲区，直接通过系统调用对磁盘进行操作（如读、写等），如果需要，用户也可以在程序中为每个文件设定缓冲区。

6.3　文件的读写

读写文件就是请求操作系统打开一个文件对象（通常称为文件描述符），然后通过操作系统提供的接口从这个文件对象中读取数据（读文件），或者把数据写入该文件对象（写文件）。对文件的读取操作需要将文件中的数据加载到内存中。

6.3.1 文本文件的读取和写入

1. 读取文本文件

Python中读取文本文件的方法如表6-2所示。

表 6-2 文件读取方法

方　法	描　述
read()	一次读取文件所有内容，返回一个 str
read(size)	每次最多读取指定长度的内容，返回一个 str；在 Python 2 中 size 指定的是字节长度，在 Python 3 中 size 指定的是字符长度
readlines()	一次读取文件所有内容，按行返回一个列表
readline()	每次只读取一行内容，文件指针移动到下一行的开始

假设在D:\temp下有文件test1.txt，文件内容如图6-3所示。

图 6-3 文件test1.txt的内容

如果需要一次输出文件的全部内容：

```
f1=open(r"d:\temp\test1.txt","r")        #打开test1.txt文件
#若文件不存在，则导致FileNotFoundError
s=f1.read()                    #从f1中读取文件内容至文件结尾，返回一个字符串
print(s)
```

执行结果如下：

```
Life is
short
You
need
Python
```

 注意：

　　文件最后如果有回车符，也会一并输出。

如果只是想输出文件的部分内容，则可以改成：

```
f1=open(r"d:\temp\test1.txt","r")
s=f1.read(4)        #从f1文件的当前位置起读取4个字符
print(s)
s=f1.read(3)        #从f1文件的当前位置起读取3个字符
print(s)
```

执行后输出：

```
Life
 is
```

如果想按行输出文件内容，则可以修改成：

```
f1=open(r"d:\temp\test1.txt","r")
line=f1.readline()            #从f1中读取1行内容，返回一个字符串
print(line)
next_line=f1.readline()
print(next_line)
lines=f1.readlines()          #从f1中读取剩余内容，返回一个列表
print(lines)
```

执行后结果显示如下：

```
Life is

short

['You\n','need\n','Python']
```

2. 写入文本文件

Python中写入文本文件的方法见表6-3。

表6-3 文件写入方法

方　　法	描　　述
write(n)	把字符串写入到文件中
writelines(lines)	把列表 lines 中的各字符串写入到文件中

例如：如果想把字符串'hello'写入文件f1.txt中，则可以：

```
>>> f=open(r'd:\temp\f1.txt','w')
>>> f.write('hello')
5
>>> f.close()
```

执行后文件内容如图6-4所示。

如果想分行写入不同内容：

```
>>> f=open(r'd:\temp\f2.txt','w')
>>> f.writelines(['Hello\n','World\n'])
>>> f.close()
```

 注意：

　　write()、writelines()不会自动添加换行符，所以可以通过添加 \n 实现换行。

执行后文件内容如图6-5所示。

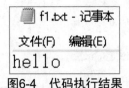

图6-4 代码执行结果 ‎ 图6-5 代码执行结果

3. 与文件指针位置相关的方法

此外，Python中还有两个与文件指针位置相关的方法，见表6-4。

表 6-4 文件指针的相关方法

方 法	描 述
seek(n)	将文件指针移动到指定字节的位置
tell()	获取当前文件指针所在字节位置

（1）seek( )方法

Python在文件读取过程中使用了指针，在文件刚打开时，指针指向文件内容的开端，随着读/写的进行，指针一步一步往后移动。下一次的读/写从指针当前位置向后进行，当指针移动到文件结尾后，其后已经没有数据了，再试图读取数据就没有返回值了。

操作指针的方法为：

```
seek(offset,whence)
```

offset：文件指针的偏移量，单位是字节，即读/写位置需要移动的字节数。

whence：指定文件的读/写位置，该参数的取值为0、1、2，代表的含义分别如下：

• 0：文件开始；

• 1：当前位置；

• 2：文件结尾。

seek( )函数调用成功会返回当前读写位置，如果操作失败，则函数返回−1。

假设有文件1.txt，文件内容如图6-6所示。

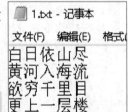

以操作文件1.txt为例，seek()的用法如下：

```
>>> f=open("1.txt")
>>> f.seek(5,0)              #相对文件开头进行偏移：5
```

图6-6 文件1.txt内容

（2）tell()方法

通过文件对象的tell()方法，可以获取当前文件指针的位置。

tell()和seek()方法通常结合在一起使用，可以更方便地操作文件。

例如：

```
>>> f=open("1.txt","r",encoding='utf-8')
>>> content=f.readline()     #读取文件第一行
>>> print(content)           #输出：白日依山尽
>>> print(f.tell())          #当前位置指针：20
>>> content=f.readline()     #读取当前指针位置的后一行内容
>>> print(contnt)            #输出：黄河入海流
>>> content=f.readlines()    #读取当前位置指针后的所有行
>>> print(content)           #输出：['欲穷千里目\n','更上一层楼']
```

```
>>> print(f.tell())            #当前指针位置处于文件结尾，后面无数据
>>> content=f.readlines()      #后面无数据，结果为空列表
>>> print(content)             #输出：[ ]
>>> f.seek(0)                  #把指针移动到文件开始位置
>>> content=f.readlines()      #可读取文件中的全部内容
>>> print(content)    #输出：['白日依山尽\n','黄河入海流\n','欲穷千里目\n','更上一
层楼']
```

需要注意的是：

① 不同编码格式在对中文等字符编码时，一个字符可能占用2个、3个、4个字节，因此使用offset值很难预估文件指向希望移动到的精确位置。如果移动到一个汉字的非起始字节位置，输出可能会产生乱码。

② whence=1或whence=2时，在二进制文件中可以设置任意偏移量，在文本文件中，只允许设置偏移量为0，不允许使用其他数值作为偏移量。

6.3.2 二进制文件的读取和写入

二进制文件就是把内存中的数据按其在内存中存储的形式原样输出到磁盘中存放，即存放的是数据的原形式，可以用于存储各种程序数据。在打开此类型文件时需指定打开模式"b"。

例如：

```
with open(r"d:\temp\data1.dat","wb") as f:
    #encode方法对字符串进行编码，写入二进制文件
    f.write("123\n".encode("utf-8"))
    f.write("456\n".encode("utf-8"))
with open(r"d:\temp\data1.dat","rb") as f:
    for line in f:
        print(line)
```

执行后结果显示如下：

```
b'123\n'
b'456\n'
```

如果想修改文件内容：

```
with open(r"d:\temp\data1.dat","rb+") as f:
    f.write("重写第一行\n".encode("utf-8"))
    line=f.readline()
    print(line.decode('utf-8'))
with open(r"d:\temp\data1.dat","rb") as f:
    for line in f:
        print(line)
```

执行后文件内容显示如图6-7所示。

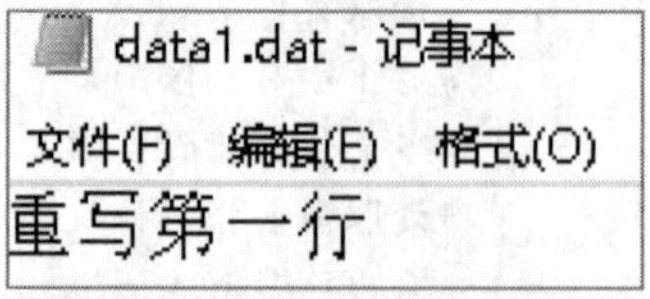

图 6-7　文件data1.dat内容

二进制文件可以更方便地使用文件指针读取文件的内容。

例如：假设有文件data.txt，内容如图6-8所示。

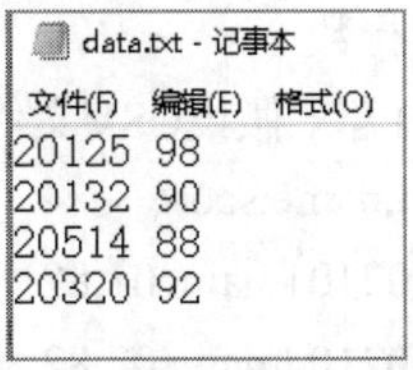

图 6-8　文件data.txt内容

```
>>> f=open("data.txt",'r')          #打开文件
>>> print(f.tell())                 #判断文件指针的位置：0
>>> print(f.read(5))                #读取5个字符
20125
>>> print(f.tell())                 #判断文件指针的位置：5
```

说明：

当使用 open() 函数打开文件时，文件指针的起始位置为 0，表示位于文件的开头处，当使用 read() 函数从文件中读取 5 个字符之后，文件指针同时向后移动了 5 个字符的位置。这就表明，当程序使用文件对象读写数据时，文件指针会自动向后移动：读写了多少个数据，文件指针就自动向后移动多少个位置。

```
>>> f=open("data.txt",'r')          #打开文件
>>> f.seek(5)                       #将文件指针从文件开头，向后移动到5个字符的位置
5
>>> print(f.read(3))                #从文件指针当前位置向后读取3个字符
 98
```

6.4　CSV 文 件

CSV（Comma-Separated Values）是一种通用的、相对简单的文件格式，在商业和科学上得到广泛应用，其文件以纯文本形式存储表格数据（数字和文本），数据之间的分隔符最常见的是用逗号分隔，以行为单位，一行数据不跨行，通常以.csv为文件扩展名；可以使用Excel打开CSV文件。CSV文件主要用于在程序之间转移表格数据。

csv模块是Python提供的一个专门处理CSV文件的模块，使用csv模块前必须先导入csv模块：

```
import csv
```

6.4.1　读取CSV文件

csv.reader对象用于从CSV文件读取数据，其格式一般如下：

```
csv.reader(csvfile,dialect='excel',**fmtparams)
```

其中，csvfile是文件对象或list对象；dialect用于指定CSV文件的格式；fmtparams用于指定特定格式，可以覆盖dialect中的格式。

csv.reader对象是可迭代对象。reader对象包含如下属性：

- csvreader.dialect：返回其dialect。
- csvreader.line_num：返回读入的行数。

例如：想要读取某个CSV文件的内容，假设CSV文件名为student.csv，内容如图6-9所示。

```
id,name,score
102101,name01,88
102102,name02,82
102103,name03,70
```

图 6-9　文件student.csv内容

```python
import csv
with open("student.csv") as f:              #打开文件
    reader=csv.reader(f)                     #创建csv.reader对象
    head_row=next(reader)                    #读取第一行数据
    print(head_row)                          #打印第一行
    print("==============================")
    for row in reader:                       #循环打印各行数据
        print(row)
```

执行后结果显示如下：

```
['id','name','score']
==============================
['21013','name01','88']
['21021','name03','82']
['21023','name08','70']
['21045','name14','91']
['21015','name25','65']
['21036','name26','80']
['21077','name17','77']
['21033','name28','54']
>>>
```

csv文件也可以按列读取数据：

```python
import csv
with open("student.csv") as f:              #打开文件
    reader=csv.reader(f)                     #创建csv.reader对象
    column=[row[2] for row in reader]        #读取score这一列数据
print(column)
```

执行后结果显示如下：

```
['score','88','82','70','91','65','80','77','54']
```

6.4.2　CSV文件的写入

csv.writer对象用于把列表对象数据写入到CSV文件，其一般格式如下：

```python
csv.writer(csvfile,dialect='excel',**fmtparams)
```

其中，csvfile是任何支持write()方法的对象，通常为文件对象；dialect和fmtparams与csv.reader对象构造函数中的参数意义相同。

- csv.writer对象支持下列方法和属性。
- csvwriter.writerow(row)：方法，写入一行数据。
- csvwriter.writerows(rows)：方法，写入多行数据。
- csvreader.dialect：只读属性，返回其dialect。

【例 6-1】将几个学生的信息（学号，姓名，2门课程的成绩）写入csv文件中。

程序代码：

```
import csv
header=['id','name','score1','score2']
rows=[['21091','name01',90,88],
      ['21092','name02',85,80],
      ['21093','name03',78,92]]
with open('student02.csv','w') as f:
    f_csv=csv.writer(f)          #创建csv.writer对象
    f_csv.writerow(header)       #写入第一行数据
    f_csv.writerows(rows)        #写入多行数据
```

执行后文件内容显示如图6-10所示。

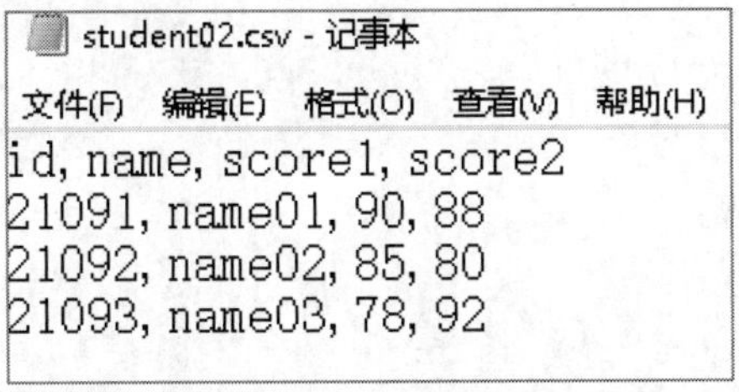
student02.csv - 记事本
文件(F) 编辑(E) 格式(O) 查看(V) 帮助(H)
id, name, score1, score2
21091, name01, 90, 88
21092, name02, 85, 80
21093, name03, 78, 92

图6-10　文件student02.csv内容

如果需要增加某个学生的信息，则需要以"a"模式打开文件，然后再写入信息。

```
import csv
stu1=['21094','name04',95,90]                 #增加的学生信息
with open('student02.csv','a') as f:          #以追加模式打开文件
    f_csv=csv.writer(f)
    f_csv.writerow(stu1)
```

执行后，可以看到，在student02.csv文件的最后增加了一行数据，如图6-11所示。

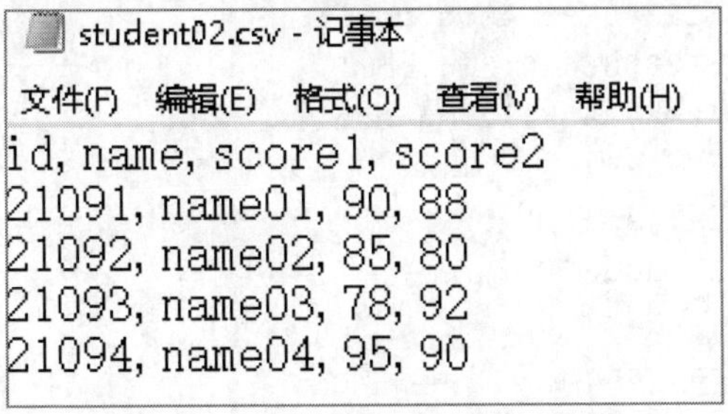
student02.csv - 记事本
文件(F) 编辑(E) 格式(O) 查看(V) 帮助(H)
id, name, score1, score2
21091, name01, 90, 88
21092, name02, 85, 80
21093, name03, 78, 92
21094, name04, 95, 90

图6-11　文件student02.csv内容

6.5 JSON 文 件

JSON（JavaScript Object Notation）是一种轻量级的数据交换格式，采用完全独立于语言的文本格式，易于人的阅读和编写，同时也易于机器解析和生成，可以有效地提升网络传输效率。

Python内置了json库，用于对JSON数据的解析和编码，json库中与读写相关的函数有以下几个：

- dumps()：将一个Python对象编码为json对象。
- loads()：将一个json对象解析为Python对象。
- dump()：将Python对象写入文件。
- load()：从文件中读取json数据。

例如，写入json文件：

```python
import json
score={
    'Ken':95,
    'Simon':83,
    'John Wilson':86
    }
with open('score.json','w') as f:
    json.dump(score,f)
```

如果要读取json文件内容：

```python
import json
with open('score.json','r') as f:
    a=json.load(f)
print(a)
```

【例 6-2】 编程实现以下功能：将 n 个姓名和对应的邮箱地址写入json文件中；从json文件中读出并显示文件内容；输入姓名并查找其邮箱地址，如果不存在，则给出相应的提示信息。

程序代码：

```python
import json
email_add ={'wang':'109384@qq.com',
            'zhao':'9980023@qq.com',
            'xu':'1234879064@qq.com',
            'xie':'239864301@qq.com',
            'tang':'678905432@qq.com'}
#JSON文件写入
with open(r'd:\data.json','w') as f:
    json.dump(email_add,f)
#读出JSON文件中的内容
with open(r'd:\data.json','r') as f:
    email_add=json.load(f)
    print(email_add)
#查找某人的邮件地址
```

```
    name=input("请输入联系人姓名：")
if(name not in email_add):
    print("不在地址列表中")
else:
    print("查找到：{}的邮件地址：{}".format(name,email_add[name]))
```

6.6　文件和文件夹操作

Python内置os库提供了许多目录和文件操作的相关方法，如创建目录、删除目录等。使用import os语句导入os库后，即可使用其相关方法。os库常用方法见表6-5。

表 6-5　os 库常用方法

方　　法	说　　明
os.mkdir(path)	创建子目录
os.makedirs	依次创建多级子目录
os.rmdir(path)	删除目录
os.chdir(path)	将当前工作路径修改为 path
os.rename()	重命名
os.remove(file)	删除文件，文件不存在则报错
os.getcwd()	获取当前工作路径
os.walk()	遍历目录
os.path.join()	连接目录与文件名
os.path.split()	分割文件名与目录
os.path.abspath()	获取绝对路径
os.path.dirname()	获取路径
os.path.basename()	获取文件名或文件夹名
os.path.splitext()	分离文件名与扩展名
os.path.isfile()	判断给出的路径是否是一个文件
os.path.isdir()	判断给出的路径是否是一个目录
os.path.getsize(file)	文件 file 存在，返回其大小（byte 为单位），不存在则报错
os.listdir(path)	以列表形式返回 path 路径下的所有文件名，不包括子路径中的文件名

例如：

```
>>> import os
>>> des=os.getcwd()              #获取当前工作目录
>>> print(des)                   #当前工作目录默认都是当前文件所在的文件夹
>>> os.chdir('D:\\test\\path')   #修改当前工作目录
```

如果当前目录下无此文件夹，则提示出错，出错信息如图6-12所示。

```
>>> os.chdir('d:\\test\\path')
Traceback (most recent call last):
  File "<pyshell#3>", line 1, in <module>
    os.chdir('d:\\test\\path')
FileNotFoundError: [WinError 2] 系统找不到指定的文件。: 'd:\\test\\path'
>>>
```

图6-12　程序执行结果

在当前路径下重新建好文件夹后，再执行，就显示正确了。例如：

```
>>> import os
>>> os.getcwd()
'D:\\Python36'
>>> os.listdir(r"d:\Python36")              #显示当前目录内容
['DLLs','Doc','file1.dat','file1.data','file1.txt','file2.dat','include','
Lib','libs','LICENSE.txt','NEWS.txt','python.exe','python3.dll','python36.
dll','pythonw.exe','Scripts','tcl','test.txt','Tools','tt.py','tt12.
txt','vcruntime140.dll']
>>> os.mkdir(r"d:\test")                     #在D盘新建test目录
>>> os.chdir(r"d:\test")                     #修改当前工作目录
>>> os.getcwd()                              #显示当前工作目录
'd:\\test'
>>>
>>> os.makedirs(r"d:\Python36\temp01\temp02")        #创建多级子目录
>>> os.remove(r"d:\Python36\temp\a.txt")             #删除a.txt文件
#修改文件名a1.txt 为a2.txt
>>> os.rename(r"d:\Python36\temp\a1.txt",r"d:\Python36\temp\a2.txt")
#修改目录名temp为temp01
>>> os.rename(r"d:\Python36\temp",r"d:\Python36\temp01")
```

注意：

Python 中表示路径的方法有两种：绝对路径和相对路径。绝对路径有三种使用方法，反斜杠 '\'、双反斜杠 '\\' 和原始字符串 r。由于反斜杠 '\' 要用作转义符，所以如果要使用反斜杠表示路径，则必须使用双反斜杠，如 d:\\test。可以使用原始字符串 + 单反斜杠 '\' 的方式表示路径，如 r"c:\Program Files"。

【例 6-3】编写程序，统计一个文件中Python关键字的个数。

程序代码：

```
keywords={"and","as","assert","break","continue","def","elif","else",
"except","False","finally","for","from","global","if","import","in","is",
"lambda","None","not","or","pass","return","True","try","while","with",
"yield"}
python_name=input("文件名:")
infile=open(python_name,'r')
text=infile.read().split()
count=0
for word in text:
```

```
    if word in keywords:
        count+=1
print("关键字的个数:%d"%(count))
```

习　题

一、单选题

1. open() 函数的默认打开方式是（　　）。

　　A. w　　　　　　　B. w+　　　　　　　C. r　　　　　　　D. r+

2. 文件打开模式中，使用 a 模式，文件指针指向（　　）。

　　A. 文件头　　　　　B. 文件尾　　　　　C. 文件随机位置　　D. 空

3. 下面文件打开方式中，不能对打开的文件进行写操作的是（　　）。

　　A. w　　　　　　　B. wt　　　　　　　C. r　　　　　　　D. a

4. 要从文件中按行读取所有数据，则应使用（　　）方法。

　　A. read　　　　　　B. readall　　　　　C. readline　　　　D. readlines

5. 下面说法中，错误的是（　　）。

　　A. 如果要创建的目录已经存在，则 os.mkdir 函数会报错

　　B. 如果要创建的目录已经存在，则 os.makedirs 函数不会报错

　　C. 如果要删除的目录不存在，则 os.rmdir 函数会报错

　　D. 如果要删除的目录已存在但目录不为空，则 os.rmdir 函数会报错

6. 关于 CSV 文件的描述，以下选项中错误的是（　　）。

　　A. CSV 文件的每一行是一维数据，可以使用 Python 中的列表类型表示

　　B. CSV 文件通过多种编码表示字符

　　C. 整个 CSV 文件是一个二维数据

　　D. CSV 文件格式是一种通用的文件格式，应用于程序之间转移表格数据

7. 下列关于 Python 文件的 '+' 打开模式描述正确的是（　　）。

　　A. 追加写模式

　　B. 与 r/w/a/x 一同使用，在原功能基础上增加同时读写功能

　　C. 只读模式

　　D. 覆盖写模式

8. 以下选项不是 Python 文件读操作的是（　　）。

　　A. readline()　　　B. readtext()　　　C. read()　　　　D. readlines()

9. Python 对文件操作采用的统一步骤是（　　）。

　　A. 打开—读取—写入—关闭　　　　B. 打开—操作—关闭

　　C. 操作—读取—写入　　　　　　　D. 打开—读写—写入

10. 以下对文件描述错误的是（　　）。

　　A. 文件可以包含任何内容　　　　　B. 文件是存储在辅助存储器上的数据序列

　　C. 文件是数据的集合和抽象　　　　D. 文件是程序的集合和抽象

二、程序填空题

1. 在 D 盘的 study 目录下创建一个名字为 test.txt 的文件并向文件中写入字符串 " 计算机编程语言 "，请将程序填写完整。

【代码】

```
   (1)   open('D:\\study\\test.txt','w+') as f:
    (2)   ('计算机编程语言')
```

2. 程序功能：随机产生 10 个 1~100 的整数，存入文件中，文件中每个数据占一行，请将程序填写完整。

【代码】

```
import random
f=open('data.txt',   (1)   )
for i in range(10):
    f.write(str(random.randint(   (2)   ))+   (3)   )
f.seek(0)
print(   (4)   )
f.close()
```

3. 下面程序在 D 盘的 study 目录下创建一个名字为 score.csv 的文件，并将 2 名学生的 3 门课程成绩写入文件中，请将程序填写完整。

【代码】

```
import csv                          #导入csv模块
data=[[90,98,87],                   #第1名学生的3门课程成绩
[70,89,92]]                         #第2名学生的3门课程成绩
with open('D:\\study\\score.csv','w',newline='') as f:  #打开文件
    csvwriter=csv.   (1)   (f)
    csvwriter.   (2)   (['语文','数学','英语'])    #先将列标题写入CSV文件
    csvwriter.   (3)   (data)        #将二维列表中的数据写入CSV文件
```

4. 假设 D 盘有文件 hello.txt，程序功能：利用自定义函数，实现文件的复制功能，请将程序填写完整。

【代码】

```
def copy_file(oldfile,newfile):
    oldFile=open(oldfile,   (1)   )
    newFile=open(newfile,   (2)   )
    while True:
        fileContent=oldFile.read(50)
        if fileContent=="":
            (3)
        newFile.write(   (4)   )
    oldFile.close()
    newFile.close()
copy_file(r"d:\temp\hello.txt",r"d:\temp\hello2.txt")
```

三、编程题

1. 编写程序，读取 student.csv 中的数据，统计分析成绩的平均值，并打印出结果。假设 student.csv 的内容如下：

```
id,name,score
102101,name01,88
102102,name02,82
102103,name03,70
102104,name04,91
102105,name05,65
102106,name06,80
102107,name07,77
102108,name08,54
```

2. 编写程序，生成 50 个 100~999 的随机整数存入文件中，文件每行存放 5 个整数，每行之间用一个空格间隔。

3. 将当前目录所有扩展名为 doc 的文件修改为扩展名为 docx 的文件。

4. 编写程序实现功能：有两个文件 f1.txt 和 f2.txt，各存放一行字母，要求把这两个文件中的信息合并，并按字母顺序排列，输出到一个新文件 f3.txt 中。

5. 编写一个文件加密程序，从键盘输入一个字符串，保存到文件中，按照一定的方法（如字符串中每个字符加 8），对每个字符加密后存放到另一个文件中。

6. 模拟用户首次登录系统进行注册的过程。首先用户从键盘输入账户、密码、昵称等信息，将输入的信息以账户名作为文件名，保存在文本文件中，然后重新登录，验证是否已注册成功。

第 **7** 章

面向对象概述

本章概要

　　面向对象不仅仅是引入了一个编程的方式，更重要的是引入了一个编程的思想。"类"即一类事物，在面向对象编程中，一切事物都可以看作类，比如所有的车子可以组成车类。在Python中，类是对象，类的实例也是对象，模块是对象，函数也是对象……所有的一切都是对象。

学习目标

　　◎ 了解面向对象的概念。

　　◎ 了解面向对象三大基本特性。

　　◎ 了解类、模块和库的区别及应用。

　　Python 无处不对象，数据、函数、文件等都是对象，只有了解面向对象的基本思想，才能更好地了解Python，使用Python。

7.1　面向对象的概念

　　面向对象是最有效的软件编程方式之一。 Python从设计之初就已经是一门面向对象的语言，很多读者此前肯定听说过Python 无处不对象，然而他们并不知道对象到底是个什么东西。下面先介绍一下面向对象的基本概念。

1. 类和对象

　　"类"有属性和方法，属性即类的一些特点，比如车类中可以有颜色属性、质量属性等。类的方法即该类可以执行的功能，在编程中即类可以执行的代码，比如车类可以有启动、移动和停止等方法。类是对真实世界的一种抽象，把数据和代码都封装在了一起。

　　在其他编程语言中，类的实例即类的对象。实例是个体，而类是整体。实例是特定的一个，而类则是对所有实例的统称。

　　打个比方，小狗就是真实世界的一个对象， 那么通常应该如何来描述这个对象呢？是不是把它分为两部分来说？可以从静态的特征来描述，例如，棕色的、有四条腿，10千克重。还可以从动态的行为来描述，例如，它会跑，会犬吠，还会咬人。这些都是从行为方面进行描述

168

的。所以，对象=属性+行为。

Python 中的对象也是如此，一个对象的特征称为"属性"，一个对象的行为称为"方法"。

Python 一切都是对象，在前面几章的学习中，已经无形中使用对象很多次了，比如字符串。例如：

```
>>> 'hello world'.upper()
'HELLO WORLD'
```

字符串'hello world'就是一个对象，因此，可使用字符串对象的方法upper()实现字符串对象'hello world'的所有小写字母全部变为大写字母。

在面向对象编程中，'hello world'是一个内部 str 类的实例，而 upper 是 str 类中的一个方法。事实上，可以通过 __class__方法知道一个对象属于哪个类，如下所示：

```
>>> 'hello world'.__class__
<class 'str'>
>>> [1,2,3].__class__
<class 'list'>
```

2. 面向对象的基本概念

① 类（Class）：用来描述具有相同属性和方法的对象的集合。它定义了该集合中每个对象所共有的属性和方法。对象是类的实例。

② 类变量：类变量在整个实例化的对象中是公用的。类变量定义在类中且在函数体之外。类变量通常不作为实例变量使用。

③ 数据成员：类变量或者实例变量,用于处理类及其实例对象的相关数据。

④ 方法重写：如果从父类继承的方法不能满足子类的需求，可以对其进行改写，这个过程称为方法的覆盖（override），又称方法的重写。

⑤ 局部变量：定义在方法中的变量，只作用于当前实例的类。

⑥ 实例变量：在类的声明中，属性用变量来表示。这种变量称为实例变量，是在类声明的内部但是在类的其他成员方法之外声明的。

⑦ 继承：即一个派生类（derived class）继承基类（base class）的属性和方法。

7.2　类的定义

在面向对象编程中，编写一个抽象化事物的类，并基于类来创建对象，而每个对象都具有类的相同属性和方法。类的定义基本格式：

```
class 类名:
    属性定义
    方法定义
```

类使用class关键字创建，类的属性和方法被列在一个缩进块中。

【**例 7-1**】 创建一个能够通过缩放因子换算单位的类。

问题分析：设定类名为ScaleConverter。设定类的属性为两个换算单位和缩放因子。设定类的方法为一个是换算计算，另一个是类的信息描述。

程序代码：

```
class ScaleConverter:
'''单位转换基类'''                                          #类说明文档
    def __init__(self,units_from,units_to,factor):       #构造函数
        self.units_from=units_from
        self.units_to=units_to
        self.factor=factor
    def description(self):
        return "Convert "+ self.units_from+" to "+self.units_to

    def convert(self,value):
        return value*self.factor
if __name__=='__main__':
    c1=ScaleConverter("inches","mm",25)                   #创建实例对象
    print(c1.description())
    print('converting 2 inches')
    print(str(c1.convert(2))+c1.units_to)
```

1. 类定义

第一行class ScaleConverter:明确了类名，表示定义了一个名称为 ScaleConverter 的类。最后的冒号（：）表示后面缩进的部分都是类的定义部分，直到缩进再次回到最左边为止。

在 ScaleConverter 中，有 3 个函数定义。这些函数都属于这个类，除非通过类的实例化对象使用，否则这些函数是不能使用的。这种属于类的函数称为方法。

2. 创建实例对象

类的实例化，在其他编程语言中一般用关键字 new，但是在 Python 中并没有该关键字，类的实例化类似函数调用方式。当 Python 创建一个类的新实例化对象时，会自动执行__init__()方法。__init__()方法是一种特殊的方法，被称为类的构造函数或初始化方法，当创建了这个类的实例时就会调用该方法。__init__中参数的数量取决于这个类实例化时需要提供多少个参数。例如：

```
cl=ScaleConverter('inches', 'mm', 25)
```

这一行创建了一个 ScaleConverter 的实例化对象，指定了三个参数，表明要将什么单位转换成什么单位，以及转换的缩放因子。__init__()方法必须包含所有参数，而且必须把 self 作为第一个参数。参数 self 指的是对象本身。__init_() 方法实现了类属性的赋值，例如：

```
self.units_from=units_from
self.units_ to=units_to
self.factor=factor
```

其中每一句都会创建一个属于对象的变量，这些变量的初始值都是通过参数传递到init内部的。

总体来说，当创建一个 ScaleConverter 新对象时，Python会将 ScaleConverter 实例化，同时将'inches'、'mm' 和 25 赋值给 self.units_from、self.units_to 和 self.factor 这 3 个变量。

3. Python内置类属性和方法

（1）内置属性

在Python中，内置类属性是指只要新建了类，系统就会自动创建的属性。下面讲解一下这些自带的属性。例如：

```
>>> a=int(10)                    #创建了整型类实例对象a
>>> dir(a)                       #显示内置属性和方法
['__abs__','__add__','__and__','__bool__','__ceil__','__class__',
'__delattr__','__dir__','__divmod__','__doc__','__eq__','__float__',
'__floor__','__floordiv__','__format__','__ge__','__getattribute__',
'__getnewargs__','__gt__','__hash__','__index__','__init__','__init_
subclass__','__int__','__invert__','__le__','__lshift__','__lt__',
'__mod__','__mul__','__ne__','__neg__','__new__','__or__','__pos__',
'__pow__','__radd__','__rand__','__rdivmod__','__reduce__','__reduce_
ex__','__repr__','__rfloordiv__','__rlshift__','__rmod__','__rmul__',
'__ror__','__round__','__rpow__','__rrshift__','__rshift__','__rsub__',
'__rtruediv__','__rxor__','__setattr__','__sizeof__','__str__','__sub__',
'__subclasshook__','__truediv__','__trunc__','__xor__','bit_length','conjugate',
'denominator','from_bytes','imag','numerator','real','to_bytes']
>>> a.__doc__                    #实例对象a的解释文档
"int([x])->integer\nint(x,base=10)->integer\n\nConvert a number or string
to an integer,or return 0 if no arguments\nare given.If x is a number,return
x.__int__().For floating point\nnumbers,this truncates towards zero.\n\nIf
x is not a number or if base is given,then x must be a string,\nbytes,or
bytearray instance representing an integer literal in the\ngiven base.The
literal can be preceded by '+' or '-' and be surrounded\nby whitespace.The
base defaults to 10.Valid bases are 0 and 2-36.\nBase 0 means to interpret
the base from the string as an integer literal.\n>>> int('0b100',base=0)\n4"
>>> a.__str__                    #实例对象a的字符串化
<method-wrapper '__str__' of int object at 0x000007FBD6ACE470>
>>> a.__class__                  #显示实例对象a所在的类
<class 'int'>
__dict__:类的属性（包含一个字典，由类的数据属性组成）

>>> c1=ScaleConverter("inches","mm",25)    #自定义类的实例对象创建
>>> ScaleConverter.__name__
'ScaleConverter'
>>> c1.__doc__                    #对象文档属性
'单位转换基类'
```

下列代码中也体现了类内置属性的应用：

```
if __name__=='__main__':
    c1=ScaleConverter("inches","mm",25)    #创建实例对象
    print(c1.description())
    print('converting 2 inches')
print(str(c1.convert(2))+c1.units_to)
```

当直接执行当前程序时，__name__=='__main__'的值为True，而如果运行从另外一个.py文件中通过import导入当前文件中的函数时，__name__的值就是所导入的py文件的名字，而不是'__main__'。所以常以if __name__=='__main__':作为当前程序的入口，从而避免外部模块的干扰。

（2）内置方法

除了内置属性，还有内置方法（函数）实现对类不同的操作。前面创建类时，已经使用了

__init__ (self [,args...])方法（其他编程语言中为构造函数）实现对类的实例化，有时会调用该方法实现类的初始化工作。除此之外还有很多内置函数，实现了不同操作。例如：

①__str__(self)方法。用于将对象转为字符串，可以直接使用print语句输出对象，也可以通过函数str()触发__str__()的执行，简单的调用方法为：

```
str(obj)
```

例如：

```
>>> c1=ScaleConverter("inches","mm",25)
>>> print(c1)        #打印的是对象的来源以及对应的内存地址
<__main__.ScaleConverter object at 0x0000006C228EEBE0>
>>> str(c1)
'<__main__.ScaleConverter object at 0x0000006C228EEBE0>'
```

②__del__(self)方法。析构方法，删除一个对象，当对象在内存中被释放时，自动触发执行。简单的调用方法为：

```
del obj
```

7.3 面向对象的特征

7.3.1 封装

在程序设计中，封装（Encapsulation）是对具体对象的一种抽象，即将某些部分隐藏起来，在程序外部看不到，其含义是其他程序无法调用。要了解封装，离不开"私有化"，就是将类或者是函数中的某些属性限制在某个区域之内，外部无法调用。

类的属性和方法通过一定的方式赋予访问权限，这就是类的封装。Python中用成员变量的名字区分是公有成员变量还是私有成员变量，在Python中，以"__"开头的变量都是私有成员变量，而其余的变量都属于公有成员变量，其中，私有成员变量只能在类的内部访问，而公有成员变量可以在类的外部进行访问。

①单下划线（_）开头：只是表明是私有属性，外部依然可以访问更改。

②双下划线（__）开头：外部不可通过instancename.propertyname访问或者更改。

1. 数据封装

数据封装的主要原因是保护数据隐私，不直接被外部函数使用，但需要提供外部获取数据的接口。比如7.2中定义的类ScaleConverter就封装了存储数据（如3个变量）以及 description() 、convert() 等对数据的操作方法。

【例 7-2】定义一个类，理解数据封装的含义。

问题分析：定义一个员工类Employee，其中包含了empCount 类变量，其值将在该类的所有实例之间共享。可以在内部类或外部类使用 Employee.empCount 访问。还有两个内部数据变量name、salary，访问这些数据时，可通过对象直接调用，也可通过self间接调用。

程序代码：

```
+it__(self,name,salary):
    self.name=name
```

```
        self.salary=salary
        Employee.empCount+=1
def displayCount(self):
        print "Total Employee%d"%Employee.empCount
def displayEmployee(self):
        print "Name:",self.name, ",Salary:",self.salary
```

2. 方法封装

方法的封装主要原因是隔离复杂度。比如电视机，人们看见的就是一个匣子，其实里面有很多电器元件，对于用户来说，不需要清楚里面都有哪些元件，电视机把那些电器元件封装在匣子里，提供给用户的只是几个按钮接口，通过按钮就能实现对电视机的操作。

类的方法分实例方法、类方法和静态方法。

实例方法是对类行为的封装。实例方法也分为公有方法和私有方法。私有方法只能通过实例名在类的内部进行访问。而公有方法可以在类的外部通过实例名进行访问。一般实例方法的第一个参数必须是代指类实例对象（一般常用self，实际上可以是任何自定义的名字，只不过self是约定俗成的用法），这样实例方法就可以通过self访问实例的成员函数和数据。

同属性的封装一样，公有成员函数和私有成员函数也是通过名字来区分的，__开头的函数是私有成员函数。

类方法和静态方法通常使用装饰器@classmethod和@staticmethod来描述。

类方法能够直接通过类名进行调用，也能够被对象直接调用。类方法的第一个参数代表类本身，一般用cls，当然也可以用其他名字。

静态方法相当于类层面的全局函数，可以被类直接调用，可以被所有实例化对象共享，静态方法没有self参数和cls参数。

【例7-3】定义ATM机类，理解方法的封装。

问题分析：ATM取款是ATM机的一个功能，而这个功能由很多子功能组成：插卡、密码认证、输入金额、打印账单、取钱。对使用者来说，只需要知道取款这个功能即可，其余功能都可以隐藏起来，很明显这么做隔离了复杂度，同时也提升了安全性。程序中其他子功能函数都是私有函数定义方式，外部不可直接访问。只能通过使用withdraw(self)函数，实现取款的功能。

程序代码：

```
class ATM:
    def __card(self):#私有函数
        print('插卡')
    def __auth(self):
        print('用户认证')
    def __input(self):
        print('输入取款金额')
    def __print_bill(self):
        print('打印账单')
    def __take_money(self):
        print('取款')
    def withdraw(self):
        self.__card()
        self.__auth()
        self.__input()
```

```
            self.__print_bill()
            self.__take_money()
a=ATM()
a.withdraw()
```

【例 7-4】 类方法使用示例。

程序代码:

```
class Color(object):
    __count=0
    def __init__(self,r,g,b):
        self.__color=(r,g,b)
        Color.__count+=1
    def value(self):
        return self.__color
    @classmethod
    def Count(cls):
        return cls.__count
    @classmethod
    def Name(cls):
        return cls.__name__

class Red(Color):
    def __init__(self,r,g,b):
        Color.__init__(self,r,g,b)
class Green(Color):
    def __init__(self,r,g,b):
        Color.__init__(self,r,g,b)
class Blue(Color):
    def __init__(self,r,g,b):
        Color.__init__(self,r,g,b)

red=Red(255,0,0)
green=Green(0,255,0)
blue=Blue(0,0,255)

print('red=',red.value())
print('green=',green.value())
print('blue =',blue.value())
print('Color count =',Color.Count())
print('Color name =',Color.Name())
```

运行结果:

```
red=(255,0,0)
green=(0,255,0)
blue=(0,0,255)
Color count=3
Color name=Color
```

7.3.2 类的继承

继承描述的是一种类间关系，当定义一个类的时候，可以从某个现有的类继承，新的类称为子类或派生类，而被继承的类称为基类、父类或超类，如果在继承元组中列了一个以上的类，那么它就被称作"多重继承"。子类可以使用父类的成员（成员变量、成员方法）。就像真实世界中，人往往会从他的父辈或祖辈中继承一些特征一样，比如卷发、高个子等。面向对象编程带来的主要好处之一是代码重用，实现这种重用的方法之一是通过继承机制。

【例7-5】理解类的继承：定义一个游戏类，以及物品类。

问题分析：建一个类，命名为GameObject。GameObject类有name等属性（如钱币、帽子或苹果）和pick()等方法（实现把物品增加到玩家的物品集合中）。所有游戏对象都有这些共同的方法和属性。

游戏中玩家一路上可以捡起不同的东西，比如食物、钱或衣服，可以为食物建立一个子类。Food类从GameObject类派生。它要继承GameObject的属性和方法，所以Food类会自动有一个name属性和pick()方法。Food类还需要一个Carlo（食物的热量值）和Eat()方法（可以食用）。

程序代码：

```
class GameObject:                          #定义父类
    def __init__(self,name):
        self.name=name
    def pick(self,player):
        print(player,"pick it")
        pass

class Food(GameObject):                    #定义子类
    def __init__(self,name,carlo):
        GameObject.__init__(self,name)     #继承父类的初始化方法，并补充新内容
        self.carlo=carlo
    def Eat(self,player):      #增加新方法
        print(player,"eat it")
        pass

apple=Food('apple',20)
apple.Eat('wang')                          #使用子类的方法
apple.pick('wang')                         #使用父类的方法
```

如果父类方法的功能不能满足需求，可以在子类重写父类的方法，即在子类中如果有和父类同名的方法，则通过子类实例调用方法时会调用子类的方法而不是父类的方法，这个特点称为方法的重写。

【例7-6】利用方法重写，在游戏的食物类中重新定义pick()方法。

程序代码：

```
class GameObject:
    def __init__(self,name):
        self.name=name
    def pick(self,player):
        print(player,"pick it")
        pass
```

```
class Food(GameObject):
    def __init__(self,name,carlo):
        GameObject.__init__(self,name)
        self.carlo=carlo
    def pick(self,player):            #父类方法重写
        print(player,"eat it")
        pass

apple=Food('apple',20)
object1=GameObject('coin')
apple.pick('wang')                    #调用子类方法
object1.pick('zhang')                 #调用父类方法
```

【例 7-7】 多重继承示例。

程序代码：

```
class Animal(object):
    def run(self):
        print('动物在跑...')
class Bird(object):
    def run(self):
        print('鸟在飞...')
class Dog(Animal):
    def run(self):
        print('狗在跑...')
class Cat(Bird,Animal):
    pass
dog=Dog()
cat=Cat()
dog.run()
cat.run()
```

运行结果：

```
狗在跑...
鸟在飞...
```

从上面的运行结果可以看出，在多重继承中，调用父类继承的方法时，按继承顺序从左向右遍历查找函数。

7.3.3 多态性

一个对象具有多种形态，在不同的使用环境中以不同的形态展示其功能，称该对象具有多态特征。多态指对于不同的类，可以有同名的两个或多个方法。取决于这些方法分别应用到哪个类，它们可以有不同的行为。多态通常发生在继承关系的基础之上。

【例 7-8】 创建一个Person类，该类有一个实例属性name，Person类派生出学生类Student和教师类Teacher，学生类有实例属性成绩score，教师类有实例属性course，这三个类都写了ShowMe()方法。

程序代码：

```
class Person(object):
```

```
        def __init__(self,name):
            self.name=name
        def showme(self):
            return f'我是一个人，我的名字是{self.name}'

    class Student(Person):
        def __init__(self,name,score):
            super(Student,self).__init__(name)
            self.score=score
        def showme(self):
            return f'我是一个学生，我的名字是{self.name}'

    class Teacher(Person):
        def __init__(self,name,course):
            super(Teacher,self).__init__(name)
            self.course=course
        def showme(self):
            return f'我是一个老师，我的名字是{self.name}'

def showme(x):
    print(x.showme())
```

函数showme(x)，参数x是一个变量，该变量可能是Person、Student、Teacher的实例，也可能是其他类型，函数功能是调用变量x的showme()函数，并把结果打印出来。

```
p=Person('张三')
s=Student('李四',88)
t=Teacher('王五','python')

showme(p)
showme(s)
showme(t)
```

运行结果：

```
我是一个人，我的名字是张三
我是一个学生，我的名字是李四
我是一个老师，我的名字是王五
```

Student和Teacher继承了Person类，所以Student和Teacher都有两个showme()函数，在调用该函数时，当传入参数是Student类的实例时，则调用Student的showme()函数，这就是类的多态性，当派生类继承了父类函数，并且又定义了同名函数，那么，该函数会屏蔽掉父类的同名函数，这就是继承的覆盖（override）现象。

当传入的参数x是Student类实例时，它检查自己有没有定义showme()函数，如果定义了showme()函数，那么调用自己的showme()函数，如果没有定义，则顺着继承链向上查找，直到在某个父类中找到为止。

由于Python是动态语言，所以，传递给函数 showme(x)的参数 x 不一定是 Person 或 Person的子类型。任何数据类型的实例都可以，只要它有一个showme()的方法即可：

```
class Duck(object):
    def showme(self):
```

```
        return '我是一只鸭子'

d=Duck()
showme(d)
```

动态语言调用实例方法，不检查类型，只要方法存在，参数正确，就可以调用。

7.3.4　运算符重载

在Python语言中提供了类似于C++的运算符重载功能，以下为Python可用于运算符重载的方法如：__init__构造函数、__del__析构函数、__add__加、__or__或、__repr__打印转换、__str__打印转换、__call__调用函数、__getitem__索引、__len__长度、__cmp__比较、__lt__小于、__eq__等于、__iter__迭代等。

【例7-9】减法重载示例。

程序代码：

```
class Number:
    def __init__(self,start):
        self.data=start
    def __sub__(self,other):              #减法方法
        return Number(self.data-other)
number=Number(20)
y=number-10                               #invoke __sub__ method
print(y.data)
print(type(y))
```

运行结果：

```
10
<class '__main__.Number'>
```

【例7-10】索引重载示例。

程序代码：

```
class indexer:
    def __getitem__(self,index):          #索引重载
        return index**2
X=indexer()
for i in range(5):
    print(X[i],end=',')
```

运行结果：

```
0,1,4,9,16,
```

【例7-11】迭代重载示例。

程序代码：

```
class Squares:
    def __init__(self,start,stop):
        self.value=start-1
        self.stop=stop
    def __iter__(self):
        return self
```

```
    def __next__(self):
        if self.value==self.stop:
            raise StopIteration
        self.value +=1
        return self.value**2

square=Squares(1,5)
for i in square:
    print(i,end=' ')
print("")
```

运行结果：

```
1 4 9 16 25
```

7.4　类、模块和库包

Python库是指Python中完成一定功能的代码集合，供用户使用的代码组合类似于C语言中的函数库文件的概念。在Python中是包和模块的形式，是一个抽象的概念。

类可看成是一堆代码而已，对于一个小程序，可能会将多个类定义在一个py文件中，可以直接在文件末尾添加一些代码开始使用这些类 。

但随着项目的增大，为了修改一个类，而在众多已定义好的类中去寻找，就非常困难。这时模块的概念就出来了。模块就是简单的py文件，一个简单的文件在我们的程序中就是一个模块。两个py文件就可以当成两个模块。如果两个文件在同一个文件夹中，就可以从一个模块中装载类，在另一个模块中使用。例如Converters.py文件中定义了一个类，在另一个文件test.py文件中去使用这个模块，可采用import命令。import命令用来从某模块中导入模块或特殊类或函数。例如：

```
import Converters
C1=converters.ScaleConverter('inches','mm',25)
```

当模块有多个类时，如果只想导入其中一个类，或者导入其中某一个函数时，可采用另一个导入方式：

```
from Converters import ScaleConverter
```

【例7-12】建立两个计算几何图形面积的类，并进行类的测试，以及模块运用演示。

问题分析：这里创建两个类，一个Triangle类，代表三角形，一个Square类，代表正方形。其中都有一个名为getArea()的方法，实现面积计算。但这个方法对于不同的实例对象，所做的计算是不同的，Triangle实例完成的是底乘高除以2，Square实例完成的是边长乘边长。将计算几何图形面积的两个类放置在一个AREA.py文件（见图7-1）中，然后新建一个程序test.py（见图7-2），调用模块中的三角形类，对三角形求面积。

可通过import AREA命令导入模块，并采用AREA.Triangle(2,3)方法调用其中的类，也可以用from AREA import Triangle导入具体的某一个或多个类，在后面代码使用时，就不需要添加模块的名字，直接使用类。例如：

```
from AREA  import Triangle
a=Triangle(2,3)
```

```
print(a.getArea())
```

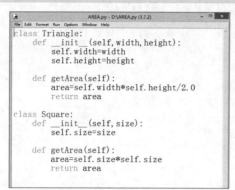

图7-1　AREA.py

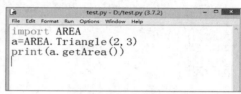

图7-2　test.py

当项目中模块越来越多时，则需要更高水平层次的抽象概念对其进行管理，这时就出现了"库包"，库包就是一个具有多个模块的文件夹的描述，即用文件夹名字作为一个库的名字。需要将这种文件夹和其他普通文件夹区分开来，则在文件夹中必须放置一个文件（甚至是空文件），名字为__init__.py。示意图如图7-3所示。

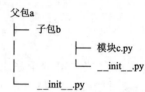

图7-3　库与模块的抽象逻辑关系

习　题

一、单选题

1. 在一个对象销毁时，可以通过（　　）函数释放资源。

   A. __del__　　　　B. __str__　　　　C. __init__　　　　D. __new__

2. 以下说法错误的是（　　）。

   A. 子类可以有多个父类　　　　　　B. 子类可以有多个派生类

   C. 子类可以访问父类的所有方法　　D. 父类的抽象性应该高于子类的抽象性

3. 以下（　　）不是 Python 面向对象的基本特性。

   A. 继承性　　　　B. 多态性　　　　C. 封装性　　　　D. 模块化

4. Python 中用来定义类的关键字为（　　）。

   A. def　　　　B. class　　　　C. for　　　　D. while

5. 有以下类的定义：

```
class Car(object):
    def __init__(self,w,d):
        self.wheels=w
        self.doors=d
        self.color=""
```

下列可以实现一个新的 Car 对象，具有 5 个轮子，3 个门的语句是（　　）。

   A. Car(mycar, 5, 3)　　　　　　B. mycar=Car(5, 3, "white")

   C. mycar=Car(5, 3)　　　　　　D. mycar=Car(3, 5)

二、程序填空题（请在空白处补充完整程序代码，使其实现功能）

1. 程序功能:定义一个 Person 类，使用 Person 类创建一个 may 对象后添加 company 属性，值是 " 阿里巴巴 "；创建一个 wj 对象，添加 company 属性，值是 " 万达集团 "。并输出两个对象的 company 属性。

【代码】

```
#Person类
class Person(object):
    pass
#may对象
may=Person()
may.company="阿里巴巴"

#wj对象
wj=Person()
____(1)____

#输出
print(may.company)
print(____(2)____)
```

2. 程序功能:创建一个学生类,属性有姓名、年龄、学号;方法为展示学生信息(自我介绍)。

【代码】

```
class student:
    name=''
    age=0
    stu_num=0
    def __init__(____(1)____,name,age,stu_num):
        self.name=name
        self.age=age
        self.stu_num=stu_num
    def introduce(self):
        print('大家好, 我叫%s, 今年%d岁, 我的学号是:%d'%(____(2)____))

stu01=student('张三',24,202006216)
stu01.____(3)____
```

三、编程题

1. 摄氏度到华氏度的转换公式如下:

$$华氏度 = 摄氏度 \times 1.8+32$$

转换中除缩放因子（1.8）之外，还需要一个偏移量（32）。请利用类的继承特性，创建一个温度转换的新类。

2. 创建一个模块，实现计算不同几何图形的面积和周长。

第 **8** 章

扩展综合应用

本章概要

　　本章是Python学习的扩展应用，主要包括数据处理、数据可视化和机器学习工具包的使用，介绍了第三方工具包numpy、pandas、matplotlib和sklearn的使用。通过学习本章内容，读者将学会数据处理的基本方法，如数据清洗、表格数据的统计分析、数据的图表显示等。另外，本章还介绍了机器学习的基本知识，包括监督学习和无监督学习的概念，样本集、测试集和验证集的概念，学习了分类或回归的实现流程，并给出了不同模型的评价指标。利用这些工具包，给解决实际问题中的数据分析、分类和回归问题提供了强有力的工具和手段。

学习目标

　　◎掌握numpy数组对象ndarray的创建、访问和基本操作。

　　◎掌握Series和DataFrame数据对象的使用和操作，掌握CSV、Excel等表格数据文件的读入。

　　◎学习数据清洗的方法，学习表格数据的统计分析方法。

　　◎掌握matplotlib绘图的流程，掌握matplotlib提供的常用图表的绘制方法。

　　◎了解机器学习的基础知识，包括样本、分类、回归、有监督和无监督学习等。

　　◎理解分类和线性回归的原理，学习并使用KNN模型和线性回归模型LinearRegression解决现实生活中的分类和回归问题。

　　◎了解模型的评价指标。

　　numpy、pandas和matplotlib是数据分析工具，号称数据分析三剑客，它们是由第三方提供的工具包，numpy支持矩阵与多维数组运算，并且针对数组运算提供大量的数学函数库。pandas是基于numpy的一种工具，pandas主要针对一维和二维表格数据提供的强大的数据分析工具包，pandas 可以从各种文件格式（如 CSV、JSON、SQL、Excel等）导入数据，对各种数据进行各种运算操作，包括数据合并、筛选、数据清洗和分组汇总等。pandas 广泛应用在学术、金融、统计学等数据分析领域。matplotlib提供了类MATLAB风格的可视化工具包，也提供了面向对象的绘图手段。scikit-learn是一个Python第三方提供的非常强力的机器学习库，它封装了大量的机器学习算法，包括数据预处理、分类、回归、聚类等模型，还包含了大量的优质数据集。本章作为Python学习的扩展应用，学习这四个工具包技术，通过案例分析，掌握数据分析和机器学习的基本技能。

在使用numpy、pandas、matplotlib和sklearn模块前，需要先下载安装，例如，安装numpy，最简单的方法是在命令窗口中通过如下pip命令完成。

```
pip install numpy
```

也可以通过镜像安装，速度更快。例如，通过清华大学提供的镜像安装，可以使用如下命令格式之一：

```
pip install -i https://pypi.tuna.tsinghua.edu.cn/simple <模块名>
pip install -i https://pypi.tuna.tsinghua.edu.cn/simple <模块名>=版本号
```

例如，安装numpy的命令如下：

```
pip install -i https://pypi.tuna.tsinghua.edu.cn/simple numpy
```

其他模块的安装类似numpy的安装，这里不再赘述。另外，Anaconda是一个Python开发环境的管理工具，它包含了超过180个科学工具包，安装了Anaconda后，numpy、pandas、scipy等工具包就自带安装了，可以直接使用。sklearn、keras等机器学习工具包还需要自己安装。使用conda安装sklearn的命令如下：

```
conda install sklearn
```

8.1　numpy

numpy是第三方提供的工具包，安装好numpy模块后，首先需要导入numpy模块，例如：

```
>>> import numpy as np
```

上面代码导入了numpy模块，为了使用方便，给numpy模块定义了一个别名np，这是一种习惯用法。

8.1.1　创建数组

numpy中的数组类型为ndarray，它是numpy的核心功能，其含义为n-dimensional-array，即多维数组。ndarray可以表示是1维、2维或3维以上数组。

1. 使用numpy模块的array()函数创建数组

array函数的原型如下：

```
np.array(object, dtype=None, copy=True, order='K', subok=False, ndmin=0)
```

参数说明：

Object：数组对象，如元组、列表、数组等对象。

dtype：数据类型，dtype可设置的数据类型见表8-1。

copy：如果值为True，则object对象被复制，否则，返回object的数组副本。

order：指定阵列的内存布局。如果 object 不是数组，则新创建的数组将按行排列（C），如果指定了（F），则按列排列。如果 object 是一个数组，则以下成立。C（按行）、F（按列）、A（原顺序）、K（元素在内存中的出现顺序）。

ndmin：返回数组的最小维数。

subok：默认值为False，返回ndarray数组；如果为True时，例如，当object是matrix矩阵类型时，则返回matrix矩阵对象。

表 8-1 numpy 的基本数据类型

类　　型	描　　述
np.bool	布尔类型（True, False）
np.int8	整数，范围为 –128~127
np.int16	整数，范围为 –32 768~32 767
np.int32	整数，范围为 $-2^{31}~2^{31}-1$
np.int64	整数，范围为 $-2^{63}~2^{63}-1$
np.uint8	无符号整数，范围为 0~255
np.uint16	无符号整数，范围为 0~65 535
np.uint32	无符号整数，范围为 0~$2^{32}-1$
np.uint64	无符号整数，范围为 0~$2^{64}-1$
np.float16	浮点数（16 位）
np.float32	浮点数（32 位）
np.float_ 或 np.float64	浮点数（64 位），相当于 Python 中的 float
np.complex64	复数，分别用两个 32 位浮点数表示实部和虚部
np.complex 或 np.complex128	复数，分别用两个 64 位浮点数表示实部和虚部

例如：

```
>>> arr=np.array([[1,2,3,4],[5,6,7,8],[9,10,11,12]])
>>> arr
array([[1, 2, 3, 4],
       [5, 6, 7, 8],
       [9,10,11,12]])
>>> type(b)
<class 'numpy.ndarray'>
>>> a=np.array([1,2,3,4],dtype=np.float)
>>> type(a[0])
<class 'numpy.float64'>
```

2. 使用numpy模块的arange、linspace和logspace 函数创建数组

① 通过arange创建一维数组，数组的元素符合等差数列，类似Python中的range()。arrange()函数的语法如下：

```
np.arange(start,end,step)
```

参数说明：

start：起始的值。

end：结束的值。

step：步长，与Python的range()函数相同，end不被包括。

例如：

```
>>> np.arange(1,100,2)
```

```
array([ 1, 3,  5,  7,  9,11,13,15,17,19,21,23,25,27,29,31,33,
       35,37,39,41,43,45,47,49,51,53,55,57,59,61,63,65,67,
       69,71,73,75,77,79,81,83,85,87,89,91,93,95,97,99])
```

② 通过linspace创建一个等差数列，linspace与arange有很大不同，该函数的原型为：

```
np.linspace(start,end,num,endpoint=True,retstep=False,dtype=None)
```

参数说明：

start：代表起始的值。

end：表示结束的值。

num：表示在这个区间里生成数字的个数，生成的数组是等间隔生成的。

start和end这两个数字可以是整数或者浮点数，endpoint =True时，stop是最后的值；否则，stop将不会被包含，默认值为true；retstep = True时，返回形如('samples', 'step')的元组，这里step是步长，否则只返回数组。

```
>>> arr=np.linspace(2.0,3.0,num=5,endpoint=True,retstep=True)
>>> arr
(array([2.,2.25,2.5 ,2.75,3.]),0.25)
>>> arr=np.linspace(2.0,3.0,num=5,endpoint=True,retstep=False)
>>> arr
array([2.,2.25,2.5 ,2.75,3.])
```

③ 通过logspace创建以指定base参数为底的等比数列。与等差数列比较类似，其原型如下：

```
np.logspace(start,stop,num=50,endpoint=True,base=10.0,dtype=None,axis=0)
```

参数的含义同linspace，base是等比数列的底，默认值为10。

```
>>> a=np.logspace(2,3,5)
>>> a
array([100., 177.827941 ,316.22776602,562.34132519,1000.])
```

3. 使用随机函数创建数组

numpy.random模块是随机模块，用来创建各种实验数据，常用的随机函数见表8-2。

表8-2 numpy.random 的常用随机函数

函　　数	描　　述
rand(size)	随机产生一组 [0,1) 之间的浮点值
randint(start,end,size)	随机产生一组 [start,end) 之间的整数值
uniform(start,end,size)	随机产生一组 [start,end) 服从均匀分布的浮点值
normal(loc,scale,size)	随机产生一组给定均值和方差的服从正态分布的浮点值

其中，size参数用来设置数组的形状。例如，当size是一个整数时，返回的是一维数组，且数组的长度为size；当size是一个元组时，该元组决定的数组维度和每维度上的数据个数。

```
>>> #创建一个2行、3列的[0,1)之间的随机数组
>>> np.random.rand(2,3)
array([[0.5470008,0.08856648,0.52028243],
       [0.59745046,0.51329932,0.67866533]])
```

```
>>> #创建一个2行、2列的[0,10)之间的随机整数数组
>>> np.random.randint(0,10,(2,2))
array([[6,9],
       [9,4]])

>>> #创建一个2行、3列的[1,2)之间的服从均匀分布的随机数组
>>> np.random.uniform(1,2,(2,3))
array([[1.82182807,1.27593032,1.40331818],
       [1.8361149,1.85643606,1.51189672]])
```

正态分布（Normal Distribution）又称高斯分布，是一种概率分布，以均值为中心，左右对称的图形，正态曲线呈钟形，两头低，中间高，左右对称，因其曲线呈钟形，因此又称钟形曲线。若一个随机变量服从均值为μ和方差为σ^2的正态分布，记为N(μ,σ^2)。当时，记N(0,1)是标准正态分布。使用np.random.normal函数可以创建服从正态分布的数据的数组。

```
>>> #创建一个2行、3列的服从标准正态分布的随机数组
>>> np.random.normal(0,1,(2,3))
array([[-1.41249748,0.38052218,-0.44279864],
       [0.6391838,-0.6452961,-0.38595432]])
```

4. 创建特殊数组

创建特殊数组常用的函数见表8-3。

表8-3　numpy 创建特殊数组常用函数

函　数	描　述
zeros	返回给定形状和类型的新数组，用0填充
ones	返回一个给定形状和类型的新数组，并全填充1
empty	返回给定形状和类型的新数组，内容随机
full	返回给定形状和类型的新数组，用指定的 fill_value 值填充
eye	返回一个二维数组，对角线上为1，其他位置为0
identity	返回标识数组
ones_like	返回一个与给定数组具有相同形状和类型的数组
zeros_like	返回与给定数组具有相同形状和类型的零数组
empty_like	返回与给定数组具有相同形状和类型的新数组
full_like	返回与给定数组具有相同形状和类型的完整数组

例如：

创建全为0的数组：

```
>>> np.zeros((2,5))
array([[0.,0.,0.,0.,0.],
       [0.,0.,0.,0.,0.]])
```

创建对角线为1的单位矩阵：

```
>>> np.eye(3)
array([ [1.,0.,0.],
```

```
      [0.,1.,0.],
      [0.,0.,1.]])
```

创建对角线指定值的单位矩阵：

```
>>> np.diag([10,20,30])
array([ [10, 0, 0],
        [ 0,20, 0],
        [ 0, 0,30]])
```

创建值为1的数组：

```
>>> np.ones((2,3))
array([ [1.,1.,1.],
        [1.,1.,1.]])
```

创建值为填充固定值的数组：

```
>>> arr=np.full((2,3),10)
>>> arr
array([[10,10,10],
       [10,10,10]])
```

创建空数组：

```
>>> arr=np.empty([2,2])
>>> arr
array([[5.e-324,5.e-324],
       [0.e+000,0.e+000]])
>>> import numpy as np
>>> a=np.arange(6).reshape((2,3))
>>> a
array([[0,1,2],
       [3,4,5]])
```

使用ones_like创建数组

```
>>> b=np.ones_like(a)
>>> b
array([[1,1,1],
       [1,1,1]])
```

8.1.2 ndarray对象

numpy的核心是ndarray对象。ndarray对象的主要属性见表8-4。

表 8-4 ndarray 对象的常用属性

属 性	说 明
ndim	表示多维数组的维数
shape	整数元组，表示多维数组的尺寸，例如 n 行 m 列的数组的形状为 (n,m)
size	表示多维数组总的元素个数
dtype	表示多维数组元素的数据类型

属　　性	说　　明
itemsize	表示数组中每个元素的字节大小
T	数组的转置

属性ndim是数组的维数，shape是数组的形状，例如

```
>>> arr=np.array([[1,2,3],[4,5,6]])
>>> arr
array([[1,2,3],
       [4,5,6]])
>>> arr.ndim
2
>>> arr.shape
(2,3)
```

ndarray的shape属性还可以修改数组的形状。

```
>>> arr=np.arange(10)
>>> arr
array([0,1,2,3,4,5,6,7,8,9])
>>> arr.shape=(2,5)
>>> arr
array([[0,1,2,3,4],
       [5,6,7,8,9]])
>>> arr.T
array([[0,1,2,3,4],
       [5,6,7,8,9]])
```

ndim决定了shape元组的元素个数，shape是数组的形状，有时又称维度，在numpy中，形状是由轴（axis）构成的。对于一维数组，数组有一个轴，即0轴；对于二维数组，它有两个轴，类似于平面坐标系中的x轴y轴，水平方向axis的值为0，垂直方向axis的值为1；同样，对于n维数组，对应shape元组中的元素个数，axis取值分别$0 \sim n-1$，shape元组的元素值是轴axis的维度大小。

ndarray中封装的函数见表8-5。

表 8-5　narray 封装的常用函数

函　　数	说　　明	函　　数	说　　明
astype	转换类型，若转换失败则会出现 TypeError	max	计算最大值
copy	复制一份 ndarray（新的内存空间）	min	计算最小值
reshape	改变数组形状，并返回新数组	argmax	最大值索引
resize	改变数组自身形状	argmin	最小值索引
transpose	数组转置	any	判断数组元素是否有 True
mean	计算平均值	all	判断数组元素是否都为 True
sum	计算和	dot	计算矩阵内积
cumsum	计算累加	sort	排序，返回数组的排序副本
cumprod	计算累乘	tofile	把数组存入文件

续表

函 数	说 明	函 数	说 明
std	计算方差	tolist	转换为列表
var	计算标准差	choose	对数组的元素进行选择

其中,astype函数用来改变数组的数据类型,reshape、resize函数用于改变数组形状,mean、sum、std等函数应用于数组的统计,sort函数用于对数组排序等。类ndarray内部还定义了其他函数,在后续内容中会分别对这些常用函数展开说明。

8.1.3 数组的基本运算

1. 算术运算

Python支持的常见算术运算(如"+""-""*""/""**"等)可以对numpy的ndarray对象进行运算。

(1)相同形状数组的算术运算

numpy支持相同形状数组的算术运算,是参加运算数组的相应位置的元素的运算,得到形状相同的结果数组对象。

```
>>> a1=np.array([12,65,78,23,45])
>>> a2=np.array([10,10,10,10,10])
>>> a3=a1+a2
>>> a3
array([22,75,88,33,55])
>>> a1+a2+a3
array([ 44,150,176, 66,110])
>>> b1=np.array([[1,2],[3,4],[5,6]])
>>> b2=np.ones((3,2))
>>> b3=b1+b2
>>> b3
array([[2.,3.],
       [4.,5.],
       [6.,7.]])
```

(2)不同形状数组之间的算术运算

当两个不同形状数组进行算术运算时,会遵循以下4个原则:

① 让所有参与运算的数组向其中shape最长的数组看齐,shape中不足的部分通过在前面加1补齐。

② 输出数组的shape是输入数组shape的各个轴上的最大值。

③ 如果输入数组某个轴和输出数组对应轴的长度相同或者其长度为1,则这个数组能够用来计算,否则出错。

④ 当输入数组某个轴的长度为1时,沿着此轴运算时使用此轴上的第一组值。

当一个数组与单个标量算术运算,会把标量扩展为与数组一样的形状,再逐个元素进行运算。

```
>>> a=np.ones((2,5))
>>> a
```

```
array([[1.,1.,1.,1.,1.],
       [1.,1.,1.,1.,1.]])
>>> a+1
array([[2.,2.,2.,2.,2.],
       [2.,2.,2.,2.,2.]])
>>> a/2
array([[0.5,0.5,0.5,0.5,0.5],
       [0.5,0.5,0.5,0.5,0.5]])
>>> arr1=np.arange(10)
>>> arr1.shape=(2,5)
>>> arr1
array([[0,1,2,3,4],
       [5,6,7,8,9]])
>>> arr2=np.arange(5)
>>> arr2
array([0,1,2,3,4])
>>> arr1+arr2
array([[ 0, 2, 4, 6, 8],
       [ 5, 7, 9,11,13]])
```

2. 数组的比较运算和逻辑运算

Python中有and、or和not三个逻辑运算符，这三个运算符不能直接用于数组的逻辑运算，相应地，numpy提供的逻辑运算有#logical_and、logical_or和logical_not等，对应逻辑运算符是&（与）、|（或）、~（非）。两个数组的比较运算的结果还是数组，是对应元素的比较结果组成的数组。

```
>>> import numpy as np
>>> a=np.array([2,5,8])
>>> b=np.array([3,4,9])
>>> r1=a < b
>>> r2=a>b
>>> r1
array([ True,False, True])
>>> r2
array([False,True,False])
>>> r1 or r2
Traceback(most recent call last):
    File "<stdin>",line 1,in <module>
        ValueError:The truth value of an array with more than one element
is ambiguous. Use a.any() or a.all()
>>> r1 & r2
array([False,False,False])
>>> r1 | r2
array([True,True,True])
>>> np.logical_and(r1,r2)
array([False,False,False])
>>> np.logical_or(r1,r2)
array([True, True,True])
```

由上面的代码可以看出，and和or 等不能对数组进行逻辑运算，数组进行逻辑运算要使用logical_and、logical_or和logical_not等逻辑运算函数。

如果比较两个数组是否相等可以使用numpy提供的array_equal()函数来操作。any函数用来判断数组是否有元素为True，all函数用来判断数组每个元素是否都为True。

numpy还定义了条件运算函数where，它有两种用法。

① np.where(condition, x, y)，满足条件输出x，不满足输出y。

```
>>> aa=np.arange(10)
>>> aa
array([0,1,2,3,4,5,6,7,8,9])        #0是False, 1是True
>>> np.where(aa>5,1,-1)
array([-1,-1,-1,-1,-1,-1,1,1,1,1])
```

② np.where(condition)，只有条件（condition），则输出满足条件（即非0）元素的坐标。这里的坐标以tuple的形式给出，通常原数组有多少维，输出的tuple中就包含几个数组，分别对应符合条件元素的各维坐标。

```
>>> a=np.arange(27)
>>> a.shape=(3,3,3)
>>> index=np.where(a>10)
>>> index
(array([1,1,1,1,1,1,1,2,2,2,2,2,2,2,2,2],dtype=int64),array([0,1,1,1,2,2,
2,0,0,0,1,1,1,2,2,2],dtype=int64),array([2,0,1,2,0,1,2,0,1,2,0,1,2,0,1,2],dt
ype=int64))
```

3. 应用数组的数学函数运算

numpy常用数学函数及其描述见表8-6。

表 8-6 numpy 常用数学函数及其描述

函　　数	描　　述
abs、fabs	计算各元素的绝对值
sqrt	计算各元素的平方根
square	计算各元素的平方
exp	计算各元素的指数
log	计算各元素的自然对数
log10	计算各元素以 10 为底的对数
sign	计算各元素的正负号
ceil	计算各元素的大于或等于该元素的最小整数
floor	计算各元素的小于或等于该元素的最大整数
cos、sin、tan	三角函数
mod	求模运算
equal	比较两个数组对应元素是否相等，返回布尔型数组
not_equal	比较两个数组对应元素是否不相等，返回布尔型数组

```
#求平方
>>> arr=np.arange(6)
>>> np.square(arr)
array([ 0, 1, 4, 9,16,25],dtype=int32)
```

8.1.4 数组元素访问

数组元素同Python的列表，可以对每个轴上的数据使用索引或切片技术。数组访问的基本语法：

```
数组[轴0,轴1,……]
```

这里轴0、轴1数据可以是单个整数、索引序列或切片（slice）。

1. 按索引访问

数组元素的索引值，也就是常说的下标。按索引访问数组元素，可以一次访问一个数组元素，也可以访问多个数组元素。

（1）一维数组访问

访问一个数组元素，直接写下标。例如：

```
>>> arr1=np.array([1,2,3,4])
>>> arr1[0]
1
```

访问几个数组元素，用列表列出多个数组元素的下标，返回数组的子集，仍然是一个ndarray对象。例如：

```
>>> arr1[[0,2]]
array([1,3])
```

（2）二维数组访问

访问指定行列的一个数组元素：

```
>>> arr2=np.array([[1,2,3],[4,5,6]])
>>> arr2[1,0]
4
```

使用切片指定多个数组元素。例如，访问第1行，第1、2列的元素

```
>>> arr2[1:,1:]
array([[5,6]])
```

混合访问：

```
>>> arr2[0:,[0,2]]
array([[1,3],
       [4,6]])
```

使用列表指定多个数组元素。例如，访问第0行，第0、2列的元素：

```
>>> arr2[[0],[0,2]]
array([1,3])
```

再例如，访问下标为[0,1]和[2,2]的两个元素：

```
>>> arr3=np.array([[1,2,3],[4,5,6],[7,8,9]])
```

```
>>> arr3[[0,2],[1,2]]
array([2,9])
```

本例中arr3[[0,2],[1,2]]表示方法会受切片的影响，误解为第0、2行，第1、2列的所有元素[2,3,8,9]，正确的工作方式是行下标列表和列下标列表中的对应元素值组成一个数组元素的下标：[0,1]和[2,2]。如果要获取第0、2行，第1、2列所有4个元素的值，正确的方法是：arr3[[0,0,2,2],[1,2,1,2]]。

2. 切片操作

（1）一维数组的切片操作

一维数组的切片规则与列表的切片是一致的。

```
>>> arr=np.arange(10)
>>> arr
array([0,1,2,3,4,5,6,7,8,9])
>>> arr[1:8:2]
array([1,3,5,7])
>>> arr[::-1]
array([9,8,7,6,5,4,3,2,1,0])
```

（2）二维数组切片操作

二维数组切片操作是在数组0轴和1轴上分别进行切片实现的。

```
>>> arr=np.arange(20).reshape(4,5)
>>> arr
array([[ 0, 1, 2, 3, 4],
       [ 5, 6, 7, 8, 9],
       [10,11,12,13,14],
       [15,16,17,18,19]])
>>> arr.shape
(4,5)
```

若访问数组中的某些行，即0轴方向上做切片，保留列。

若访问数组中的某些列，即1轴方向上做切片，保留行。

若访问数组中的某些行和某些列，那么要在0轴和1轴上做切片。

```
>>> arr[1:3,:]
array([[ 5, 6, 7, 8, 9],
       [10,11,12,13,14]])
>>> arr[:,1:5:2]
array([[ 1, 3],
       [ 6, 8],
       [11,13],
       [16,18]])
array([[ 6, 8],
       [11,13]])
```

（3）混合切片操作

例如，使用切片选取第0、1行，使用列表指定第0，2列。

```
>>> arr[1:3,[1,3,4]]
```

```
array([[ 6, 8, 9],
       [11,13,14]])
```

3. 条件筛选

（1）数组筛选

ndarray可以使用条件表达式选择所需要的数据元素，条件表达式可以有关系运算构造，多个条件使用&（与）、|（或）、~（非）连接。

设置显示精度为整数：

```
>>> np.set_printoptions(precision=0,suppress=True)
```

创建一个均分为85，标准差为10的服从正态分布的随机数组score表示成绩

```
>>> score=np.random.normal(80,10,(4,5))
>>> score
array([[ 66., 77., 74., 64., 77.],
       [ 76., 65., 70., 68., 66.],
       [ 70., 64., 83., 86.,102.],
       [ 81., 73., 89., 79., 76.]])
```

获得成绩在80~100的布尔数组：

```
>>> cond=(score>=80) &(score<=100)
>>> cond
array([[False,False,False,False,False],
       [False,False,False,False,False],
       [False,False, True, True,False],
       [ True,False, True,False,False]])
```

筛选成绩在80~100的数组元素：

```
>>> score[cond]
array([83.,86.,81.,89.])
```

筛选成绩在小于70的数组元素：

```
>>> score[score<70]
array([66.,64.,65.,70.,68.,66.,64.])
```

 说明：

set_printoptions 函数是设置显示格式，并不改变数据本身的值。

（2）利用where函数筛选

建立符合条件的下标数组：

```
>>> idx=np.where((score>=80) &(score <100))
>>> idx
(array([2,2,3,3],dtype=int64),array([2,3,0,2],dtype=int64))
```

筛选成绩在80~100的数组元素：

```
>>> score[idx]
array([83.,86.,81.,89.])
```

8.1.5 数组的操作

numpy 中包含了一些操作数组的函数，大致可分为以下几类：修改数组数据类型、修改数组形状、翻转数组、数组合并、分割数组、数组元素的添加与删除。

1. 修改数组数据类型

修改数组数据类型可以使用numpy的astype函数。

【例 8-1】 创建一个均分为85，标准差为10的服从正态分布的随机数组score表示成绩。程序代码：

```
>>> np.set_printoptions(precision=0,suppress=True)
>>> score=np.random.normal(80,10,(4,5))
>>> score
array([[ 66., 77., 74., 64., 77.],
       [ 76., 65., 70., 68., 66.],
       [ 70., 64., 83., 86.,102.],
       [ 81., 73., 89., 79., 76.]])
>>> score.dtype
dtype('float64')
>>> score.astype(np.int32)
array([[67,91,94,89,77],
       [75,73,63,92,56],
       [89,95,72,84,77],
       [75,70,72,74,85]])
>>> arr=score.astype(np.int32)
>>> arr
array([[67,91,94,89,77],
       [75,73,63,92,56],
       [89,95,72,84,77],
       [75,70,72,74,85]])
>>> arr.dtype
dtype('int32')
```

 注意：

astype 返回指定数据类型的新数组，原数组类型不变。

2. 修改数组的形状

8.1.2节介绍了利用shape属性可以修改数组自己的形状。除了shape属性，numpy还给出了一些函数来修改数组的形状，见表8-7。

表 8-7 narray 修改数组形状的函数

函 数	说 明
reshape()	根据指定形状返回新数组，原数组不变
resize()	改变数组自身形状，没有新数组返回
flat()	返回形状为一维的数组，原数组不变
flatten()	返回形状为一维的迭代器，原数组不变
ravel()	返回形状为一维的数组，但没有产生副本

reshape()函数可以在不改变原数组的条件下修改形状，格式如下：

```
np.reshape(arr,newshape,order='C')
```

或

```
arr.reshape(arr,newshape,order='C')
```

参数说明：

arr：要修改形状的数组。

newshape：整数或者整数数组，新的形状应当兼容原有形状。

order：'C'表示按行，'F'表示按列，'A'表示原顺序，'k'表示元素在内存中的出现顺序。

返回新形状的数组，例如：

```
>>> arr=np.arange(20)
>>> arr
array([0,1,2,3,4,5,6,7,8,9,10,11,12,13,14,15,16,17,18,19])
>>> b=arr.reshape((4,5))
>>> b
array([[ 0, 1, 2, 3, 4],
       [ 5, 6, 7, 8, 9],
       [10,11,12,13,14],
       [15,16,17,18,19]])
```

reshape和resize都可以改变数组的形状，它们的区别是，reshape返回一个新的数组对象本身并不改变；resize直接改变数组对象的形状，不返回新数组。

```
>>> c=arr.resize((4,5))
>>> c   #没有显示任何值
>>> arr
array([[ 0, 1, 2, 3, 4],
       [ 5, 6, 7, 8, 9],
       [10,11,12,13,14],
       [15,16,17,18,19]])
```

使用reshape改变数组的形状时，新数组元素数量与原数组元素数量要相等，当第一个参数为-1时，reshape函数会根据另外的参数维度计算出新数组的形状。当第一个参数为-1时，没有指定另外的参数，那么，返回的新数组是一维的。

```
>>> arr=np.arange(10)
>>> arr.reshape(-1,5)
array([[0,1,2,3,4],
       [5,6,7,8,9]])
>>> arr1=arr.reshape(-1)
>>> arr1
array([0,1,2,3,4,5,6,7,8,9])
```

flatten是把多维数组变形为一维数组的函数，有时又称为扁平化。

```
>>> c=b.flatten()
>>> c
array([0,1,2,3,4,5,6,7,8,9,10,11,12,13,14,15,16,17,18,19])
```

3. 翻转数组

数组ndarray的属性T可以获得数组的转置，另外，transpose函数用来翻转数组。例如：

```
>>> import numpy as np
>>> arr=np.arange(20).reshape(4,5)
>>> arr
array([[ 0, 1, 2, 3, 4],
       [ 5, 6, 7, 8, 9],
       [10,11,12,13,14],
       [15,16,17,18,19]])
>>> arr.T
array([[ 0, 5,10,15],
       [ 1, 6,11,16],
       [ 2, 7,12,17],
       [ 3, 8,13,18],
       [ 4, 9,14,19]])
>>> arr2=arr.transpose()
>>> arr2
array([[ 0, 5,10,15],
       [ 1, 6,11,16],
       [ 2, 7,12,17],
       [ 3, 8,13,18],
       [ 4, 9,14,19]])
```

4. 数组合并

numpy中提供数组合并的主要函数见表8-8。

表8-8　narray 合并数组的常用函数

属　性	说　明	属　性	说　明
concatenate	多个数组的拼接	hstack	水平方向拼接
vstack	垂直方向拼接		

（1）垂直组合函数vstack

用vstack方法可以实现垂直方向的数组的组合，要求组合数组的列数要一致。vstack的参数是组合数组的列表。例如：

```
>>> score1=np.array([0]*5)
>>> score1
array([0,0,0,0,0])
>>> np.vstack([score,score1])
array([[87,79,84,87,63],
       [69,71,49,63,56],
       [68,62,77,68,80],
       [75,59,87,68,69],
       [ 0, 0, 0, 0, 0]])
```

（2）水平组合函数hstack

用hstack方法可以实现水平方向的数组的组合，要求组合数组的行数要一致。hstack的参数是组合数组的列表。例如：

```
>>> score2=np.array([0]*4).reshape(4,1)
>>> score2
array([[0],
       [0],
       [0],
       [0]])
>>> np.hstack([score,score2])
array([[87,79,84,87,63, 0],
       [69,71,49,63,56, 0],
       [68,62,77,68,80, 0],
       [75,59,87,68,69, 0]])
```

（3）组合函数concatenate

np.concatenate((a1,a2,…), axis=0)函数，能够一次完成多个数组的拼接。其中a1,a2,…是数组类型的参数。例如：

```
>>> a=np.array([1,2,3])
>>> b=np.array([11,22,33])
>>> c=np.array([44,55,66])
>>> np.concatenate((a,b,c),axis=0)
array([1,2,3,11,22,33,44,55,66])
```

5. 数组分割

numpy中提供数组分割函数有hsplit、vsplit和dsplit。用vsplit和hsplit方法可以实现垂直方向的数组的分割和水平方向数组的分割。这两个函数返回了分割后的数组列表。例如：

```
>>> arr=np.arange(16).reshape(4,4)
>>> arr2=np.vsplit(arr,2)
>>> arr2
[array([[0,1,2,3],
        [4,5,6,7]]),array([[ 8, 9,10,11],
        [12,13,14,15]])]
>>> arr3=np.hsplit(arr,2)
>>> arr3
[array([[ 0, 1],
        [ 4, 5],
        [ 8, 9],
        [12,13]]),array([[ 2, 3],
        [ 6, 7],
        [10,11],
        [14,15]])]
>>> type(arr2)
<class 'list'>
```

函数dsplit用来沿着第3轴深度分割数组，即沿着axis=2的轴分割数组，当数组维数大于或等于3，则始终沿着第三个轴进行数组分割。

6. 数组元素的添加、删除

numpy定义的数组ndarray是不能添加和删除元素的，但numpy提供了添加、删除元素的函数append、insert和delete等操作，这些操作不改变原数组的值，会返回一个添加或删除了元素的新数组。例如：

```
>>> arr=np.arange(10).reshape(2,5)
>>> arr
array([[0,1,2,3,4],
       [5,6,7,8,9]])
>>> arr1=np.append(arr,100)
>>> arr1
array([0,1,2,3,4,5,6,7,8,9,100])
>>> arr
array([[0,1,2,3,4],
       [5,6,7,8,9]])
>>> arr2=np.delete(arr,9)
>>> arr2
array([0,1,2,3,4,5,6,7,8])
>>> arr
array([[0,1,2,3,4],
       [5,6,7,8,9]])
>>> arr3=np.insert(arr,1,100)
>>> arr3
array([0,100,1,2,3,4,5,6,7,8,9])
>>> arr
array([[0,1,2,3,4],
       [5,6,7,8,9]])
>>> arr4=np.delete(arr,8)
>>> arr4
array([0,1,2,3,4,5,6,7,9])
```

append函数插入元素到数组最后，insert的第二个参数是位置，这三个函数都是对一维数组操作的，即先对arr进行扁平化，然后再对元素操作，返回一个一维数组。

这三个函数添加的元素除了上面给出单个元素外，也可以是数组对象。例如：

```
>>> arr=np.arange(10)
>>> np.append(arr,[88,99])
array([ 0, 1, 2, 3, 4, 5, 6, 7, 8, 9,88,99])
>>> np.delete(arr,[88,99])
array([0,1,2,3,4,5,6,7,8,9])
```

8.1.6 数组的统计函数

numpy常用的统计函数见表8-9。

表 8-9　numpy 常用的统计函数

函　　数	描　　述	函　　数	描　　述
sum(arr,axis)	求和	cumprod(arr,axis)	求累积乘积
mean(arr,axis)	求算术平均值	median(arr,axis)	求中位数
min(arr,axis)、max(arr,axis)	求最大值和最小值	var(arr,axis)	求方差
argmin(arr,axis)、argmax(arr,axis)	求最大值和最小值的索引	std(arr,axis)	求标准差
cumsum(arr,axis)	求累加和	cov(arr)	求协方差矩阵

以sum为例给出说明，其他函数使用方法雷同。函数sum的原型如下：

```
np.sum(axis=None,dtype=None,out=None,keepdims=False,initial=0, where=True)
```

参数说明：

axis：指定求和的轴，axis的值可以是None，整数或数组，默认值是None，按指定的axis轴求和，当axis=None时，整个数组求和；如果axis是负值，则轴方向为axis=axis+ndim。

where：筛选条件，即满足条件的元素求和。

keepdims：布尔类型，可选参数，keepdims是keep dimensions的缩写，默认值是False，当keepdims=False时，计算结果数组会被降维，当keepdims=True时，计算结果数组维度保持不变。

返回值为求和结果。

类ndarray也封装了与表8-9所示函数的同名函数，它们的功能和使用方法是一样的，不同的地方是表8-9中函数在numpy模块定义的，调用时要指定数组对象参数，ndarray封装的同名函数需要ndarray数组对象来调用。例如：

```
>>> arr=np.arange(20).reshape(4,5)
>>> np.sum(arr,axis=0)
array([30,34,38,42,46])
>>> arr.sum(axis=0)
array([30,34,38,42,46])
```

取每行的最大值的序号：

```
>>> np.argmax(arr,axis=1)
array([4,4,4,4],dtype=int64)
>>> arr.argmax(axis=1)
array([4,4,4,4],dtype=int64)
>>> arr=np.arange(10).reshape(2,5)
>>> arr
array([[0,1,2,3,4],
       [5,6,7,8,9]])
>>> arr.sum(where=arr<5)
10
>>> arr.sum(axis=1,keepdims=True)
array([[10],
       [35]])
>>> arr.sum(axis=1,keepdims=False)
array([10,35])
```

```
>>> arr.sum(axis=1,keepdims=True)
array([[10],
       [35]])
```

8.2 pandas

pandas是在numpy基础上，优化了数据结构，在数据的存储、读取、分割等方面进行了优化，使得操作更方便，所以pandas是数据分析处理一大利器。pandas主要用于处理一维或二维数组，其提供的数据对象有Series、DataFrame和Panel，Panel较少用到，下面重点介绍Series和DataFrame。

同numpy，首先导入pandas模块：

```
>>> import pandas as pd
```

8.2.1 Series对象

1. 创建Series对象

上面学习了如何创建一维数组，且一维数组的每一个元素对应着从0开始编号的索引，例如，创建一个保存了学生语文、数学、英语、物理和化学成绩的数组：

```
>>> import numpy as np
>>> scores=np.array([90,95,98,88,76])
```

从scores中获取数学成绩和物理成绩：

```
>>> mat=scores[1]
>>> ph=scores[3]
```

显然，当数组元素个数多时，因为下标索引没有明确的意义，使得数组在使用上不是很方便。

类似字典，Series通过定义索引来解决下标意义不明确的问题，索引类似字典的键。

创建Series对象的函数语法如下：

```
pd.Series(data=None,index=None,dtype=None,name=None,……)
```

参数说明：

data：可以是列表、字典或者numpy的一维ndarray对象。

index：设置索引名，可以是以列表表示的索引名，也可以不设定。默认值为0~n-1的序号。

dtype：可以是numpy的dtype，默认状态为根据data的数据自动决定。

name：Series的名字。相当于DataFrame中的一列的列名（列索引名）或一行的行名（行索引名）。

例如：

```
>>> import pandas as pd
>>> scores=pd.Series([90,95,98,88,76],index=['语文','数学','英语','物理','化学'])
>>> scores
语文    90
数学    95
```

```
英语      98
物理      88
化学      76
dtype:int64
```

这时，从scores中去除数学成绩和物理成绩：

```
>>> mat=scores['数学']
>>> ph=scores['物理']
>>> mat
95
>>> ph
88
```

当index参数空缺时，自动设置为0开始的整数索引，索引可以直接用列表设置，也可以使用range()函数产生迭代序列。

2. Series对象的属性与方法

Series对象常用属性见表8-10。

表 8-10　Series 对象常用属性

属　　性	说　　明	属　　性	说　　明
values	数组元素	name	Series 的 values 的名称
index	索引对象	index.name	索引的名称
size	返回整数，表示多维数组总的元素个数		

values是Series的数据部分，它的类型是numpy.ndarray。index是Series的索引，对Series的每一个数据都定义了一个索引名，可以通过索引访问数据。另外，也可以通过index属性更改Series的索引。

利用Series 的index属性改变索引的示例如下：

```
>>> ts=pd.Series([80,78,95],index=['a','b','c'])
>>> ts
a     80
b     78
c     95
dtype:int64
```

Series标签索引可以在创建后再修改：

```
>>> ts.index=['张三','李四','王五']
>>> ts
张三    80
李四    78
王五    95
dtype:int64
```

name属性是Series对象的名称，可以对Series进行描述，而index.name是索引名称，是对索引的描述。例如：

```
>>> ts.name='学生成绩'
>>> ts.index.name='姓名'
>>> ts
姓名
张三    80
李四    78
王五    95
Name:学生成绩,dtype:int64
```

Series对象常用函数见表8-11。

表 8-11　Series 对象的常用函数

函　　数	说　　明	函　　数	说　　明
Series	构造函数，创建 Series	sort_index	根据索引排序
copy	复制一个 Series	sort_values	根据数据排序
drop	删除指定索引项		

Series.sort_index(ascending=True,inplace=False) 方法可以按 index 进行排序操作。

参数说明：

ascending：默认值为True，当ascending=True时升序排序；否则，降序排序。

inplace：默认值为False，当inplace=False，返回排好序的Series，原Series不变；当inplace为False，Series自身进行排序，没有返回值。

Series.sort_values(ascending=True,inplace=False) 方法可以按 values 进行排序操作。参数设置同sort_index。例如：

```
>>> ts.sort_index(ascending=False)
姓名
王五    95
李四    78
张三    80
Name:学生成绩,dtype:int64
>>> ts.sort_values(ascending=True,inplace=True)
>>> ts
姓名
李四    78
张三    80
王五    95
Name:学生成绩,dtype:int64
#删除张三数据
>>> ts.drop('张三')
李四    78
王五    95
dtype:int64
```

3. 访问Series对象

访问 Series 对象数据有位置访问、索引名访问、切片访问和条件表达式访问等几种方式。例如：

```
>>> lst=[90,92,88,85,75,96, 82,80,83,78,66,67,54]
>>> index=['李四','王五','刘六','孙孙','张1','张2','张3','张4','张5','张6','张
7','张8','张9']
>>> score=pd.Series(lst,index=index)
```

（1）按位置访问

```
>>> score[1]=99
>>> score[1]
99
```

（2）按索引名访问

```
>>> score['王五']
92
>>> score['王五']=100
>>> score['王五']
100
```

（3）切片访问

```
>>> score=pd.Series(lst,index=index)
```

对score排序：

```
>>> score.sort_values(ascending=False,inplace=True)
>>> score
张2      96
王五      92
李四      90
刘六      88
孙孙      85
张5      83
张3      82
张4      80
张6      78
张1      75
张8      67
张7      66
张9      54
dtype:int64
```

获取前三名：

```
>>> score[:3]
张2      96
王五      92
李四      90
dtype:int64
```

（4）按条件表达式访问

```
>>> score[score.values>90]
王五      99
张2      96
dtype:int64
```

```
>>> score[score.values<80]
张1      75
张6      78
张7      66
张8      67
张9      54
dtype:int64
```

8.2.2 DataFrame对象

DataFrame专门用来存储和处理二维数据的数组结构，如表格数据、关系数据库中的二维表数据。 二维数组可以看作是由行和列构成的表格型数据，对于DataFrame对象，每一行或每一列可以看作一个Series对象，DaTa Frame 给每行添加了行索引index，给每列添加了列索引columns，这样，DataFrame对象的行、列和单元格都可以通过行列索引和列索引操作获取。

1. 创建DataFrame对象

（1）利用类DataFrame直接创建DataFrame对象

DataFrame创建二维数据结构，创建方法如下：

```
pd.DataFrame(data,index,columns)
```

参数说明：

data：数据对象，通常有ndarray二维数组、字典、列表、DataFrame等数组对象。

index：设置行索引名，可以由ndarray的一维数组对象、列表等构成，其中每个元素可以是指定的字符串、整数等。

columns：设置列索引名，其余和 index 参数相同。

使用列表创建DataFrame对象：

```
>>> index=['语文','数学','英语']
>>> columns=['张三','李四','孙孙','王五','刘六','赵强']
>>> data=[[90,88,76,95,66,33],
          [70,85,88,93,68,55],
          [76,85,90,98,98,99]]
>>> stuscores=pd.DataFrame(data,index=index,columns=columns)
>>> stuscores
      张三   李四   孙孙   王五   刘六   赵强
语文   90    88    76    95    66    33
数学   70    85    88    93    68    55
英语   76    85    90    98    98    99
```

使用字典创建DataFrame对象，这时，字典的键为DataFrame的行标签或列标签，键对应的值就是DataFrame对象的所有数据。

```
>>> dic={'姓名':['张三','李四','孙孙','王五','刘六','赵强'],
         '语文成绩':[90,   88,    76,    95,    66,    33    ],
         '数学成绩':[70,   85,    88,    93,    68,    55    ],
         '英语成绩':[76,   85,    90,    98,    98,    99    ]
        }
>>> stuscores=pd.DataFrame(dic)
```

```
>>> stuscores
    姓名   语文成绩   数学成绩   英语成绩
0   张三     90        70        76
1   李四     88        85        85
2   孙孙     76        88        90
3   王五     95        93        98
4   刘六     66        68        98
5   赵强     33        55        99
```

（2）从文件读入数据创建DataFrame对象

pandas提供的从文件读入数据的常用函数见表8-12。

表 8-12　Series 对象的常用函数

函　　数	说　　明
read_csv	从 csv 文件读入数据，默认分隔符是逗号
read_table	用法基本同 read_csv，默认分隔符是 '\t'
read_excel	从 Excel 文件读入数据
read_json	读入 JSON 格式数据
read_html	从 HTML 格式读入数据

本节主要介绍read_csv和read_excel函数的使用。

csv文件是存储表格数据的一种常用的文本文件，常用逗号分隔，pandas提供了方便操作csv文件的系列函数，read_csv函数的作用是读取csv文件的数据，返回DataFrame对象，使用方法如下：

```
pd.read_csv(file,sep=',',header='infer',names=None,encoding=None,index_
col=None,usecols=None,nrows=None……)
```

返回DataFrame。

参数说明：

file：文件或文件句柄，甚至可以是URL。

sep：指定分隔符，默认值为“,”。

header：指定表头列名所在的行。默认值为 'infer'（推断）列名：如果 names 参数未设定列名，则从文件的首行推断出列名；如果 names 参数设定了列名，则使用该列名，且表示文件中无表头，只有纯数据。如果 header 和 names 都有设定，header 优先。

names：如果文件中没有列标题行，且设定header=None时，用来设置数据的列名列表。

encoding：文件编码格式，默认值为"utf-8"。中文系统中ANSI类型的编码应设置为"gbk"。

index_col：数据读入后，指定将作为行索引的列编号或列名，即用文件中某些整列的内容当作DataFrame中的行索引。默认值为None。

usecols：读入指定的列，默认值 None，表示全部列。值可以设置数字列表或列名列表。例如，[0,1,2]（第0、1、2列）或者 ['姓名','学号']（姓名列和学号列）

nrows：从文件头开始算起，需读入的行数。默认值为None，表示全部行。

【例 8-1】 student.csv文件是编码为UTF-8的文本文件，存放了某班学生的考试成绩，第一行为标题，读入文件，创建DataFrame对象。

程序代码：

```
>>> import pandas as pd
>>> filename="students.csv"
>>> df=pd.read_csv(filename)
>>> df.head()
```

运行结果：

```
      学号          语文  数学  英语
0  10132150101  82   78   78
1  10132150102  72   71   71
2  10132150103  82   32   32
3  10132150104  62   72   72
4  10132150105  62   70   70
```

这里DataFrame的head()函数不指定参数可以显示前5行。

读入数据时，忽略某些行设定skiprows参数，例如不读取第一行：

```
>>> df=pd.read_csv(filename,skiprows=[0])
>>> df.head()
```

运行结果：

```
   10132150101  82   78   78.1
0  10132150102  72   71   71
1  10132150103  82   32   32
2  10132150104  62   72   72
3  10132150105  62   70   70
4  10132150106  61   80   80
```

usecols参数可以指定读入的列，index_col可以指定某列作为行索引：

```
>>> df=pd.read_csv(filename,usecols=['学号','语文'],index_col='学号')
>>> df.head()
```

运行结果：

```
             语文
学号
10132150101  82
10132150102  72
10132150103  82
10132150104  62
10132150105  62
```

csv文件是一种以逗号间隔的文本文件，那么以txt为扩展名的文本文件可以有更为灵活的分隔符，如制表符"\t"、空格等空白符号"\s"、换行符"\n"等，在读取时设置分隔符参数sep即可。读取 Excel 文件函数的定义如下：

```
pd.read_excel(io,sheet_name=0,header=0,names=None,index_col=None,usecols
=None,nrows=None……)
```

参数说明：

read_excel与read_csv函数相同，关键字参数功能一样，这里不再重复介绍。

io：文件名或文件句柄，甚至可以是URL。

sheet_name：默认值为 0，获取首个工作表。可以指定单个或以列表方式指定多个工作表的表索引号或表索引名。当值为None时，代表获取所有工作表。

返回值：如果读取单张工作表，返回 DataFrame，如果是多张，则返回一个字典，键为工作表索引号或表索引名，值为 DataFrame。

【例 8-2】stock5.xlsx文件存放某股票某天的实时交易信息，从该文件读入股票数据，创建DataFrame对象的方法如下。

程序代码：

```
>>> import pandas as pd
>>> filename="stock5.xlsx"
>>> df=pd.read_excel(filename)
>>> data=df.head()
>>> data
```

运行结果：

```
   no     time    price  change  volume   amount   type
0   0  09:25:03  16.60   -0.10    1120  1859200   中性盘
1   1  09:30:02  16.59   -0.01     379   628690   卖盘
2   2  09:30:05  16.58   -0.01     827  1370915   卖盘
3   3  09:30:08  16.57   -0.01     363   601531   卖盘
4   4  09:30:10  16.57    0.00     275   455924   卖盘
```

如果将sheet_name设置为None，则选取所有工作表，返回字典，工作表名是字典的键值，工作表数据作为DataFrame是字典的值。

程序代码：

```
>>> dic=pd.read_excel(filename,sheet_name=None)
>>> sheet1=dic['sheet1']
>>> type(sheet1)
<class 'pandas.core.frame.DataFrame'>
>>> sheet1.tail()
```

运行结果：

```
       9      time    price  change  volume   amount   type
578  578  09:59:48  16.58    0.01     234   387922   买盘
579  579  09:59:51  16.60    0.02     481   797511   买盘
580  580  09:59:54  16.58   -0.02     134   222232   卖盘
581  581  09:59:56  16.63    0.05     542   900033   买盘
582  582  09:59:59  16.60   -0.03     242   402530   卖盘
```

这里DataFrame的tail()函数不指定参数时显示最后5行。

使用DataFrame类定义的to_csv和to_excel函数把DataFrame对象保存到文件中。

2. DataFrame对象的常用属性

DataFrame对象的常用属性见表8-13。

表8-13　DataFrame 对象的常用属性

属　　性	说　　明	属　　性	说　　明
values	数组元素	T	行列转置

续表

属　　性	说　　明	属　　性	说　　明
index	行索引	size	元素个数
index.name	行索引名称	shape	DataFrame 封装的数组大小
columns	列索引	dtypes	数据的类型
columns.name	列索引名称		

values、index和index.name与Series的同名属性意义相同，columns是列索引，columns.name是列索引名称，T返回DataFrame对象的装置，size是数据values元素的个数，shape是DataFrame封装的数组大小，也就是values的大小。

以上面的stuscores为例：

```
>>> stuscores.shape
(3,6)
>>> stuscores.values.shape
(3,6)
>>> stuscores.T
     语文   数学   英语
张三   90    70    76
李四   88    85    85
孙孙   76    88    90
王五   95    93    98
刘六   66    68    98
赵强   33    55    99
>>> stuscores.columns
Index(['张三','李四','孙孙','王五','刘六','赵强'],dtype='object')
>>> stuscores.index
Index(['语文','数学','英语'],dtype='object')
```

DataFrame类中定义了很多有用的函数，包括数据类型转换、索引与访问、运算、应用函数与分组、统计、数据清洗、组合与排序、文件操作等。

3. 数据类型转换

pandas支持的数据类型有float、int、bool、datetime64、object等。object是一种通用的数据类型。在没有明确指定类型的情况下，所有数据都可认为是object类型。DataFrame对象的dtypes方法可以查看pandas每一列的数据类型。

```
>>> index=['语文','数学','英语']
>>> columns=['张三','李四','孙孙','王五','刘六','赵强']
>>> data=[[90,88,76,95,66,33],[70,85,88,93,68,55],[76,85,90,98,98,99]]
>>> df=pd.DataFrame(data,index=index,columns=columns)
>>> df.dtypes
张三      int64
李四      int64
孙孙      int64
王五      int64
刘六      int64
赵强      int64
dtype:object
```

可以使用astype方法修改数据类型：

```
>>> df=df.astype(np.int8)
>>> df.dtypes
张三      int8
李四      int8
孙孙      int8
王五      int8
刘六      int8
赵强      int8
dtype:object
```

也可以使用astype方法修改某一列或某一行或某个元素的类型。

4. DataFrame访问

DataFrame的访问主要有显示、索引、切片等操作，用于DataFrame访问的常用函数见表8-14。

表8-14　DataFame 索引与访问

函　数	说　明	函　数	说　明
head(n)	显示前 n 行数据	isin	是否包含参数指定的元素
tail(n)	显示后 n 行数据	sample	随机抽样
where	条件筛选	loc	标签定位，使用标签进行切片
insert	插入数据	iloc	位置定位，使用位置进行切片
pop	删除并返回删除的元素		

（1）DataFrame对象的索引与切片

DataFrame对象处理的二维数组的表格型数据结构，具有行索引和列索引，所以DataFrame除了利用位置索引和切片外，还可以利用行索引和列索引进行索引和切片。为了避免位置索引和标签索引的混淆，DataFrame提供了iloc[]和loc[]，分别用来位置索引和标签索引。

DataFrame使用[]和索引标签访问，返回结果是某列或某几列的数据；DataFrame使用[]和切片技术，返回结果是对行进行切片，得到相应的行数据。具体访问形式如下：

DataFrame [列索引名 或 列索引名列表]，访问单个列或者离散的多个列。

DataFrame [start : end : step]，切片访问，start和end可以是类似数组的行下标索引，也可以是行索引标签，step为整数步长。

当start、end为行下标索引号时，表示的范围为[start,end)（头闭尾开）。

当start、end为行索引标签时，表示的范围为 [start,end]（头尾全闭）。

当index与下标索引一致时，按下标索引处理。

```
>>> import pandas as pd
>>> filename="stock2.xlsx"
>>> df=pd.read_excel(filename)
```

获得文件中股票的收盘价数据：

```
>>> close=df['close'] #等价于df.close
>>> close
```

```
0    17.89
1    18.47
2    19.04
3    18.61
4    18.25
5    18.23
6    17.00
7    18.22
8    18.19
Name:close,dtype:float64
```

获得文件中股票的5日均价和10日均价：

```
>>> df2=df[['ma5','ma10']]
>>> df2
      ma5     ma10
0  18.452  18.223
1  18.520  18.276
2  18.226  18.287
3  18.062  18.229
4  17.978  18.127
5  17.994  18.062
6  18.032  18.014
7  18.348  18.012
8  18.396  17.857
```

获得读入数据的奇数行：

```
>>> df3=df[1::2]
>>> df3
          date    open   high  close    low     volume    ...   ma5    ma10
ma20      v_ma5       v_ma10       v_ma20
    1 2020-03-06  18.71  18.88  18.47  18.46  473633.12  ...18.520  18.276
17.847  681008.65  629781.56  533798.44
    3 2020-03-04  18.10  18.62  18.61  18.06  633687.19  ...18.062  18.229
17.644  646361.70  650804.31  508615.99
    5 2020-03-02  17.22  18.52  18.23  17.15  856789.50  ...17.994  18.062
17.423  616415.55  594693.75  510799.29
    7 2020-02-27  18.31  18.59  18.22  18.08  355866.38  ...18.348  18.012
17.331  567179.53  527989.76  480638.15

[4 rows x 14 columns]
```

（2）使用iloc访问数据

按位置访问对DataFrame进行切片iloc操作，类似二维数组，有行列两个参数，使用方法如下：

```
<DataFrame对象>.iloc [行,列]
```

这里行和列的设置可以是下标值、列表或切片。

```
>>> import pandas as pd
>>> filename="stock2.xlsx"
```

```
>>> df=pd.read_excel(filename)
>>> df.iloc[1:3,2:5]
    high   close    low
1  18.88   18.47   18.46
2  19.29   19.04   18.54
```

（3）使用loc访问数据

按索引名对DataFrame进行切片使用loc操作。loc的使用方法如下所示：

```
<DataFrame对象>.loc[行,列]
```

使用方式同iloc，不同的是这里行和列使用是行索引和列索引，另外，当对行或列使用切片技术时，这里切片是左闭右闭区间。

```
>>> import pandas as pd
>>> filename="stock2.xlsx"
>>> df=pd.read_excel(filename,index_col=0)
>>> df.loc['2020-03-06':'2020-02-28','high':'low']
            high    close    low
date
2020-03-06  18.88   18.47   18.46
2020-03-05  19.29   19.04   18.54
2020-03-04  18.62   18.61   18.06
2020-03-03  18.72   18.25   18.17
2020-03-02  18.52   18.23   17.15
2020-02-28  17.81   17.00   17.00
```

（4）条件筛选

除了上面的索引和切片技术，DataFrame也可以进行条件筛选，DataFrame的[]、iloc和loc操作，行和列的索引可以是逻辑值列表，达到筛选的效果，类似数组中的筛选方式。使用方式如下：

```
DataFrame[行逻辑表达式]
DataFrame.loc[行逻辑表达式,列逻辑表达式]
DataFrame.iloc[行逻辑值列表,列逻辑值列表]
```

当使用loc操作时，行逻辑表达式的结果是元素值为True或False的一维的列表、数组或Series，元素个数等于行数，列逻辑表达式的结果是元素值为True或False的一维列表、数组或Series，元素个数等于列数。当使用iloc操作时，只能使用行逻辑值列表。

另外，行或列的逻辑表达式，还可以与前面的切片混合使用，即一方是逻辑表达式，另一方是切片或索引。

```
>>> import pandas as pd
>>> filename="stock2.xlsx"
>>> df=pd.read_excel(filename)
>>> df.loc[df.open<18,df.index%2==0]
        date    high    low  price_change     ma5
5  2020-03-02  18.52  17.15          1.23  17.994
6  2020-02-28  17.81  17.00         -1.22  18.032
>>> df.loc[df.open<18,['open','close','low']]
    open   close    low
5  17.22   18.23   17.15
```

```
6  17.81  17.00  17.00
>>> df.iloc[list(df.close<18),2:4 ]
    high  close
0  18.16  17.89
6  17.81  17.00
```

5. 数据清洗

读入的数据有时存在数据类型不一致、有重复值、缺失值等问题，还有删除不需要的数据等，这就需要对数据进行检查和校验，这个检查和校验的过程称为数据清洗，目的在于删除重复信息、缺失值处理，纠正存在的错误，并提供数据一致性。数据清洗常用函数见表8-15。

表 8-15 处理缺失值

函　　　数	说　　　明	函　　　数	说　　　明
dropna	删除缺失值所在行或列	drop_duplicates	删除重复行
fillna	缺失值填充	duplicates	重复行
replace	替换		

（1）重复值处理

DataFrame类提供了duplicated()方法判断是否存在重复值。

```
DataFrame.duplicated(subset=None,keep='first')
```

返回值：布尔类型的Series对象，标记重复行。

参数说明：

subset：列标签或列标签序列指定需要判定的列，默认值为None，判定所有的列。

keep：可取的值有{'first', 'last', False}，默认值为'first'，决定标记方式。 当keep='first'时，将重复项标记为True，第一次出现的除外；当keep='last'时，将重复项标记为True，最后一次除外；当keep='False'，将所有重复项标记为True。

DataFrame类提供的drop_duplicates()方法用于删除重复值，删除方法如下：

```
DataFrame.drop_duplicates(subset=None,keep='first',inplace=False)
```

参数说明：与duplicated相同，当inplace=True时，删除DataFrame对象自身，没有返回值，当inplace=False时，返回删除重复行的新DataFrame对象。

（2）缺失值处理

通常由于不同的原因，通过网络、问卷等各种途径收集的数据会有缺失，在生成 DataFrame 对象时会有缺失数据产生，DataFrame对象的缺失数据通常表现为NaN、NaT、None三种形式，NaN表示数字类数据的缺失，NaT表示时间类数据的缺失，None简单地表示为没有数据。

在进行数据处理之前，需要对缺失数据进行删除或填充处理。删除缺失数据使用函数dropna()，dropna()函数可以按行、列删除缺失数据， dropna()函数的使用方法如下：

```
DataFrame.dropna(axis=0,how='any',thresh=None,subset=None,inplace=False)
```
该函数可以删除缺失数据所在的行或列。

参数说明：

axis：删除行或列。 当axis=0时，删除行；当axis=1时，删除列。

how：当how='any'时，表示删除存在NaN的行或列；当how='all'时，表示删除全部值都为

NaN的行或列。默认值为'any'.

thresh：保留有效数据大于或等于 thresh 值的行或列。

subset：index 或 column 列表，按行、列设置子集，在子集中查找缺失数据。

inplace：表示操作是否对原数据生效，默认值为 False。当inplace=True时，作用于原 DataFrame 对象本身，返回 None；当inplace=False时，原 DataFrame 对象不变，返回新对象。

填充缺失数据使用fillna()函数，fillna()函数可以实现缺失数据的批量填充，fillna()函数使用方法如下：

```
DataFrame.fillna(value=None,method=None,axis=None,inplace=False……)
```

该函数可以用某些特定的值填充缺失数据所在的元素。

参数说明：

value：填充值，可以是标量（简单数据类型的数据）、dict、Series 或 DataFrame。

method：填充的方法，默认值为None。当method="pad" 或 "ffill"时，使用同列（行）前一行（列）的值填充；当method="backfill" 或 "bfill"时，使用同列（行）后一行（列）的值填充；当method=None时，使用 value 参数的值。

axis：当axis=0时，沿着列填充；当axis=1时，沿着行填充。

inplace：表示操作是否对原数据生效，默认值为False。当inplace=True时，作用于原 DataFrame 对象本身，返回 None；当inplace=False时，原 DataFrame 对象不变，返回新对象。

（3）删除行或列

DataFrame的drop()函数可以按行或列删除数据，drop()函数使用方法如下：

```
DataFrame.drop(labels=None,axis=0,inplace=False……)
```

参数说明：

labels：索引名或多个索引名组成的列表，如无索引名，可提供索引号。

axis：当axis=0，表示删除行，参数labels为行索引值；当axis=1时，表示删除列，参数labels为列索引列表。

inpalce同前。

【例 8-3】 文件iris2.csv中收集的鸢尾花特征和品种，其中有重复数据，还有采集时由于某些原因造成数据的缺失，请读入该文件，删除重复数据，并把缺失值按上一行数据填充。

程序代码：

```
import numpy as np
import pandas as pd
filename="iris2.csv"
df=pd.read_csv(filename)
df2=df.fillna(method='ffill')
df2.drop_duplicates(inplace=True)
print(df2)
```

运行结果：

	Sepal_Length	Sepal_Width	Petal_Length	Petal_Width	Species
0	5.1	3.5	1.4	0.2	setosa
1	4.9	3.0	1.4	0.2	setosa
2	4.7	3.2	1.3	0.2	setosa

3	4.6	3.1	1.5	0.2	setosa
4	5.0	3.6	1.4	0.2	setosa
5	5.3	3.7	1.5	0.2	setosa
6	5.0	3.3	1.4	0.2	setosa
8	7.0	3.2	4.7	1.4	versicolor
9	6.4	3.2	4.5	1.5	versicolor
10	6.9	3.1	4.9	1.5	versicolor
11	5.5	2.3	4.0	1.3	versicolor
12	6.5	2.8	4.6	1.5	versicolor
14	5.7	2.8	4.5	1.3	versicolor
15	6.5	3.0	5.8	2.2	virginica
16	7.6	3.0	6.6	2.1	virginica
17	4.9	2.5	4.5	1.7	virginica
18	7.3	2.9	6.3	1.8	virginica
20	6.7	2.5	5.8	1.8	virginica
21	7.2	3.6	6.1	2.5	virginica

6. DataFrame的合并和排序

DataFrame常用的组合和排序函数见表8-16。

表 8-16　DataFrame 常用的合并和排序函数

函　　数	说　　明
sort_values	按值排序
sort_index	按索引排序
concat	DataFrame 合并，沿着轴多个表连接在一起
append	添加数据
merge	用一个或多个键将不同的 DatFrame 连接起来，对同一个主键存在两张不同字段的表，根据主键整合到一张表中
transpose	转置

（1）DataFrame的合并

使用concat方法合并表格：

```
pd.concat(objs,axis=0,ignore_index=False,……)
```

参数说明：

objs：各个参与合并的对象所组成的列表。

axis：合并方向，0为合并行（上下合并），1为合并列（左右合并）。

ignore_index：合并时忽略各数据对象的原始行索引号和行索引名，重新计算新的行索引。

返回值：合并后的新对象，不影响参加合并的各个原始对象。

该函数可以合并 Series 和 DataFrame 类型。

```
>>> df1=pd.DataFrame([[1,2,3],[4,5,6],[7,8,9]])
>>> df1
   0  1  2
0  1  2  3
1  4  5  6
2  7  8  9
```

```
>>> df2=pd.DataFrame([[10,20,30],[40,50,60],[70,80,90]])
>>> df2
    0   1   2
0  10  20  30
1  40  50  60
2  70  80  90
>>> df3=pd.concat([df1,df2])                #0轴方向拼接
>>> df3
    0   1   2
0   1   2   3
1   4   5   6
2   7   8   9
0  10  20  30
1  40  50  60
2  70  80  90
>>> df4=pd.concat([df1,df2],axis=1)         #1轴方向拼接
>>> df4
   0  1  2   0   1   2
0  1  2  3  10  20  30
1  4  5  6  40  50  60
2  7  8  9  70  80  90
```

除了concat函数，数据的整合还可用append、merge等函数，这里不再展开讲述。

（2）DataFrame的排序

表格数据有多个字段，最常见的排序方案是：按行方向排序（axis=0），可以设置按某个关键字（列名）或多个关键字升序或降序排序。DataFrame类提供了sort_values函数实现排序功能，函数使用方法如下：

```
DataFrame.sort_values(by,axis=0,ascending=True,inplace=False,kind='quick
sort',na_position='last')
```

参数说明：

by：将列名或列名组成的列表设为排序关键字，按指定的关键字排序。

axis：排序的轴方向。0决定行与行的上下顺序；1决定列与列的左右顺序。

ascending：True升序，False降序。

inplace：同前。

kind：排序算法"quicksort"、"mergesort"、"heapsort"。

na_position：缺失值参加排序时的固定位置"first"（置顶）、"last"（沉底）。

ignore_index：结果中去除行或列的索引名。

使用sort_index函数按行标签或列标签排序，其函数原型如下：

```
DataFrame.sort_index(axis=0,level=None,ascending=True,inplace=False,kind
='quicksort',na_position='last',sort_remaining=True,by=None)
```

参数说明：

axis：0按照行名排序；1按照列名排序。

level：默认值为None，否则按照给定的level顺序排列。

ascending：默认值为True，升序排列；False降序排列。

inplace：默认值为False，否则排序之后的数据直接替换原来的数据框。

kind：排序方法，可以设置为'quicksort'、'mergesort'或'heapsort'，默认值为'quicksort'。

na_position：缺失值处理，可以设置为"first"或"last"，默认值为"last"，排在最后。

by：按照某一列或几列数据进行排序，但是by参数不建议使用。

【例 8-4】 文件students.csv记录了某班学生的语文、数学和英语成绩，读入数据创建DataFrame，且读入的学号作为DataFrame的行索引，然后分别根据学号和语文、数学、英语成绩从高到低的顺序排序，排好序的数据分别保存到students-no.csv和students-chi.csv文件中。

程序代码：

```
import numpy as np
import pandas as pd
filename="students.csv"
df=pd.read_csv(filename,index_col=0)
#按语文、数学、英语成绩从高到低排序
df3=df.sort_values(by=['语文','数学','英语'],ascending=False)
df3.to_csv("students-sort.csv")
```

7. DataFrame的运算与统计分析

（1）基本运算

DataFrame对象可以使用+、-、*、/运算符进行四则运算。

```
>>> import pandas as pd
>>> df1=pd.DataFrame([[1,2],[3,4]])
>>> df2=pd.DataFrame([[5,6],[7,8]])
>>> df3=df1+df2
>>> df3
    0   1
0   6   8
1  10  12
>>> df4=df1*df2
>>> df4
    0   1
0   5  12
1  21  32
```

（2）基本数学运算函数

除了四则运算符，DataFrame还定义了基本数学运算函数，见表8-17。

表 8-17　DataFame 运算函数

函　　数	说　　明	函　　数	说　　明
add	二元加法	pow	幂运算
sub	二元减法	mode	模运算
mul	二元乘法	abs	取绝对值
div	二元除法		

```
>>> df1.pow(2)
    0   1
```

```
0  1   4
1  9  16
>>> df1.div(df2)
          0         1
0  0.200000  0.333333
1  0.428571  0.500000
```

（3）关系运算与逻辑运算

```
DataFrame支持的关系运算符有：>、>=、<、<=、==、!=。
DataFrame支持的逻辑运算符有：&（与）、|（或）、~（非）。
>>> df3=df1<df2
>>> df3
       0     1
0  True  True
1  True  True
>>> ~df3
        0      1
0  False  False
1  False  False
```

上面列出的关系运算符可以用于DataFrame对象与标量的比较运算：

```
>>> df2>6
        0      1
0  False  False
1   True   True
```

（4）统计分析

DataFrame对象常用的统计分析函数见表8-18。

表8-18　DataFame对象常用统计分析函数

函　数	说　　明	函　数	说　　明
Count	非 NaN 的数量	mean	返回一个含有平均值的 Series
describe	一次性产生多个汇总统计	median	返回一个含有算术中位数的 Series
min	最小值	va	返回一个方差的 Series
max	最大值	std	返回一个标准差的 Series
idxmax	返回含有最大值的 index 的 Series	cumsum	返回样本的累计和
idxmin	返回含有最小值的 index 的 Series	df.cumprod	返回样本的累计积
sum	返回一个含有求和小计的 Series	diff(axis=0)	返回样本的一阶差分

下面介绍mean、sum函数的使用方法，其他函数的使用方法类似sum或mean。文件students.csv中记录了某班学生的语文、数学和英语成绩：

```
>>> import pandas as pd
>>> filename="students.csv"
>>> df=pd.read_csv('students.csv',index_col=0)
```

计算班级各科总成绩：

```
>>> allscore=df.sum()               #0轴方向
```

```
>>> allscore
语文      3331
数学      3142
英语      3142
dtype:int64
```

计算班级各科平均分：

```
>>> df.mean()              #0轴方向
语文      74.022222
数学      69.822222
英语      69.822222
dtype:float64
```

计算班级各科分数的中位数：

```
>>> df.median()           #0轴方向
语文      76.0
数学      71.0
英语      71.0
dtype:float64
```

计算每位同学的三门科目成绩的平均分：

```
>>> stu_avg=df.mean(axis=1)                #1轴方向
>>> stu_avg.head()
学号
10132150101     79.333333
10132150102     71.333333
10132150103     48.666667
10132150104     68.666667
10132150105     67.333333
dtype:float64
```

函数describe用于对整个DataFrame进行统计分析：

```
>>> stutestinfo=df.describe()
>>> stutestinfo
            语文          数学          英语
count    45.000000    45.000000    45.000000
mean     74.022222    69.822222    69.822222
std      16.077213    17.339247    17.339247
min       0.000000    28.000000    28.000000
25%      65.000000    61.000000    61.000000
50%      76.000000    71.000000    71.000000
75%      82.000000    81.000000    81.000000
max      99.000000    96.000000    96.000000
```

8. 分组统计分析

表格数据的分组统计是指先将表格数据按某种规则分成若干组（如一个学生信息表格可以按性别将学生分为男和女两组，或者按系别分为若干组），分好组后，再按小组分别进行统计计算，如计算小组人数等。DataFrame定义的应用和分组函数见表8-19。

表 8-19　DataFame 应用函数与分组

函　　数	说　　明	函　　数	说　　明
apply	应用函数	groupby	分组
aggregate	聚合	transform	应用函数进行数据转换

其中，groupby是对数据进行分组操作，一般数据分组操作的工作流程为分组→应用→聚合三步。

第一步：按照键值（key）或者分组变量将数据分组。

第二步：对于每组数据应用函数计算，这一步非常灵活，可以是Python自带函数，可以是用户自定义函数。

第三步：将函数计算后的结果聚合。

（1）使用groupby方法分组

DataFrame类提供groupby()函数将DataFrame对象分为若干组，返回一个groupby对象，函数使用方法如下：

```
DataFrame.groupby(by=none,axis=0,as_index=True,sort=True …)
```

主要参数：

by：分组依据key，通常为列索引列表，称为关键列。

axis：分组的轴方向，默认值为0。

as_index：表示聚合标签是否以索引形式输出，默认值为True。

sort：表示是否对分组的 key 排序，默认值为True。

返回值：是一个DataFrameGroupBy对象，该对象类似一个字典，字典的键值是分组依据键，该键对应的值是分组结果，是一个DataFrame对象。

💡 **说明：**

groupby() 函数按 key 值分组后，返回的不是数据对象，而是 DataFrameGroupBy 对象。该对象是一个迭代对象，可以迭代访问其中的数据。

（2）分组后的描述性统计方法

分组后就可以对DataFrameGroupBy对象应用统计函数或自定义函数进行计算，上例应用了mean函数求每位同学三门科目成绩的平均值。常用的统计函数见表8-20。

表 8-20　分组结果常用的统计方法

方　　法	说　　明	方　　法	说　　明
count	计算分组每一列的数目	median	返回每组的中位数
head	返回每组的前 n 个值	std	返回每组的标准差
max	返回每组的最大值	min	返回每组的最小值
mean	返回每组的平均值	sum	返回每组的和
cumcount	对每组中的组员进行标记	size	返回每组的大小

```
#score2.csv中存放着学生的学号、科目和成绩
>>> import pandas as pd
>>> scores=pd.read_csv('score2.csv',encoding='ansi')
>>> scores.head()
```

```
          学号      科目    成绩
0   10132150101    语文    82
1   10132150101    数学    78
2   10132150101    英语    78
3   10132150102    语文    72
4   10132150102    数学    71
>>> result=scores.groupby('学号')
```

使用**get_group**获得分组结果：

```
>>> print(result.get_group(10132150102))
          学号      科目    成绩
3   10132150102    语文    72
4   10132150102    数学    71
5   10132150102    英语    71
计算每组（每个同学）的平均成绩：
>>> stumean=result.mean()
>>> stumean.head(3)
                    成绩
学号
10132150101    79.333333
10132150102    71.333333
10132150103    55.000000
```

DataFrameGroupBy对象所用的统计方法与表8-18中的同名函数使用方法相同，除了表8-20中对分组结果进行统计处理外，还可以对分组结果应用函数处理，例如，使用表8-19所给出的apply、aggregate函数等，称为聚合操作。

① 分组结果使用agg（aggregate）函数。

DataFrameGroupBy对象的统计方法对能够统计的所有列都进行统计，而且每次只能用一种统计方法，它无法指定列，也不能同时在一次遍历数据的过程中使用多种统计方法得出多种统计数据。这种方法太耗时，也不够灵活。可以使用聚合函数agg()同时应用多个计算函数。agg()函数使用方法如下：

```
< DataFrameGroupBy对象>.agg(func,*args,**kwargs)
```

返回：根据func提供的函数进行处理，结果以DataFrame对象返回。

参数：

func：提供统计函数。既可以是 Python 中的统计函数，也可以是 numpy 模块中的统计函数，甚至可以是自定义函数。func可以是统计函数名，如 sum、mean；也可以是统计函数名的字符串,如"sum"、"mean"；也可以是多个函数组成的列表，比如[np.cumsum,'mean']；也可以是字典形式，以需统计列的索引名为键，统计函数为值的字典。

```
>>> import numpy as np
>>> stu_sum=result['成绩'].agg(np.sum)
>>> stu_sum.head()
学号
10132150101    238
10132150102    214
10132150103    165
```

```
10132150104    211
10132150105    212
Name:成绩,dtype:int64
```

应用多个聚合函数：

```
>>> result=result['成绩'].agg([np.sum,np.mean,np.std])
>>> result=result['成绩'].agg([np.sum,np.mean,np.std])
>>> result.head()
                sum       mean        std
学号
10132150101    238    79.333333    2.309401
10132150102    214    71.333333    0.577350
10132150103    165    55.000000   25.238859
10132150104    211    70.333333    7.637626
10132150105    212    70.666667    9.018500
```

【例 8-5】 读入score2.csv中的学生成绩，按学号进行分组，使用聚合函数，计算每位同学的平均成绩和总成绩，把结果保存到result2.csv文件中。

程序代码：

```
import pandas as pd
import numpy as np
scores=pd.read_csv('score2.csv',encoding='ansi')
group=scores.groupby('学号')
result=group['成绩'].agg([('平均分',np.mean),('总成绩',np.sum)])    #①
result.to_csv('result3.csv')
```

#①是对分组进行聚合处理，是将分组中的成绩应用到求平均值和求和计算，这里agg参数是列表，应用函数名称是元组形式给出的，元组的第一个元素就是应用函数的名称，聚合结果是一个DataFrame，这个名称就是应用函数结果列的列标签。

② 分组结果使用apply()函数。

apply()函数的作用是应用一个函数到Series或DataFrame或分组结果。apply()函数的原型如下：

```
apply(func,axis=0,…)
```

参数：

func：应用函数，使用上同聚合函数agg()。

axis：函数参数func的传入参数，如DataFrame对象，当axis=1时，把DataFrame对象的每行数据传入func()函数，当axis=0时，把DataFrame对象的每列数据传入func()函数。

【例 8-6】 读入score2.csv中的学生各科成绩，计算每位同学的总分，并按学生成绩划分等级，如果平均分≥90为'优秀'，80～90为'良好'（包括80），60～80为'及格'（包括60），其他不及格'，并把结果保存到result4.csv文件中。

程序代码：

```
import pandas as pd
import numpy as np

def markstu(group):
```

```
        avg=np.mean(group['成绩'])
        if avg>=90:
            return "优秀"
        if avg>=80:
            return "良好"
        if avg>=60:
            return "及格"
        return "不及格"
scores=pd.read_csv('score2.csv',encoding='ansi')
result=scores.groupby('学号')
mark_result=result.apply(markstu)
mark_result.to_csv('result4.csv')
```

8.3　matplotlib

matplotlib是一个很流行的可视化工具，它是专门给Python提供绘图功能的第三方库，其使用方法类似传统的工具软件MATLAB。matplotlib的安装同numpy和pandas，可以使用pip install matplotlib命令安装，或者安装Anaconda环境，利用Anaconda安装matplotlib。同numpy和pandas等第三方库一样，使用matplotlib绘图，程序中首先要import相关模块。

示例程序：

```
import matplotlib.pyplot as plt      #①
import numpy as np
x=np.arange(-1*np.pi,2*np.pi,0.01)   #②
y=np.sin(x)                          #③
plt.plot(x,y)                        #④
plt.show()                           #⑤
```

上面程序绘制了一条正弦曲线，下面对上面代码做简要说明。

#①，导入matplotlib的pyplot模块，通常导入该模块的同时，给模块定义别名plt。

#②，定义自变量x的数组。

#③，利用numpy的sin函数，自变量x的正弦值。

#④，绘制曲线图。

#⑤，显示绘制曲线。

运行结果如图8-1所示。

从上面代码可以看出，利用简单一行代码plt.plot(x, y)即可绘制出正弦曲线，这主要归功于模块pyplot，该模块的定义类似于MATLAB函数，使用这些函数，可以很方便地绘制出图形。

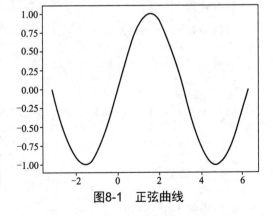

图8-1　正弦曲线

8.3.1　pyplot模块

matplotlib绘制的图表的基本元素有画布、子图、图例、图标题、x轴和y轴、水平和垂直的轴线、x轴和y轴刻度、x轴和y轴刻度标签，刻度标示坐标轴的分隔，包括最小刻度和最大刻度等。matplotlib.pyplot模块定义了一系列类似于MATLAB的函数，可以方便地生成图表及其图表的基本元素，表8-21给出了pyplot模块定义的常用函数。

表 8-21　pyplot 模块的常用函数

函　　数	描　　述
figure	创建一个空白画布，可以指定画布的大小和像素。一个 figure 对象显示为一个窗口
subplot	创建一个子图，可以指定子图的行数、列数和标号
subplots	fig,ax = plt.subplots() 创建画布和子图对象，返回一个 figure 对象、一个 axis 对象列表
title	在当前图形中添加标题，可以指定标题的名称、颜色、字体等参数
xlabel	在当前图形中添加 x 轴名称，可以指定名称、颜色、字体等参数
ylabel	在当前图形中添加 y 轴名称，可以指定名称、颜色、字体等参数
xlim	指定当前图形 x 轴的范围
ylim	指定当前图形 y 轴的范围
xticks	指定 x 轴刻度的数目与取值
yticks	指定 y 轴刻度的数目与取值
legend	指定当前图形的图例，可以指定图例的大小、位置、标签
plot	绘制点以及点之间的连续线条（折线图）
bar	绘制条形图
pie	绘制饼图
scatter	绘制散点图
hist	绘制直方图
savefig	保存绘制的图形
show	在本机显示图形

【例 8-7】 在同一绘图区内绘制-pi到2pi之间的正弦与余弦曲线。

程序代码：

```
import matplotlib.pyplot as plt
import numpy as np
x=np.arange(-1*np.pi,2*np.pi,0.01)
y1=np.sin(x)
y2=np.cos(x)
plt.rcParams["lines.linestyle"]="-."        #设置线条样式
plt.rcParams["lines.linewidth"]=2           #设置线条宽度
plt.title('y=sin(x) and y=cos(x)')          #设置线条宽度
plt.xlabel('x')                             #设置x轴坐标签
plt.ylabel('y')                             #设置y轴坐标签
plt.plot(x,y1,"r")                          #绘制红色正弦曲线
plt.plot(x,y2,"b")                          #设置绿色余弦曲线
plt.legend(["y=sin(x)","y=cos(x)"])         #增加图例
plt.grid()                                  #设置网格线
plt.savefig("sinx_and_cosx.png")            #保存图表到文件
plt.show()
```

运行结果如图8-2所示。

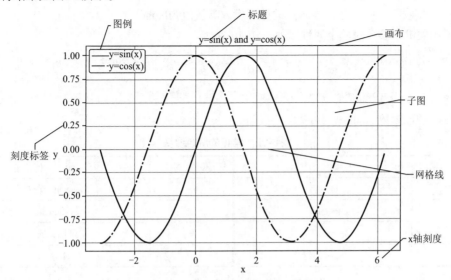

图8-2　正余弦曲线图表示例图

matplotlib.pyplot提供了丰富的图形绘制函数，表8-21中只列举了几个常用的绘制图表的函数，下面对这几个函数分别给出使用说明。

1. 绘制曲线函数plot

plot函数的原型如下：

```
plt.plot(x,y,[fmt],**kwargs)
plt.plot(x1,y1,[fmt],x2,y2,[fmt],…,**kwargs)
```

该函数的功能是绘制一条或多条曲线。

参数说明：

x：x轴数据，以类似数组的数据提供。

y：y轴数据，以类似数组的数据提供。

[fmt]：控制曲线的格式字串，由表示色彩、数据点的标记或线的格式的字符组合而成。

**kwargs：关键字参数。

返回值：由 matplotlib.lines.Line2D 线条组成的列表。

可选参数[fmt]是一个字符串，用来定义图的基本属性，如颜色（color）、点型（marker）、线型（linestyle）等，具体形式为：

```
fmt='[color][marker][line]'
```

例如：

```
plt.plot(x,y,'ro')
```

这里'ro'表示红色的圆点。

如果属性用的是全名，那么不能用[fmt]参数来组合赋值，应该用关键字参数，关键字参数使用说明如下：

color：线条的颜色，默认值为None。

linestyle：线条类型，默认值为'-'。

marker：表示绘制点的类型，默认值为None。

alpha：接收0～1的小数，表示点的透明度，默认值为None。

应该用关键字参数对单个属性赋值。例如：

```
plot(x,y2,color='green',marker='o',linestyle='dashed',linewidth=1,marker
size=6)
plot(x,y3,color='#900302',marker='+',linestyle='-')
```

常见的颜色参数Colors见表8-22。

表 8-22 常见的颜色参数

属 性	颜 色	属 性	颜 色
'b'	blue 蓝	'm'	magenta 洋红
'g'	green 绿	'y'	yellow 黄
'r'	red 红	'k'	black 黑
'c'	cyan 蓝绿	'w'	white 白

除了上面的颜色外，还可为关键字参数color赋十六进制的RGB字符串，如 color='#900302'。

参数Markers，如marker='+'，这个只有简写，英文描述不被识别，可设置的参数见表8-23。

表 8-23 marker 参数

属 性	标 记	属 性	标 记
'.'	point marker 点	's'	square marker 正方形
','	pixel marker	'p'	pentagon marker
'o'	circle marker 圆	'*'	star marker 星形
'v'	triangle_down marker 下三角	'h'	hexagon1 marker
'^'	triangle_up marker 上三角	'H'	hexagon2 marker
'<'	triangle_left marker 左三角	'+'	plus marker +
'>'	triangle_right marker 右三角	'x'	x marker X
'1'	tri_down marker	'D'	diamond marker
'2'	tri_up marker	'd'	thin_diamond marker
'3'	tri_left marker	'|'	vline marker 竖线
'4'	tri_right marker	'_'	hline marker 水平线

线型参数Line Styles，如linestyle='-'，线型参数设置见表8-24。

表 8-24 线型参数表

属 性	颜 色	属 性	颜 色
'-'	solid line style 实线	'-.'	r dash-dot line style 点画线
'--'	dashed line style 虚线	':'	dotted line style 点线

【例 8-8】 绘制0～2pi之间的电压随时间变化的正弦曲线点线图。

程序代码：

```
import matplotlib.pyplot as plt
```

```
import numpy as np
#设置中文字体，否则中文会显示为方框状
plt.rcParams["font.sans-serif"]=['SimHei']          #①
plt.rcParams['axes.unicode_minus']=False            #②
x=np.linspace(0,2*np.pi,num=20)
y=np.sin(x)
#调用绘制线性图函数plot()
plt.plot(x,y,
    color='#3589FF',            #线的颜色
    linestyle=':',              #线的风格
    linewidth=3,                #线的宽度
    marker='o',                 #标记点的样式
    markerfacecolor='r',        #标记点的颜色
    markersize=10,              #标记点的大小
    alpha=0.7,                  #图形的透明度
    label="sin(x)"              #设置图例的label
)
plt.legend()      #图例说明。如果不设置任何参数，默认是加到图像内侧的最佳位置
#设置标题
plt.title('电压随时间变化的线性图')
#调用show方法显式
plt.show()
```

代码分析

程序中#①是设置中文字体为SimHei，否则中文不能正确显示。

程序中#②是设置正常显示字符。

这两句用到matplotlib.pyplot的rc参数，rc参数是rc配置文件自定义图形的各种默认属性，称为"rc配置"或"rc参数"，通过rc参数也可以修改默认的属性，包括窗体大小、每英寸的点数、线条宽度、颜色、样式、坐标轴、坐标和网络属性、文本、字体等，rc参数存储在字典变量中，通过字典的方式进行访问。关于rc参数的设置，有兴趣的同学可以查阅相关资料。

2. 绘制饼图函数pie

饼图是划分为几个扇形的圆形统计图表，用于描述量、频率或百分比之间的相对关系。在饼图中，每个扇区的弧长（以及圆心角和面积）大小为其所表示的数量的比例。

pyplot模块提供了pie函数绘制饼图，函数原型如下：

```
plt.pie(x,explode=None,labels=None,colors=None,autopct=None,pctdistance=0.6,shadow=False,labeldistance=1.1,startangle=None,radius=None,counterclock=True,……)
```

常用参数：

x：数据源，每块扇形占总和的百分比数值，如果sum(x) > 1会使用sum(x)自动计算每块占总数的百分比。

explode：每块扇形被炸离中心的距离，设置值为0 ~ 1，以相对于半径的比例来指定。

labels：每块扇形设置显示的标签。

colors：每块扇形的默认颜色。

autopct：控制饼图内百分比文字格式设置，可以使用格式化字符串。

pctdistance：饼内文字离开中心的距离，以相对于半径的比例来指定autopct的位置刻度，

默认值为0.6。

shadow：在饼图下面画一个阴影。默认值为False，即不画阴影。

labeldistance：label 标签的绘制位置，类似于 pctdistance，相对于半径的比例，默认值为1.1，如<1则绘制在饼图内侧。

startangle：起始绘制角度，默认图是从x轴正方向逆时针画起。

radius：半径大小。

【例 8-9】 文件stock.csv中给出了某股票2020-5-7日的交易信息，计算该股票成交量的特大单、大单、中单和小单的数量，规定大于或等于100万为特大单，小于100万且大于或等于50万为大单，小于50万且大于或等于10万为中单，10万以下为小单，根据计算的特大单、大单、中单和小单数据绘制饼图。

程序代码：

```
import numpy as np
import pandas as pd
import matplotlib.pyplot as plt
#设置中文字体，否则中文会显示为方框状
plt.rcParams["font.sans-serif"]=['SimHei']
plt.rcParams['axes.unicode_minus']=False
filename="stock.csv"
df=pd.read_csv(filename,header=0,index_col=0)
y=df['amount']
amount=y.values
t1=amount>=1000000
t2=np.logical_and(amount < 1000000,amount>=500000)
t3=np.logical_and(amount < 500000,amount>=100000)
t4=amount < 100000
solarge=np.sum(np.where(t1))
large=np.sum(np.where(t2))
middle=np.sum(np.where(t3))
small=np.sum(np.where(t4))
#设置图像大小
plt.figure(figsize=(9,9))
#设置标签
labels=['特大单','大单','中单','小单']
#标签对应的值
values=[solarge,large,middle,small]
#每一个标签饼图的颜色
colors=['red','blue','yellow','green']
#哪一块内容需要脱离饼图凸显?可选值为0~1
explode=[0,0,0.1,0]
plt.pie(values,
    labels=labels,
    colors=colors,
    explode=explode,          #①
    startangle=90,            #②
    shadow=True,              #③
    autopct='%1.1f%%'         #④
```

```
)
#设置为标准圆形
plt.axis('equal')
#显示图例
plt.legend(loc=2)
plt.title('某股票成交量特大单、大单、中单、小单占比')
plt.show()
```

代码分析：

#① explode是一个列表，哪一块内容需要脱离饼图凸显，可选0～1之间的值。

#② startangle=90 表示饼图按逆时针旋转90°，如果是负值，那么，按顺时针方向旋转。

#③ shadow=True，设定显示阴影，否则不显示阴影。

#④ autopct ='%1.1f%%'表示显示百分比，是一个格式化字符串，这里保留小数点后一位小数，并且显示百分号。

运行结果如图8-3所示。

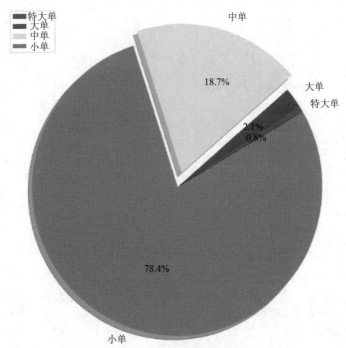

图8-3　股票交易单饼图

3. 绘制条形图函数bar

pyplot模块提供了bar函数绘制条形图，条形图表现的是 x 轴数据的各段区域中，y 轴数据的高度。函数原型如下：

```
plt.bar(x,height,width=0.8,bottom=None,yerr……**kwargs)
```

常用参数：

x：条形的坐标序列，长度数为条形的个数。

height：条形的高度序列，也就是每个条形对应的值序列。

width：条形的宽度，默认值为0.8（保证柱与柱之间留有0.2的空隙）。

bottom：每个条形关于纵坐标的起点，默认值为 0或者None。

align：值可设置'center'或'edge'，条形与x轴的对齐位置，center表示条形中心对齐x轴坐标，edge为左边缘对齐x轴坐标，若要设置右对齐，需要设置为edge并且width同时为负。默认值为center。

color：条形颜色。

edgecolor：条形边界颜色。

linewidth：条形边界的宽度，若为0则不画边界。

tick_label：条形的标签，默认值为None。

xerr, yerr：误差线，在条形顶部添加水平或垂直的某长度的误差线。

orientation：值可设为'vertical'或'horizontal'，表示条形图垂直或者水平，默认值为'vertical'。

【例 8-10】文件stock3.excel是某股票2020-3-2至2020-3-9日的交易信息，获取该股票日成交量，并画出柱状图。

程序代码：

```
import numpy as np
import pandas as pd
import matplotlib.pyplot as plt
#设置中文字体，否则中文会显示为方框状
plt.rcParams["font.sans-serif"]=['SimHei']
plt.rcParams['axes.unicode_minus']=False
filename="stock3.xlsx"
names=['日期','开盘价','最高价','收盘价','最低价','成交量','价格变动','涨跌幅','5日均价','10日均价','20日均价','5日均量','10日均量','20日均量']
df=pd.read_excel(filename,sheet_name='2020',names=names,index_col=0,skiprows=[0])
x=np.arange(0,df.shape[0])
y=df['成交量']
#bar宽度
bar_width=0.5
plt.bar(x,y,width=bar_width,alpha=0.7,label='成交量',color='b')
plt.title('某股票成交量柱状图')
index_name=df.index
index_name=[x.strftime('%Y-%m-%d') for x in index_name]
plt.xticks(x+bar_width/2,index_name)
plt.gcf().autofmt_xdate()                #自动旋转日期标记
plt.show()
```

运行结果如图8-4所示。

4. 绘制直方图hist

直方图是一种条形图，又称质量分布图，将数据值所在范围分成若干个区间，在图上用条形表示每个区间上数据的个数的频数，而形成不同区间的分布图。

pyplot模块提供了hist函数绘制直方图，函数原型如下：

```
n,bins,patches =plt.hist(x,bins=10,histtype='bar'……)
```

常用参数：

x：指定要绘制直方图的数据。

bins：指定直方图条形的个数，默认值为10。

range：指定直方图数据的上下界，默认包含绘图数据的最大值和最小值。

Histtype：画图的形状{'bar', 'barstacked', 'step', 'stepfilled'}，默认值为bar。

返回值：n表示每一区间的数据个数的频数，bins区间分界点，patches是分区对象序列。

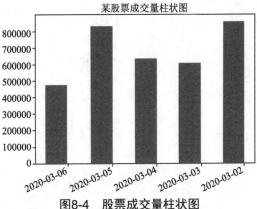

图8-4 股票成交量柱状图

5. 绘制散点图函数scatter

有时已知横坐标和每个横坐标对应的唯一纵坐标数据，但不知道它们之间的函数关系，这时可以在平面坐标系下把这些点绘制出来，从中找出它们的关系，这些分散的点称为散点图。从散点图可以简单判断两个变量是否有相关关系、相关关系的强弱、是正相关还是负相关、相关的趋势如何等。

pyplot模块提供了scatter()函数绘制散点图，函数原型如下：

```
plt.scatter(x,y,s=None,c=None,marker=None,alpha=None,linewidths=None,
edgecolors=None,……)
```

常用参数：

x, y：散点图的数据源。

s：点的大小。

c：点的颜色，可以是一个颜色，也可以是长度n的颜色序列，若设定长度n的颜色序列，使用cmap和norm映射到颜色的数字序列，或者是用RGB或RGBA表示行的二维数组。

marker：点的形状，点的形状设置可参阅plot的marker设置。

alpha：0～1之间，透明；1不透明。

linewidths：点的边界宽度。

edgecolors：点的边界颜色。

cmap：颜色映射，仅当c为数字序列时有效。

【例8-11】 文件iris.csv中是收集的鸢尾花的特征数据及其品种，请绘制鸢尾花数据集中花萼长度和花瓣长度的散点图，了解鸢尾花数据集中花萼长度和花瓣长度的相关性。

程序代码：

```
import pandas as pd
import matplotlib.pyplot as plt
df=pd.read_csv("iris.csv")
plt.rcParams['font.sans-serif']=['SimHei']
#绘制散点图
plt.scatter(df.Sepal_Length,df.Petal_Length,marker=".",label='散点图')
plt.title('鸢尾花数据')
plt.xlabel('花萼长度')
plt.ylabel('花瓣长度')
plt.show()
```

运行结果如图8-5所示。

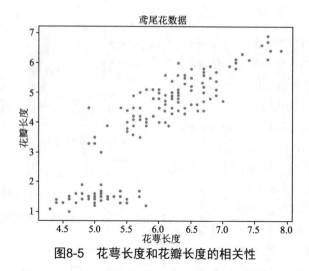

图8-5　花萼长度和花瓣长度的相关性

从图8-5所示可以看出花萼长度和花瓣长度是正相关的，即花瓣长度随花萼长度的增大而增大。

8.3.2　绘制多个子图

1. subplot创建子图

subplot创建子图的代码示例如下：

```
import matplotlib.pyplot as plt
import numpy as np
#准备数据
x=np.arange(-1*np.pi,1*np.pi,0.01)
y1=np.sin(x)
y2=np.cos(x)
#一个窗口，多个图，多条数据
#将窗口分成2行1列，在第1个作图，并设置背景色
sub1=plt.subplot(211,facecolor='y')        #①
plot(x,y1)                                  #绘制子图
#将窗口分成2行1列，在第2个作图
sub2=plt.subplot(212)
plot(x,y2)             #绘制子图
plt.show()
```

代码分析：

#① 创建子图1，subplot第一个参数211表示把窗口分成2行1列，最后的1表示2行1列的第1个区域，及上面绘图区域，返回时axes对象。当用subplot创建子图后，返回的子图就作为当前绘图区域，绘制图形和设置对该子图有效。

运行结果如图8-6所示。

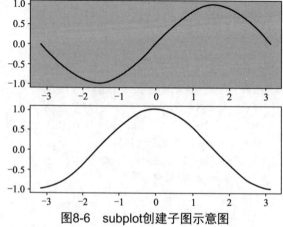

图8-6　subplot创建子图示意图

2. subplots创建子图

```
fig,ax=plt.subplots(nrows,ncols,sharex,sharey,squeeze,subplot_kw,
gridspec_kw,**fig_kw)
```

函数功能：创建画布和子图。

参数说明：

nrows，ncols：表示将画布分割成几行几列。如nrows=3, ncols=3表示将画布分割为3行3列，并起始值都为0，当调用画布中的坐标轴时，ax[0,0]表示调用左上角的，ax[2,2]表示调用右下角的。

sharex，sharey：表示坐标轴的属性是否相同，可选参数有True、False、row、col，默认值均为False，表示画布中的四个ax是相互独立的；当sharex=True, sharey=True时，生成的四个ax的所有坐标轴用有相同的属性。

subplot创建子图的代码示例如下：

```
import matplotlib.pyplot as plt
import numpy as np
fig,ax=plt.subplots(3,3,sharex=False,sharey=False)
for i in range(3):
    for j in range(3):
        ax[i,j].text(0.5,0.5,str((i,j)),fontsize=18,ha='center') #①
plt.show()
```

代码分析：

#① 这里使用text绘制文本，text函数原型如下：

```
plt.text(x,y,s,fongdict=None,withdash=False,**kwards)
```

这里x、y的值是文本s在坐标系内的位置，规定x=0，y=0是坐标的左下角，x=1,y=1是坐标的右上角。

```
ax[i,j].text(0.5,0.5,str((i,j)),fontsize=18,ha='center')
```

ax[i,j]是第i行，j列的子图，是一个axes对象，x=0.5,y=0.5表示文本位置在子图的中心，fontsize是字体大小。

上面讲述的是MATLAB风格绘制图表，也可以使用figure、axes等对象进行绘制图表，这里不再赘述，有兴趣的同学可以查阅相关资料学习。

8.4　机器学习

8.4.1　机器学习基本概念

首先，以鸢尾花为例来了解机器学习中的分类问题，采集的鸢尾花有花萼长、花萼宽，花瓣长和花瓣宽四种属性和它们的品种，鸢尾花有三个品种，分别是setosa、versicolor和virginica。已知10朵鸢尾花的四种属性和品种，但采集的最后一朵鸢尾花不知道它的品种，见表8-25，如何根据前面已有的数据判断出它的品种，这就是机器学习中的分类问题。

表 8-25　鸢尾花属性与品种

花萼长 /cm	花萼宽 /cm	花瓣长 /cm	花瓣宽 /cm	品种
5.1	3.5	1.4	0.2	setosa
4.9	3	1.4	0.2	setosa
4.6	3.1	1.5	0.2	setosa
5.3	4.1	1.6	0.4	setosa
6.1	2.9	4.7	1.4	versicolor
5.9	3.2	4.8	1.8	versicolor
6.3	2.3	4.4	1.3	versicolor
6.4	2.7	5.3	1.9	virginica
7.7	3.8	6.7	2.2	virginica
7.2	3	5.8	1.6	virginica
4.8	3	1.4	0.2	?

在实际应用中，分类问题很多，如手写体数字识别，这是一个10类的分类问题，对海洋中的几百种鱼进行识别，它就是一个几百类的识别问题，还有男女的识别，这是一个二分类问题。

除了分类，机器学习要解决的另一类问题是回归问题，如预测房价走势、预测商店的销售额，预测股价等。回归问题就是通过对数据（自变量和因变量）的分析，找出某种规律，建立的数学模型。线性回归就是用线性的模型去拟合自变量和因变量的关系。例如，表8-26给出的是披萨直径与价格对照表，根据表中数据，可以利用披萨直径来估算披萨价格，这就是一个回归问题，由表8-26可以看出，披萨直径与价格成线性关系，这时，可以用线性回归模型来拟合披萨直径与价格的关系。

表 8-26　披萨直径价格对照表

代号	直径 / 英寸	价格 / 元
1	5	30
2	6	40
3	8	60
4	10	90
5	14	125
6	18	200

还有一种情况，表8-27所示为某婚姻介绍所记录的征婚男士的年龄、身高、长相、婚姻史和年收入五个信息，这里没有给男士打标签，也没有给男士打分，是根据男士的这五个属性给他们分类，这就是机器学习中的聚类问题。

表 8-27　男生的基本情况

代　号	年　龄	身　高	长　相	婚姻史	年收入 / 万元
1	25	178	帅	否	10
2	29	180	帅	否	12

代　　号	年　　龄	身　　高	长　　相	婚　姻　史	年收入 / 万元
3	30	165	中	是	200
4	40	170	丑	否	1000
5	35	185	帅	是	30
6	55	180	中	是	10000

1. 有监督学习与无监督学习

如鸢尾花的分类问题，收集的数据既有鸢尾花的属性，也有鸢尾花的品种，如房价预测问题，既用到房屋特征，又用到房屋价格，这种即用到特征值x又用到标签值y的机器学习算法，称为有监督学习。

收集数据时，没有标签信息，建立模型，给这些数据打上标签，这类算法，称为无监督学习，如聚类问题。

除了有监督学习和无监督学习，还有一种称为半监督学习。当采集的样本中，只有部分样本有标签，大部分数据没有标签，利用有标签的样本给没有标签的样本打上标签的学习算法称为半监督学习。当数据集很大时，人工给样本打标签的代价是很大的，所以半监督学习也是机器学习领域的研究热点。

无论有监督学习，无监督学习，还是半监督学习，都要设计算法，这个算法能够从收集的样本中学习，在机器学习中，这个算法称为模型。机器学习模型很多，如分类问题中的KNN模型、逻辑回归、决策树、svm、神经网络；回归问题中的线性回归、Lasso回归、Ridge回归等，聚类问题中的k-means模型等。

对于机器学习模型，其算法实现过程基本相同，大致可分为以下几个步骤：

（1）搜集数据

机器学习算法首先要有样本数据，因此收集数据至关重要，所搜集数据的数量和质量都将决定最终模型的性能好坏。收集的数据称为样本，样本的类型很多，可以是表8-25所示的关系数据表，也可以是图像、视频、音频、文本等。收集的很多原始数据不能直接被模型使用，一般来说，模型用来学习的数据是数值化数据，如向量或矩阵形式存在的数值化数据，把收集的数据转化为数值化数据的过程，称为向量化。表8-27所示表格中标题栏的年龄、身高、长相、婚姻史、年收入这五个信息在机器学习中称为特征。表格中对应的值称为特征值。在表8-27中，年龄、身高和年收入是数值型数据，而长相、婚姻史是文本类型，所以这些非数值型数据需要数值化，例如可以用0表示"帅"、1表示"中"、2表示"丑"；可以用1表示"有过婚姻"、0表示"未结过婚"。这样用向量表示代号1的男生的特征值为$x1=[25,178,0,0,10]^T$，代号6的男生的特征值为$x6=[55,180,1,1,10000]^T$。对比向量化后的数据x1和x6，年收入的差异很大，年收入几万到几千万或者上亿，在一些算法中，个别属性的差异很大，会造成模型在学习中的主导作用，如后面介绍的KNN模型，为了使模型更好地学习，有时对特征值进行数据标准化处理。

（2）模型选择与训练

样本收集好了，需要选择合适的模型，然后让模型学习收集的样本，模型学习过程就是机器学习常说的"训练"，后面讲到的KNN模型除外，一般来说，模型有很多超参数，训练过程就是调整超参数的过程，如果是分类模型，训练使得模型能够很好地把样本区分开来，如果是回归问题，训练使得模型能很好地拟合样本数据。

用来学习的样本称为训练集，例如神经网络模型等，训练不是一轮就能完成的，训练很多轮次，直到模型达到的要求为止。在训练过程中，怎么判断模型是否已经训练好了呢？其实在每一轮训练后，都会使用一部分样本用来检验模型是否达标，这部分样本称为验证集。并不是模型训练越久越好，例如分类问题，训练轮次多了，使得模型在训练集和验证集识别精度很高，但是这样训练的模型却不能够很好地识别未知样本，这种情况就是机器学习中常说的"过拟合现象"。模型训练好后，通常在使用之前，需要用真实数据来评估模型的好坏，这些用来评估模型好坏的数据，称为测试集。

一般地，样本集会很大，可以把样本集划分为训练集、验证集和测试集三部分，有时，训练集也作为验证集使用，这种情况，只需要把样本集拆分为训练集和测试集两部分即可，这个划分样本集的过程称为数据集拆分。

（3）模型评估

使用训练好的模型对测试集进行预测，预测结果与测试集的真实值之间的差异称为误差，如何评价模型好坏，一般来说，这个误差越小，说明训练得到的模型就越好。针对解决的问题不同，模型评估方法也不同，例如分类问题，常使用正确率、精确率、召回率和F-score等来评估，对于回归问题，常使用均方误差、均方根误差、平均绝对误差等来评估模型，这些模型评估方法，后面给出介绍。

（4）预测

预测是将未知样本数据输入到模型，得出预测结果的过程。

2. 数据集划分

数据集划分不是简单地五五开，一般会把数据集打乱，然后随机地按一定比例划分为训练集和测试集。如果把数据集简单地划分为训练集和测试集，可以使用sklearn.model_selection模块中定义的train_test_split函数实现，函数定义如下：

```
from sklearn.model_selection import train_test_split
X_train,X_test,y_train,y_test=train_test_split(train_data,train_target,
test_size,random_state,shuffle)
```

参数说明：

train_data：待划分的样本数据。

train_target：待划分的对应样本数据的样本标签。

test_size：当test_size的值为0～1之间的浮点数时，表示样本占比，如test_size=0.2，则样本数据中划分80%的样本作为训练集，20%的样本作为测试集，划分好的样本分别计入X_train、X_test和y_train、y_test中返回；当test_size的值为整数时，表示样本数据中有多少样本划分给测试集，其余为训练集。

random_state：随机数种子，种子不同，每次采的样本不一样；种子相同，采集的样本不变。

shuffle：是否打乱数据顺序，当shuffle = False时，不打乱样本数据顺序；shuffle = True时，打乱样本数据顺序，其默认值为True。

3. 数据标准化

样本的特征值往往存在不同量纲和量纲单位，这种情况往往会影响模型训练的结果，为了消除特征值之间的量纲带来的影响，需要对数据进行数据标准化处理。

（1）min-max标准化

min-max标准化又称离差标准化，是对原始样本的特征值按每个维度进行线性变换，使结果映射到[0, 1]范围，实现等比缩放。归一化的变换公式如下：

$$x^2 = \frac{x - x_{\min}}{x_{\max} - x_{\min}} \tag{8-1}$$

其中，$x_{\max}$是特征数据的最大值，$x_{\min}$是特征数据的最小值，该方法的缺点是当有新样本加入时，可能导致$x_{\max}$和$x_{\min}$的变化，需要重新计算$x_{\max}$和$x_{\min}$。

sklearn的preprocessing模块提供MinMaxScaler类实现样本数据的min-max标准化处理。

【例8-12】 对表8-27中数值化后的特征值做归一化处理。

程序代码：

```
from sklearn import preprocessing
import numpy as np
#构造训练样本
lst=[[25,178,0,0,10],
[29,180,0,0,12],
[30,165,1,1,200],
[40,170,2,0,1000],
[35,185,0,1,30],
[55,180,1,1,10000],
]
X_train=np.array(lst)
#构造测试样本
X_test=np.array([[46,190,1,1,50]])
#归一化
normalize_scaler=preprocessing.MinMaxScaler()
X=np.vstack([X_train,X_test])
X_train_normal=normalize_scaler.fit(X)
X_train_normal=normalize_scaler.transform(X_train)       #①
np.set_printoptions(precision=2)
print('归一化的训练集数据：')
print(X_train_normal)
#进行与训练样本一样的归一化操作
X_test_normal=normalize_scaler.transform(X_test)         #②
print('归一化的测试集数据：')
print(X_test_normal)
```

运行结果：

归一化的训练集数据：

```
[[0.00e+00 5.20e-01 0.00e+00 0.00e+00 0.00e+00]
 [1.33e-01 6.00e-01 0.00e+00 0.00e+00 2.00e-04]
 [1.67e-01 0.00e+00 5.00e-01 1.00e+00 1.90e-02]
 [5.00e-01 2.00e-01 1.00e+00 0.00e+00 9.91e-02]
 [3.33e-01 8.00e-01 0.00e+00 1.00e+00 2.00e-03]
 [1.00e+00 6.00e-01 5.00e-01 1.00e+00 1.00e+00]]
```

归一化的测试集数据：

```
[[0.7 1.0.5 1.0. ]]
```

 注意：

训练样本和测试样本的归一化方法应该相同，使用的归一化的参数和对象要保持一致。如代码行 #①和 #②所示，训练集和测试集使用的都是 normalize_scale 对象。

（2）标准差标准化方法

标准差标准化方法就是利用原始数据的均值和标准差进行数据标准化的方法。首先计算原始数据各特征值的均值和标准差，然后将特征值映射到均值为0、标准差为1的标准正态分布上。标准化的公式如下：

$$x^2 = \frac{x - \mu}{\sigma}$$

（8-2）

式中，μ 表示均值；σ 表示标准差。

sklearn的preprocessing模块提供StandardScaler类实现样本数据的标准差标准化处理。

【例8-13】对表8-27中数值化后的特征值做标准化处理。

程序代码：

```
from sklearn import preprocessing
import numpy as np
#构造训练样本
lst=[ [25,178    ,0,0,10],
[29,180,0,0,12],
[30,165,1,1,200],
[40,170,2,0,1000],
[35,185,0,1,30],
[55,180,1,1,10000],
]
X_train=np.array(lst)

#标准化
standard_scaler=preprocessing.StandardScaler()
X_train_standard=standard_scaler.fit_transform(X_train)
np.set_printoptions(precision=2)
print(f'The scaled training data is \n {X_train_standard}.')

#构造测试样本
X_test=np.array([[46,190,1,1,50]])
#进行与训练样本一样的标准化操作
X_test_standard=standard_scaler.transform(X_test)
print(f'标准化的训练集数据：')
print(X_ train_standard)
print(f'标准化的测试集数据：')
print(X_test_standard)
#打印均值和标准差
print(f'标准化的均值是：{standard_scaler.mean_}.')
```

```
print(f'标准化的方差是：{standard_scaler.scale_}')
```

运行结果：

```
标准化的训练集数据：
[[-1.08  0.25 -0.89 -1.  -0.51]
 [-0.68  0.54 -0.89 -1.  -0.51]
 [-0.57 -1.68  0.45  1.  -0.46]
 [ 0.44 -0.94  1.79 -1.  -0.24]
 [-0.07  1.28 -0.89  1.  -0.51]
 [ 1.96  0.54  0.45  1.   2.23]]
标准化的测试集数据：
[[ 1.05  2.02  0.45  1.  -0.5 ]]
标准化的均值是：[3.57e+01 1.76e+02 6.67e-01 5.00e-01 1.88e+03]
标准化的方差是：[9.86e+00 6.75e+00 7.45e-01 5.00e-01 3.65e+03]
```

8.4.2 KNN分类器

1. K近邻算法

K近邻算法（K-Nearest-Neighbors，KNN）是一个概念极其简单，而效果又很优秀的分类算法，1967年由Cover T和Hart P提出。KNN算法的核心思想是如果一个样本在特征空间中的K个最相似（即特征空间中最邻近）的样本中的大多数属于某一个类别，则该样本也属于这个类别。KNN算法要分析最近邻的K个样本，因此称为K近邻算法。

对于待判断的一个样本，需要找到与这个样本最近的K个样本。如果最近的K个样本大部分属于某个类别，那么就把这个样本划分为这一类中。例如，图8-7所示是一个二分类问题，这里正方形是一类，圆是一类，现在给出一个位置样本，如图中的点X，要预测X属于那个类别，这里取K=5，利用欧几里得距离找出已知样本最近的5个样本，如图8-7所示，这5个样本中有4个圆和1个正方形，所以预测这个位置样本X属于圆类。

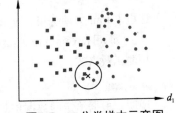

图8-7 二分类样本示意图

从上述描述中不难看出，KNN算法有三个核心要素：

（1）K值

对于二分类问题，一般K取奇数，这样避免K个最近邻样本中，两类的数量相同，特别地，当K=1时，未知样本的类别预测结果是由它最近邻的样本类别给出的。

（2）距离的度量

有不同的距离度量可供选择，不同的距离所确定的最近邻点不同。比较常用的是欧几里得距离。此外还有街区距离、棋盘格距离、曼哈顿距离等。

（3）分类决策规则

分类决策往往采用少数服从多数的投票法则，即由输入未知样本的K个最邻近的训练样本中最多数的类别作为预测类别。

2. KNN分类器的实现

在sklearn.neighbors中的KNeighborsClassifier类给出了KNN算法的实现，KNeighborsClassifier使用很简单，核心操作包括如下3步：

（1）创建KNeighborsClassifier对象

KNeighborsClassifier类的完整格式为：

```
sklearn.neighbors.KNeighborsClassifier(n_neighbors=5,weights='uniform',
algorithm='auto',leaf_size=30,p=2,metric='minkowski',metric_params=None,n_
jobs=None,**kwargs)
```

主要参数：

n_neighbors：int型，可选项，默认值为5，就是KNN中的近邻数量K值。

weights：计算距离时使用的权重，默认值为"uniform"，表示平等权重。也可以取值"distance"，则表示按照距离的远近设置不同权重。还可以自主设计加权方式，并以函数形式调用。

metric：距离的计算，默认值是"minkowski"。当p=2，metric='minkowski'时，使用的是欧几里得距离。p=1，metric='minkowski'时为曼哈顿距离。

```
>>> from sklearn.neighbors import KNeighborsClassifier
>>> knn=KNeighborsClassifier(n_neighbors=3)
```

（2）调用KNeighborsClassifier的fit方法进行训练

fit函数格式：

```
fit(X, y)
```

 说明：

以X为训练集，以y为测试集对模型进行训练。

```
>>> knn.fit(X_train,y_train)
```

这里X_train为训练集，y_train为测试集。

（3）调用KNeighborsClassifier的predict()函数对测试集进行预测

预测函数格式：

```
predict(X)
```

说明：根据给定的数据预测其所属的类别标签。

```
>>> pre_test=knn.predict(X_test)
```

这里，X_test为测试集，pre_test是预测结果数组。

【例8-14】 KNN分类：使用KNN模型对鸢尾花进行分类。

文件iris.csv收集并定义了鸢尾花的特征和品种，读入文件iris.csv中的数据，按4:1的比例划分为训练集和测试集，设计KNN分类器，利用训练集训练该分类器，并用测试集测试，给出分类结果的正确率。

程序代码：

```
from sklearn.neighbors import KNeighborsClassifier          #①
import numpy as np
import pandas as pd
from sklearn.model_selection import train_test_split        #②
from sklearn.metrics import accuracy_score                  #③
df=pd.read_csv('iris.csv')
```

```
X=df.iloc[:,1:5]
Y=df.iloc[:,5]
#随机划分训练集和测试集
X_train,X_test,y_train,y_test=train_test_split(X,Y,test_size=0.2)  #④
K=3
knn=KNeighborsClassifier(n_neighbors=K)                            #⑤
knn.fit(X_train,y_train)                                           #⑥
pre_test=knn.predict(X_test)                                       #⑦
print(pre_test)
#正确率
accuracy=accuracy_score(y_test,pre_test)                           #⑧
print(f'正确率:{accuracy}')
```

代码分析：

#① 从模块sklearn.neighbors导入KNN模型KNeighborsClassifier类。

#② 从模块sklearn.model_selection导入train_test_split()函数。

#③ 从sklearn.metrics 导入精度计算函数accuracy_score，该函数返回识别精度。

#④ 调用train_test_split()函数分割样本。

#⑤ 生成KNN模型，这里KNN的K设置为3。

#⑥ 调用KNN模型的fit()函数，该函数利用样本集学习训练模型。

#⑦ 调用KNN模型的predict()函数，预测测试集数据的类别。该函数返回识别结果列表。

#⑧ 调用accuracy_score()函数，比较测试集数据的真实标签和识别结果，给出识别精度。

3. 分类模型评估

分类模型评估的常用指标有精确率、正确率、召回率和F1，accuracy_score的返回结果用于识别精确率。下面以二分类为例给出这四个指标的计算公式，首先计算四个底层指标TP、FN、FP和TN。这四个指标的定义如下：

TP：True Positive，指真实值是正的，预测值为正的样本个数

FN：False Negative，指真实值是正的，预测值为负的样本个数。

FP：False Positive，指真实值是负的，预测值为正的样本个数。

TN：True Negative，指真实值是负的，预测值也是负的样本个数。

正确率（accuracy）计算公式：

$$A =(TP+TN)/(TP+FN+FP+TN)$$

正确率就是被分对的样本数除以所有的样本数，通常来说，正确率越高，分类器越好。

精度（precision）的计算公式：

$$P=TP/(TP+FP)$$

精度是精确性的度量，表示被分为正例的示例中实际为正例的比例。

召回率（recall）计算公式：

$$R=TP/(TP+FN)$$

召回率是度量有多个正例被分为正例。

F1指标的计算公式：

$$F1 = 2*P*R/(P+R)$$

F1是F-score的特殊形式，F-score的计算公式为 $F\text{-score}=\dfrac{(a^2+1)*P*R}{(a^2*P)+R}$ ，a是调节系数，如果

希望模型更注重精确率，这时可设置$a<1$，相反，如果希望模型更注重召回率时，则可以设置$a>1$。当$a=1$时，就是上面的F1指标，F1指标也是F-score指标中最常用的指标。

sklearn.metrics中给出的函数accuracy_score、precision_score、recall_score和f1_score分别对应上述四个指标。

【例 8-15】 分类问题的评价指标计算示例。

程序代码：

```python
import numpy as np
from sklearn import metrics
y_true=[0,1,1,0,1,0]
y_pred=[0,1,1,1,1,0]
#计算混淆矩阵
Confusion_Matrix=metrics.confusion_matrix(y_true,y_pred)
A=metrics.accuracy_score(y_true,y_pred)
P=metrics.precision_score(y_true,y_pred)
R=metrics.recall_score(y_true,y_pred)
F1=metrics.f1_score(y_true,y_pred)
print(f'混淆矩阵是 \n{Confusion_Matrix}')
print(f'正确率:{100*A:.2f}%')
print(f'精度 :{100*P:.2f}%')
print(f'召回率:{100*R:.2f}%')
print(f'F1    :{100*F1:.2f}%')
```

运行结果：

```
混淆矩阵是
[[2 1]
 [0 3]]
正确率:83.33%
精度 :75.00%
召回率:100.00%
F1    :85.71%
```

8.4.3 线性回归

1. 了解线性回归

分类问题的目标是预测类别标签，回归任务的目标是预测一个连续值。区分分类任务和回归任务有一个简单方法，就是问一个问题：输出是否具有某种连续性。用统计学的话来说，回归就是寻找自变量和因变量之间的关系，通常称为拟合，线性回归就是用线性的模型去拟合这种关系。

先了解一下什么是线性？在二维空间中的一条直线是线性的，在三维空间中的一个平面也是线性的，而在更高维度的空间中用超平面来泛指这种线性关系。超平面的一般表示形式如下：

$$y = w_1x_1 + \cdots + w_nx_n + b \qquad (8-3)$$

式中，x表示输入数据，w是模型的参数。如果x只有一个数值，则线性回归：

$$y = wx + b \qquad (8-4)$$

称为一元线性回归，就是中学数学中的直线方程，w就是斜率，b是y轴偏移。如果x为一组数据，则称为多元线性回归。

式（8-3）就是线性回归模型，系数w和b就是模型的待估参数。

举一个一元线性回归的简单例子。表8-26中是某披萨店的同一种用料的披萨大小与价格对照表，一般地，对相同材料的情况下，披萨的价格与直径应该是线性相关的，直径越大，价格越高。如果给定一个披萨的直径，根据表8-26来预测披萨的价格。该例子中，用y表示价格，自变量x表示披萨的直径，这里x是一维的，因此使用一元线性回归。一元线性回归要做的是找到一条直线，可以去拟合这6个点。如图8-8所示，圆点是表8-7给出的披萨直径和价格对应的坐标点，直线是给出的拟合直线。假设拟合直线方程为$y = wx + b$，如何确定参数w和b，使得直线方程拟合的效果最好。

如何衡量拟合直线的好坏，线性回归中最常见的是采用均方误差。均方误差可以作为评价指标用来评估已训练好的回归模型，它是针对测试样本而言的。在建模时，针对训练样本，利用均方误差构建损失函数。损失函数又称代价函数，或目标函数，是机器学习中最基础也是最关键的要素之一。绝大部分机器学习算法都是通过构建损失函数，并且优化损失函数，通过训练来找到好的参数，从而最终找到性能良好的模型。利用训练样本来训练式（8-4）的参数，使用均方误差构建的损失函数如下：

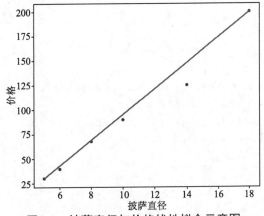

图8-8 披萨直径与价格线性拟合示意图

$$J(k,b) = \frac{1}{n}\sum_{i=1}^{n}(kx_i + b - y_i)^2 \qquad (8-5)$$

这里，y_i是真实值，kx_i+b是模型的预测值。注意，该损失函数就是针对所有训练样本的真实值和预测值之间的误差的平方和之半。而作为评价指标的均方误差则是误差平方的期望值。显然，如果这个损失函数的值越大，如何计算k、b使得式（8-4）最小，这里要用到最小二乘法或梯度下降法，关于最小二乘法和梯度下降法是机器学习理论中很重要的知识，理解这两个算法要用到高等数学知识，这里不展开讨论。

2. 线性回归的实现

了解了线性回归理论，学习sklearn中的线性回归模型的实现方法，sklearn的linear_model模块中定义的LinearRegression类给出了线性回归的实现。LinearRegression的构造函数定义如下：

```
sklearn.linear_model.LinearRegression(fit_intercept=True,normalize=False,
copy_X=True,n_jobs=None)
```

主要参数：

fit_intercept：默认值为True，是否计算该模型的截距。如果使用中心化的数据，可以考虑设置为False，不考虑截距。

normalize：布尔值，可选项，默认值为False。如果为True，则回归量X将在回归之前进行归一化处理。

copy_X：默认值为True，此时训练集会被复制，若为False，则会把原训练集覆盖。

n_jobs：整型，默认值为1，计算需要的CPU数量；当值为-1时，使用所有可能的CPU。

LinearRegression类有如下两个属性：

coef_：线性回归问题的估计系数，模型训练后，系数以数组形式返回。

intercept_：回归方程的截距，模型训练后，截距也是以数组形式返回。

使用LinearRegression进行线性回归的实现步骤同KNN，包括创建LinearRegression模型，使用模型的fit()函数进行训练，最后利用模型的predict()函数进行预测。

【例8-16】 线性回归例1：使用LinearRegression拟合披萨半径与价格关系。

表8-26中给出了披萨半径与价格的关系，使用线性回归模型LinearRegression来拟合披萨半径与价格的关系，使用训练集得到预测结果，并绘制出表8-26中的半径与价格坐标点和预测结果直线。

程序代码：

```python
import numpy as np
import pandas as pd
from sklearn.linear_model import LinearRegression
import matplotlib.pyplot as plt
X=np.array([[5],[6],[8],[10],[14],[18]])
Y=np.array([30,40,60,90,125,200])
model=LinearRegression()
model.fit(X,Y)
#使用训练集预测
predicted_money=model.predict(X)
plt.rcParams['font.sans-serif']=['KaiTi']
#绘出已知样本的散点图
plt.scatter(X,Y,color='#006837',s=100)
plt.plot(X,predicted_money,color='#c62828',linewidth=3)
#绘出预测直线
#绘图设置
plt.xticks(fontproperties='Times New Roman',size=18)
plt.yticks(fontproperties='Times New Roman',size=18)
plt.title('线性回归模型',size=20)
plt.xlabel('披萨饼直径',size=20)
plt.ylabel('价格',size=20)
plt.show()
```

运行结果如图8-9所示。

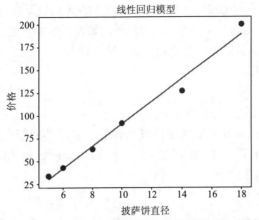

图8-9 LinearRegression模型拟合的披萨直径与价格示意图

【例 8-17】 线性回归例2：使用LinearRegression 实现波士顿房价预测。

从sklearn. datasets模块导入波士顿房价数据，并按4:1的比例划分为训练集和测试集，创建线性回归模型LinearRegression，使用训练集训练模型，使用测试集测试模型，分别计算训练集和测试集的MSE并输出。

程序代码：

```
import numpy as np
import pandas as pd
from sklearn.model_selection import train_test_split
from sklearn import datasets                          #①
from sklearn.linear_model import LinearRegression
from sklearn.metrics import mean_squared_error
datasets.clear_data_home()
X,y=datasets.load_boston(return_X_y=True)             #②
#随机划分训练集和测试集
X_train,X_test,y_train,y_test=train_test_split(X,y,test_size=0.2)
model=LinearRegression()                              #③
model.fit(X_train,y_train)                            #④
y_train_pred=model.predict(X_train)                   #⑤
y_test_pred=model.predict(X_test)
#训练样本mse
train_mse=mean_squared_error(y_train,y_train_pred)
#测试样本mse
test_mse=mean_squared_error(y_test,y_test_pred)       #⑥
print(f'训练样本 mse={train_mse:.2f}')
print(f'测试样本 mse={test_mse:.2f}')
```

代码分析：

#① 导入数据集datasets模块，sklearn围绕着机器学习提供了很多可直接调用的机器学习算法以及很多经典的数据集，sklearn的datasets模块可以获得sklearn提供的专门用来学习的自定义数据集。

#② 获得波士顿房价数据集，这个数据集包含了506处波士顿不同地理位置房产的房价数据（因变量），和与之对应的包含房屋以及房屋周围的详细信息（自变量），其中包含城镇犯罪

率、一氧化氮浓度、住宅平均房间数、到中心区域的加权距离以及自住房平均房价等13个维度的数据，使用load_boston(return_X_y=False)方法导出数据，其中参数return_X_y控制输出数据的结构，return_X_y=True时，则将因变量和自变量独立导出。

#③ 生成线性回归模型。

#④ 训练模型。

#⑤ 针对测试集，使用训练好的模型预测房价。

#⑥ mean_squared_error是回归模型的评价函数。常用的回归模型评价指标有均方误差（mean square error，MSE）、均方根误差（root mean square error，RMSE）、平均绝对误差（mean absolute error，MAE）等。

3. 回归模型评估

假设样本集可以写成：

$$\left\{(x_i, y_i) \middle| x_i \in R^m, y_i \in R\right\}_{i=1}^{N} \tag{8-6}$$

式（8-6）中，y_i代表连续型的真实值，N是样本个数。

假设用$\left\{\hat{y}_i, \hat{y}_i \in R, i = 1 \cdots N\right\}$代表回归模型的预测值，那么均方误差的定义如下：

$$MSE = \frac{1}{N}\sum_{i=1}^{n_t}(y_i - \hat{y}_i)^2 \tag{8-7}$$

从式（8-7）可见，均方误差是真实值和预测值之差的平方的均值。它可以评价数据的变化程度，均方误差越小，说明回归模型的预测结果具有更好的精确度。假设现在要预测房价走势，房价的单位是万元，那么均方误差表示的则是（万元）^{2}，而实际希望估计的房价偏差的单位是万元，这就产生了量纲不一致的问题。因此，在评估真实值和预测值的偏差时，用的更多的是均方根误差。它的定义如下：

$$RMSSE = \sqrt{\frac{1}{N}\sum_{i=1}^{n_t}(y_i - \hat{y}_i)^2} \tag{8-8}$$

它是均方误差的算术平方根。从定义可见，加了根号之后可以保持原来的量纲。

均方误差和均方根误差由于平方放大的关系，对于特大的误差反映非常敏感。在有些工程问题中，这种敏感反映是有帮助的，不过在另外一些场合可能会希望不要因为个别异常点而导致指标居高不下。一种更加反映实际误差的评价指标是平均绝对误差，它的定义如下：

$$MSE = \frac{1}{N}\sum_{i=1}^{n_t}(y_i - \hat{y}_i)^2 \tag{8-9}$$

sklearn.metrics中给出的mean_squared_error和mean_absolute_error函数用来计算MSE和MAE，RMSE可以由MSE取平方根获得。

【例 8-18】回归模型的评价指标计算示例。

程序代码：

```
import numpy as np
from sklearn import metrics
y_true=np.array([1,2,3,4,5,6,7,8,3,4,5,6])
y_pre=np.array([1,2,3,4,5,5,7,8,3,10,5,6])
```

```
#MAE 平均绝对误差
MAE=metrics.mean_absolute_error(y_true,y_pre)
print(f'MAE:{MAE:.2f}')
#MSE 均方误差
MSE=metrics.mean_squared_error(y_true,y_pre)
print(f'MSE:{MSE:.2f}')
RMSE=np.square(MSE)
#RMSE
print(f'RMSE:{RMSE:.2f}')
```

运行结果：

```
MAE:0.58
MSE:3.08
RMSE:9.51
```

习　题

一、单选题

1. 在使用 numpy 模块时，有下列语句：arr=np.arange(9).reshape(3,3)，请问能获取 arr 数组元素个数的语句是（　　　）。

    A. arr.ndim   B. arr.size   C. arr.itemsize   D. arr.count

2. 在使用 numpy 模块时，要从数组 arr=np.array([1, 2, 0, 0, 4, 0])中找出非0元素的位置索引，位置索引应为：array([0, 1, 4]。下列正确的语句是（　　　）。

    A. arr[arr!=0]   B. arr.index(arr!=0)   C. arr.findall(arr!=0)   D. np.where(arr!=0)

3. 在使用 numpy 模块时，要从数组 arr=np.array(IP,23,56,13,74,15,98])）中提取所有的奇数，即获取数组中的 9,23,13,15，下面错误的语句是（　　　）。

    A. arr[arr%2==1]   B. arr[np.where(arr%2==1)]

    C. arr[np.logical_and(arr%2,1)]   D. arr[np.where(not (arr%2==0))]

4. 阅读下面代码，填空。

```
import pandas as pd
lst=list('abcdefg')
s=pd.Series(range(len(lst)),index=lst)
s1=s['b':'e']
s1.size=(     )。
```

    A. 1   B. 2   C. 3   D. 4

5. pandas 模块中，使用 read_csv() 函数时，关于数据分隔符，正确的说法是（　　　）。

    A. 只能用半角的逗号分隔

    B. 只能用半角的逗号或制表符分隔

    C. 只能用制表符分隔

    D. 可以用半角逗号或制表符分隔，也能用其他符号分隔

6. pandas 模块中，使用 DataFrame 的分组方法 groupby 返回对象类型是（　　　）。

    A. 分组后返回的是一个 DataFrameGroupBy 对象

    B. 分组后返回的是一个 DataFrame 对象

    C. 分组后返回的是一个 groupby 对象

    D. 分组后返回的是一个 Series 对象

7. 关于 matplotlib 模块中绘制散点图的函数或方法，下列正确的是（　　）。

    A. scatter()　　　　　B. bar()　　　　　C. plot()　　　　　D. hist()

8. import matplotlib.pyplot as plt 利用 plt 模块创建子图，正确的调用是（　　）。

    A. plt.subplot(nrows=2,ncols=2)　　　　B. plt.add_subplot(nrows=2,ncols=2)

    C. plt.add_subplot(221)　　　　D. plt.subplots(nrows=2,ncols=2)

9. K 近邻算法属于（　　）。

    A. 有监督学习　　　B. 无监督学习　　　C. 强化学习　　　D. 深度学习

10. 下列属于机器学习回归问题的是（　　）

    A. 车牌识别　　　B. 垃圾邮件处理　　　C. 手写数字识别　　　D. 股票价格预测

二、编程题

1. 已知某二分类算法得到的分类结果和真实值如下：

```
y_pred=[0,1,1,1,0,0,1,1]          #算法预测分类结果
y_true=[0,1,1,0,1,0,0,1]          #真实数据所属类别标签
```

计算该算法的正确率、精确率、召回率、F1 指标并输出。

2. 已知某回归算法得到的结果和真实值如下：

```
y_true=[2,5,4,5,6,9,8,3,4,5,6]          #真实值
y_pred=[2,5,3,4,6,8,7,8,3,8,5]          #预测值
```

计算该回归算法的 MSE、RMSE 和 MAE 指标并输出，输出结果保留 2 位小数。

3. 文件 stuscore.csv 中记录了某班学生的语文、数学、英语和思想品德成绩，请编写程序，计算每位同学的总成绩和平均成绩，并保存到 stu_result.csv 文件中，保存的数据格式为：学号，总分，平均分。

4. KNN 算法分类。文件 iris3.csv 中存放了两种鸢尾花数据，要求如下：

① 从文件 iris.csv 读入鸢尾花数据，并按 7:3 生成训练集和测试集。

② 给 K 值，创建 KNN 模型。

③ 使用训练样本训练模型

④ 使用测试集和训练好的模型获得预测值

计算模型的评估值：A、P、R、F1。

5. LinearRegression 模型实现线性回归。从 sklearn.datasets 模块导入乳腺癌数据集，导入函数使用 load_breast_cancer()，按 4:1 的比例划分为训练集和测试集，创建线性回归模型 LinearRegression，使用训练集训练模型，使用测试集测试模型，分别计算训练集和测试集的 MSE、RMSE 和 MAE 并输出。